高等职业院校"十三五"校企合作开发系列教材

北方食用菌栽培技术

张江萍　主编

中国林业出版社

图书在版编目(CIP)数据

北方食用菌栽培技术 / 张江萍主编. —北京：中国林业出版社，2018.8
高等职业院校"十三五"校企合作开发系列教材
ISBN 978-7-5038-9680-4

Ⅰ.①北… Ⅱ.①张… Ⅲ.①食用菌－蔬菜园艺－高等职业教育－教材
Ⅳ.①S646

中国版本图书馆 CIP 数据核字(2018)第 165005 号

国家林业和草原局生态文明教材及林业高校教材建设项目

中国林业出版社·教育出版分社

策划编辑：吴 卉 肖基浒

责任编辑：吴 卉 高兴荣

电话/传真：(010)83143611/83143516

出版发行 中国林业出版社(100009 北京市西城区德内大街刘海胡同 7 号)
E-mail：jiaocaipublic@163.com
电话：(010)83143500
http：//lycb.forestry.gov.cn
经　　销 新华书店
印　　刷 固安县京平诚乾印刷有限公司
版　　次 2018 年 8 月第 1 版
印　　次 2018 年 8 月第 1 次印刷
开　　本 787mm×1092mm 1/16
印　　张 13.75
字　　数 330 千字
定　　价 38.00 元

前言

食用菌古称蕈菌或菌蕈，是一类具有食用、药用价值的大型菌物。在我国，大型菌物估计有2万种以上，已经进行商业化栽培的种类有260多种，其中，大规模商业化栽培的食药用菌有52种。随着对食用菌研究工作和领域的不断深入与开拓，其品种数量将不断增多。

食用菌营养丰富、味道鲜美，被誉为“山珍”“上帝的食品”“植物性食品的顶峰”，是人类理想的健康食品。发展食用菌栽培已经成为大农业生产的重要一部分。

本书共分为18章。主要介绍了食用菌栽培史及发展状况，形态及分类，生理生态；食用菌的消毒灭菌，菌种的制作；栽培技术；工厂化生产；食用菌的病虫害的发生及防治。编写本书目的在于宣传、推广食用菌栽培技术。

本书在内容上突出生产性为主，具有较强的实践性、可操作性。既适宜作为农业、林业职业院校的生物工程、生物技术、食品工程、园艺技术、林业技术等专业的教学指导用书，又可供广大食用菌研究者、生产者和爱好者参考应用。

由于编者水平有限，加之时间仓促，书中难免存在疏漏和不足之处，敬请广大读者与同仁批评斧正。

编　者

2018年5月

目录

绪　论

知识目标

1. 掌握食用菌定义。
2. 了解发展食用菌生产的意义。
3. 了解我国食用菌业概况及发展趋势。

第一节 食用菌概述

食用菌(edible fungi 或 edible mushroom)是营养丰富、味道鲜美、健身强体的理想食品，也是人类的三大食物之一，同时它还具有很高的药用价值，是人们公认的高营养保健食品。栽培食用菌，原料来源广，技术简单易行，投资少，见效快，既可变废为宝，又可综合开发利用，有着十分显著的经济效益和社会效益。随着人们生活水平的不断提高和商品经济的进一步发展，食用菌产品不仅行销于国内各大市场，而且还畅销于国际市场。发展食用菌生产日渐成为一项很有前途的新兴产业。

食用菌又称食用真菌。广义的食用菌是指一切可以食用的真菌。它不仅包括大型真菌，而且还包括小型的食用真菌。狭义的食用菌是指可供人类食用的大型真菌，通常是形体较大的，多为肉质、胶质、膜质的，是肉眼可以看得清清楚楚的真菌，通常也被人们称为“菇”“菌”“蕈”“蘑”“耳”。大型真菌就是指能产生大型子实体的真菌，主要包括担子菌和子囊菌中的一些种类。大约有90%的食用菌属于担子菌，而少数属于子囊菌。人们平常所说的食用菌，实际上就是狭义概念上的食用菌，主要包括伞菌类、滑菇、黑木耳、银耳、金耳、毛木耳、竹荪、牛肝菌、松茸、羊肚菌、蜜环菌，以及亦可药用的灵芝、猴头菇、冬虫夏草、猪苓、茯苓、灰包及灰树花等。食用菌也常被人们称为食用菌蕈或食用蕈菌，这种叫法也是比较科学的，因为古代人们把生于木上的食用菌称为菌，长于地上的称为蕈。通常所说的食用菌，实际上就是狭义上的食用菌。

大自然中蕴藏着丰富的食用菌资源。目前已发现的食用菌有2000多种。我国已报道的有858种，其中有50多种是美味食用菌，近70种能人工栽培，有20种能形成大规模商业性产业化生产，有6~7种已进行工厂化生产。

人类对食用菌的认识、开发和利用经过了几个发展时期。我国是世界上认识和利用食用菌最早的国家。对食用菌的认识和采食的历史，早在先秦时代就有所记载，已有2000多年的历史。人们在认识、采食食用菌的基础上，很早就开始驯化、栽培食用菌。

我国是世界上绝大多数食用菌进行人工栽培的发源地。在当今世界上著名的五大栽培食用菌中，除双孢菇为法国人于1707年首先栽培成功外，其余的香菇、黑木耳、金针菇、草菇都是我国最早人工栽培的。最早驯化栽培的食用菌是金针菇，距今有1400多年的历史；木耳的栽培起源于湖北房县，有1300多年的历史；香菇的栽培起源于浙江的龙泉、庆元、景宁，大约有800年的历史；草菇的栽培起源于广东的南华寺，大约有200年的历史。目前广泛栽培的一些其他食用菌，如银耳、灵芝、猪苓、茯苓以及猴头菇等都是我国最早栽培的。

我国有着近千年的栽培历史，幅员辽阔，菌种资源丰富，又是农业大国、人口众多，生产原料来源广泛、劳动力资源充足，这些都为食用菌产业的发展奠定了雄厚的基础。食用菌生产具有“不与农争时、不与人争粮、不与粮争地、不与地争肥，比种植业占地少、用水少，比养殖业投资小、周期短、见效快”等特点。发展食用菌产业能够缓解资源、环境危机，促进农业可持续发展，为人类提供营养、优质、安全的食品，有利于服务“三农”，带动市场经济的发展。食用菌产业已经成为一个新兴的、颇具生命力的朝阳产业。

第二节 发展食用菌生产的意义

食用菌是营养丰富、味道鲜美、健身强体的理想食品，也是人类的三大食物之一；同时还具有很高的药用价值，是人们公认的高营养保健食品。栽培食用菌，原料来源广，技术简单易行，投资少，见效快；既可变废为宝，又可综合开发利用，有着十分显著的经济效益和社会效益。

一、为人类提供理想的健康食品

食用菌不仅质地柔嫩、味道鲜美、食味独特，而且还含有十分丰富的营养物质，并兼有较高的药用价值。因此，食用菌正在发展成为介于动物性、植物性食品之间的第三类食品，即菌类食品，是人类理想健康的食品。食用菌常被人们作为美味佳肴，誉为“山珍”“植物性食品的顶峰”“健康食品”“长寿食品”等。食用菌产业已成为21世纪“白色农业”的发展方向。

过去，食用菌中的许多种类，如猴头菇、灵芝、银耳、香菇等一直被人们视为珍贵的食品或作为贡品，仅供少数人享用。现在，随着食用菌业的发展，很多食用菌都已逐渐进入千家万户，成为生活中与人们密切相关的菌类食品或菌类蔬菜，如平菇、香菇、木耳、银耳、双孢菇以及金针菇等。

食用菌具有高蛋白质、低脂肪、低胆固醇，富含维生素、矿物质和膳食纤维的特点，含有蛋白质、脂肪、碳水化合物、多种维生素和矿质元素等成分(表0-1)。

表0-1 每100g食用菌干品的主要成分 (g)

种类	产地	水分	蛋白质	脂肪	碳水化合物	粗纤维	灰分
双孢菇	山西	9.0	36.1	3.6	31.2	6.0	14.2
香菇	山西	18.5	13.0	1.8	54.0	7.8	4.9
木耳	山西	10.9	10.6	0.2	65.5	7.0	5.8
金针菇	山西	10.8	16.2	1.8	60.2	7.4	3.6
平菇	山西	10.2	7.8	2.3	69	5.6	5.1
银耳	北京	10.4	5.0	0.6	78.3	2.6	3.1

1. 蛋白质

食用菌子实体中蛋白质的含量丰富，享有“植物肉”的美誉。据测定，一般菇类所含的蛋白质约占可食部分鲜重的3%~4%或干重的10%~40%，介于肉类和蔬菜之间，是大白菜、番茄、白萝卜等常见蔬菜的3~6倍，是香蕉、橙子的4~5倍。虽不及动物性食品的含量丰富，但也不像动物性食品那样，在含有高蛋白质的同时，还含有高脂肪、高胆固醇。

食用菌种氨基酸的组成全面，利用率高。人体所需的20种氨基酸，食用菌一般含有17～18种，氨基酸种类齐全、含量丰富，含有大量的人体生长发育所需的必需氨基酸（表0-2）。特别是谷类食物中含量较少或缺乏的赖氨酸和亮氨酸，在食用菌中的含量也很丰富。食用菌中的蛋氨酸、胱氨酸的含量也比一般动物性食品的高。不同种类的食用菌和不同环境中生长的食用菌，其蛋白质的含量也有较大差异，一般地上生的比长在木材上的食用菌蛋白质含量高，而生于地下土壤中的地下块菌含量更高。此外，还有些食用菌含有一些稀有氨基酸。

表0-2　4种食用菌中每100g蛋白质的必需氨基酸　　(g)

种类	双孢菇	香菇	草菇	平菇
异亮氨酸	4.3	4.4	4.2	4.9
亮氨酸	7.2	7.0	5.5	7.6
赖氨酸	10.0	3.5	9.8	5.0
蛋氨酸	微量	1.8	1.6	1.7
苯丙氨酸	4.4	5.3	4.1	4.2
苏氨酸	4.9	5.2	4.7	5.1
缬氨酸	5.3	5.2	6.5	5.9
酪氨酸	2.2	3.5	5.7	3.5
色氨酸	—	—	1.8	1.4
总计	38.3	35.9	43.9	39.3

2. *脂肪*

食用菌含有较低的脂肪，一般都在10%以下，平均为干重的2%～8%。其脂肪组成75%以上为不饱和脂肪酸，这些不饱和脂肪酸中又有70%以上是人体必需脂肪酸，如亚油酸、软脂酸和油酸等。而不饱和脂肪酸对人体的生长发育是十分有益的，可有效地清除人体血液中的垃圾，具有降血脂、降胆固醇、预防心血管系统疾病的作用。

3. *矿物质*

食用菌是人类膳食所需矿物质的良好来源。含有极为丰富的矿质营养元素，如钾、钠、钙、铁、锌、镁、磷等，其中钾、磷、钠、钙所占比例较高。食用菌含灰分4%～10%，平均为7%左右。它所含矿质营养元素的种类、数量与其生长环境有着密切的关系。有些食用菌中还含有大量的锗和硒。这些矿物质对调节体液，维持细胞正常代谢起着重要作用，特别是丰富的钾元素和少量的钠，使食用菌成为减少高血压发病率最理想的食品之一。

4. *维生素*

食用菌中还含有多种维生素，是蔬菜的2～8倍。尤其是维生素B类和维生素D含量丰富，维生素A类含量较低，维生素C的含量接近于一般蔬菜的含量。香菇维生素D含量最高。鸡腿菇中维生素 B_1 和维生素 E 类含量丰富。

食用菌具有很高的营养价值，而且还有较高的药用价值，它能预防和治疗多种疾病。食用菌中含有的甾类、三萜类、香豆精、挥发油、生物碱、有机锗、多糖等，具有调节人体机能、提高机体免疫力、降低血压、降低胆固醇、延缓衰老、抗病毒、抗体肿瘤等作用。如双孢菇中的酪氨酸酶可降低血压，核苷酸可治疗肝炎，核酸有抗病毒的作用。香菇中的维生素 D 原能增强人的体质和防治感冒，还可防治肝硬化等。猴头菇可以治疗消化道疾病。马勃鲜嫩时可食，老熟后可止血和治疗胃出血。茯苓有养身、利尿之功效。木耳有润肺、清肺和消化纤维的作用。冬虫夏草可作为强壮剂、镇静剂。灵芝还具有健脑强身、主治神经衰弱和延年益寿之功效。

5. 碳水化合物

碳水化合物是食用菌的重要组成物质。多数食用菌碳水化合物占干重的60%左右，有的种类则高些，如银耳，可达94.8%。食用菌中的碳水化合物主要形式是糖类，且与植物不同的是，食用菌还有一般植物所少有的糖类，如氨基酸、糖醇、糖酚、多糖蛋白等。

6. 膳食纤维

食用菌的纤维素成分丰富，在4%~28%，食用菌中的纤维素主要是构成细胞壁成分的几丁质。作为一种膳食纤维，对人体健康是极为有益的，它能吸附血液中多余的胆固醇和肠道中代谢的毒素，并排出体外，同时有利于肠蠕动，预防和缓解便秘。纤维素还能减缓糖尿病人对葡萄糖的吸收速率，稳定病人的血糖浓度，从而减少对胰岛素的需要量。据测定，双孢蘑菇的纤维素含量为10.4%，平菇为7.4%~27.6%，草菇为4%~20%。

7. 风味物质

食用菌含有独特的风味物质。食用菌含有大量的谷氨酸，香菇、平菇、草菇和双孢蘑菇中每100g蛋白质含谷氨酸分别为27.2g、18.0g、17.6g和17.2g。每一种食用菌都具有呈香物质，如3′-鸟苷酸、5′-胞苷酸等，因而形成了菇类独特的鲜美风味。如每100g香菇煮汁中5′-鸟苷酸(5′-GMP)的含量约为90~130mg、金针菇为21.1mg、松口蘑为64.6mg、红汁乳菇为58.1mg。风味物质能促进人的食欲，所以风味物质也是构成食品质量的重要因素。

尤其是食用菌中的真菌多糖，具有防癌抗癌的作用，能显著提高人体的免疫机能（表0-3）。如猴头菌对预防和治疗胃癌和食道癌有一定的疗效。云芝多糖用于肝癌的预防和治疗。

表0-3 几种食用菌抗癌效率 （%）

种类	抑癌效率	种类	抑癌效率
松茸	91.3	草菇	75.0
平菇	75.3	银耳	80.0
金针菇	81.1	猴头菇	91.3
香菇	80.7	茯苓	96.9
木耳	42.6	滑菇	86.0

目前，我国已开发出灵芝片、云芝糖肽、云芝肝肽、灵芝胶囊、猴头菌片、三九胃泰、舒筋片散、猪苓多糖、金耳胶囊、银耳孢糖胶囊、香菇多糖、蜜环菌片、胃乐宁、灵芝粉等。

食用菌不但营养丰富，将成为最理想的长寿食品。而且，作为一种天然药物，其药用价值尤为显著。发展食用菌产业意义重大。

二、充分利用自然资源变废为宝

食用菌都是异养型的生物，绝大多数为腐生，少数为寄生或共生。它们是大自然中的分解者，能分解基质吸收营养，把人类所不能直接食用的、富含纤维素和木质素的自然资源充分利用。通过食用菌栽培而形成大量的菌类食品。

食用菌栽培的原料来源十分广泛。如各种农作物的下脚料，麦草、稻草、棉籽壳、玉米芯、麦麸、米糠、野草、作物秸秆、高粱壳等；林业上的阔叶树锯木屑、树枝、树叶、杂木和废木材；酿造业上的酒糟、醋糟；制糖业上的废甜菜丝、废糖蜜；以及各种畜禽的粪尿等。利用这些材料栽培食用菌，不仅可以得到人类理想的健康食品，同时还消除了对环境的污染，化害为利和变废为宝，从而取得良好的经济效益。有的地方发展食用菌栽培，为农民脱贫致富能起到积极的作用，并成为当地农民的主要经济收入来源。

三、活跃经济，产生社会效益

中国大农业的发展是三色农业，即绿色农业、蓝色农业、白色农业。白色农业就是微生物农业，食用菌是白色农业的一种，为人类提供理想的健康食品。食用菌生产可以调整农村产业结构、开辟农业增收的新途径和新领域；它可以改善环境，促进可持续农业的发展；利用农村剩余劳动力、闲置的土地及各种农作物的下脚料来发展，是农村、农民快速致富的有效途径。

第三节 我国食用菌业

一、我国食用菌业的概况

我国的食用菌生产迅速，各种栽培技术不断提高，食用菌资源得到了开发利用，培育出大量的新品种。中国人工栽培的食用菌品种约有 60 多种，如双孢菇、香菇、金针菇、凤尾菇、平菇、秀珍菇、滑菇、竹荪、毛木耳、黑木耳、银耳、草菇、银丝草菇、猴头菌、姬松茸、杏鲍菇、白灵菇、灰树花、皱环球盖菇、长根菇、鸡腿蘑、真姬菇等。已商品化生产平菇、香菇、木耳、猴头菇、银、金针菇等近 20 种食用菌。产区主要分布在福建、黑龙江、河北、河南、山东、浙江、江苏、广东和四川等省。截至 2015 年年底，我国食用菌的生产总量达到 3476. 27 万 t，占到全世界产量的 70% 以上，食用菌总产值达到 2516. 38 亿元，食用菌已成为我国继粮、棉、油、果、菜之后的第六大农产品，中国也成为名副其实的食用菌大国。

二、我国食用菌业的发展趋势

发展食用菌生产具有原料广、成本低、周期短、收益大的特点。食用菌作为一门新兴的产业，现正迅猛发展。食用菌发展的主要趋势如下：

(1)开发利用野生食用菌资源，发展新的栽培种类　据专家估计，自然界约有大型真菌14万种，迄今全世界已报道食用菌约2000种，估计中国至少有食(药)用菌1500种。目前我国已调查记载的有938种(卯晓岚，2002)，其中能进行人工栽培的约60种，可进行菌丝体发酵的有30种，共计90种，居世界第一(王泽生，2005)。许多野生食用菌资源还有待开发、研究、利用，尤其要利用并合理采集各种菌根型食用菌，如松茸、牛肝菌、块菌等，进行人工驯化栽培研究。

(2)向多品种发展　开发利用野生食用菌资源，发展新的栽培种类。根据市场需求，发展新、优品种，尤其是国内外畅销的品种，并注重野生品种的驯化研究。20世纪50年代以前，人们以栽培双孢菇为主。现在香菇、木耳、平菇、金针菇、草菇、银耳及猴头菇等食用菌的生产都有了较大的发展。

(3)向多种栽培方式发展，并逐步趋于工厂化生产，进行集约化栽培　如多种形式的立体栽培、菌粮间作、菌菜间作等，并逐步趋于工厂化、专业化生产。

(4)栽培原料向多样化发展　随着新技术、新品种的不断开发和推广，国家封山育林政策的实施，人们环保意识的增强，会逐渐淘汰传统的段木栽培方式，向代料栽培方式发展。从原来以段木、粪草、秸秆为主发展到代料培养，如用棉籽壳、玉米芯、高粱壳、酒糟、废棉等多种工农业下脚料。

(5)从零星散户栽培向联户规模型产业化发展　由过去的一户一家生产，发展到现在许多地方一村一乡，甚至一个县的生产，从而形成大型的食用菌生产基地。从副业生产转向专业生产和产业化生产，正发展成为一门新兴的白色农业产业，并带动其他相关产业发展。食用菌的生产经营管理模式也逐渐由庭院经济模式转向公司基地加农户的产业化模式，或工厂化栽培管理模式。

(6)由手工操作向机械化生产发展　食用菌专用机械的面世，使食用菌栽培逐步走向机械化生产，可大大提高生产效率，并可形成周年化生产。

(7)向深加工发展　食用菌以鲜销、干销为主，发展深加工，对一些功能性成分的提取，如真菌多糖等，向保健品、药品方向发展。同时，注重食用菌的贮藏、运输开发。逐渐形成一个从生产、加工到销售的一条产业链。

(8)食用菌流通网络渐成规模　全国食用菌流通形成了以批发市场、集贸市场为载体，以农民经纪人、专业合作社、运销商贩、加工企业为核心的格局。全国各类食用菌批发市场近100家，其中常年交易、规模较大的批发市场60多家，年交易额超亿元。这些市场分布纵横交错，成为我国食用菌流通中心。同时，一些主产基地县如庆元县、古田县已成立了渤海商品交易所香菇、银耳现货电子交易，实现了从传统模式到现代营销的转变。

(9)循环利用取得成果　食用菌产业是变废为宝的循环农业。近年来，中国食用菌协会不断加大对循环经济的宣传、推广力度，并组织行业利用各种形式进行经验总结交流，“农畜废弃物—食用菌—有机肥—农作物”“农畜废弃物—食用菌—饲料—养殖—沼气—农作物”等多种循环利用模式在全国广泛应用，农村废弃资源得到多次利用，实现多元增值，净化了环境，改善了一些农村脏和乱的面貌。

我国食用菌产业已顺利度过了30多年的快速发展历程，正在稳步向世界进军。我国已成为国际食用菌生产大国和出口大国，随着人力、物力的大量投入，中国必将由现在的食用菌大国成为世界食用菌强国，中国食用菌产业也将引领全球生态经济的长远发展。在国家和各级政府的政策支持下，通过各方面的努力，中国食用菌产业今后一定会更加辉煌。

复习思考题

1. 什么叫食用菌？
2. 试述食用菌的营养价值和药用价值。
3. 浅谈我国食用菌发展状况。

第一章　食用菌的形态与分类

知识目标

1. 掌握食用菌菌丝体的形态种类。
2. 掌握担子菌的锁状联合结构。
3. 了解伞菌子实体的形态结构。

素质目标

树立崇尚科学、严谨认真的科学态度

第一节　食用菌的形态结构

食用菌的种类繁多，千姿百态，大小不一。不同种类的食用菌以及不同的环境中生长的食用菌都有其独特的形态特征。虽然它们在外表上有很大差异，但实际上它们都是由生活于基质内部的菌丝体和生长在基质表面的子实体组成的。

一、菌丝体的形态

菌丝体是食用菌的营养器官。它生长在土壤、草地、林木或其他基质内，分解基质，吸收营养和水分，以满足其生长发育的需要。菌丝体是由基质内无数纤细的菌丝交织而成的丝状体或网状体，绝大多数呈白色。因其生长于基质内，而又十分纤细，因此人们一般很少注意到它们的存在。如果环境条件适宜，菌丝体就能不断地向四周蔓延扩展，利用基质内的营养，繁衍自己，使菌丝体增殖。达到生理成熟时，菌丝体就会扭结在一起，形成子实体原基，进而形成子实体。食用菌生产中所使用的菌种，实际上就是其菌丝体。

食用菌的菌丝都是多细胞的，由细胞壁、细胞质、细胞核所组成。菌丝是由管状细胞组成的丝状物，是由孢子吸水后萌发产生芽管，芽管的管状细胞不断分枝伸长发育而形成的。大多数大型真菌的菌丝都有横隔膜将菌丝分成许多间隔，从而形成有隔菌丝。食用菌的菌丝都是有隔菌丝(图1-1、图1-2)。食用菌的菌丝细胞中细胞核的数目不一。通常子囊菌的菌丝细胞含有一个核或多个核，而担子菌的菌丝细胞大多数含有两个核。含有两个核的菌丝称双核菌丝。双核菌丝是大多数担子菌的基本菌丝形态。

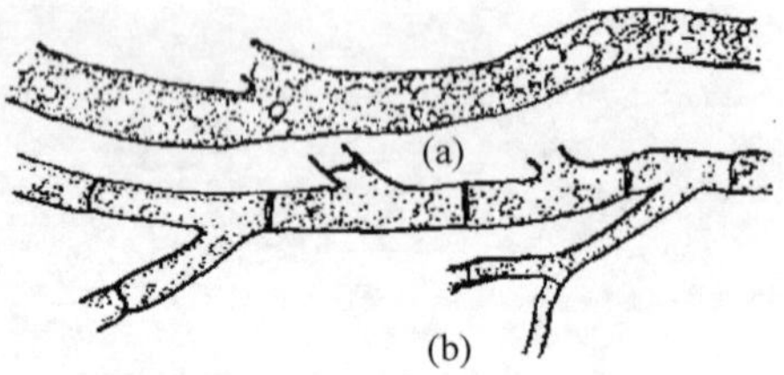

图1-1　无隔菌丝(a)和有隔菌丝(b)

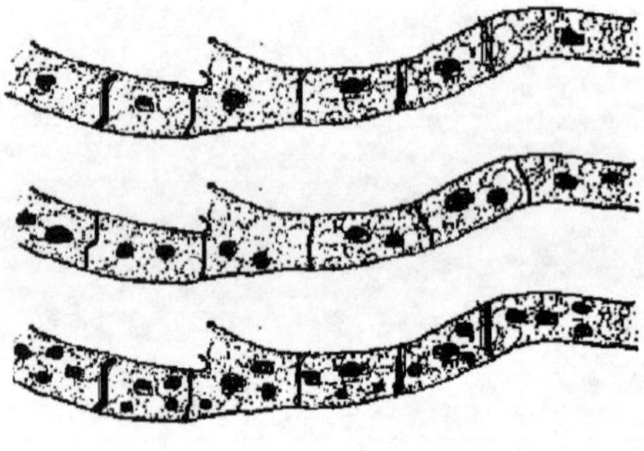

图1-2　单核菌丝、双核菌丝和二倍体菌丝

根据菌丝发育的顺序和细胞中细胞核的数目，食用菌的菌丝可分为初生菌丝、次生菌丝、三次菌丝。

1. *初生菌丝*

初生菌丝是由孢子萌发而形成的菌丝。开始时菌丝细胞多核、纤细，后产生隔膜，分成许多个单核细胞，每个细胞只有一个细胞核，又称为单核菌丝或一次菌丝。单核菌丝无论怎样繁殖，一般都不会形成子实体，只有和另一条可亲和的单核菌丝质配之后变成双核菌丝，才会产生子实体。子囊菌的单核菌丝发达而生活期较长，而担子菌的单核菌丝生活期较短且不发达，两条初生菌丝一般很快配合后发育成双核化的次生菌丝。由初生菌丝形成的菌丝体称为初生菌丝体，初生菌丝体在担子菌生活史中历时很短，两条初生菌丝体结合后即发育成次生菌丝体。

2. 次生菌丝

由两条初生菌丝经过质配而形成菌丝称为次生菌丝或二次菌丝。由于在形成次生菌丝时，两个初生菌丝细胞的细胞核并没有发生融合，只是细胞质或原生质进行了融合，因此次生菌丝的每个细胞含有两个核，次生菌丝又被称为双核菌丝或二次菌丝。它是食用菌菌丝存在的主要形式。食用菌生产上使用的菌种都是双核菌丝。只有双核菌丝才能形成子实体。由两个初生菌丝体的单核细胞经过原生质体融合发育而成的菌丝体称为次生菌丝体。

在大部分食用菌的双核菌丝顶端细胞上，常会发生锁状联合(图1-3)，它是一种状似锁臂的菌丝连接，是双核菌丝细胞分裂的一种特殊形式，也是鉴别菌种的主要内容之一。锁状联合(图1-4)现象主要存在于担子菌中，尤其是香菇、平菇、灵芝、木耳、鬼伞等的菌丝，但是并不是所有的担子菌中都有锁状联合，如草菇、双孢菇、红菇、乳菇等的菌丝就例外。极少数子囊菌的菌丝也能形成锁状联合，如地下真菌中的块菌。

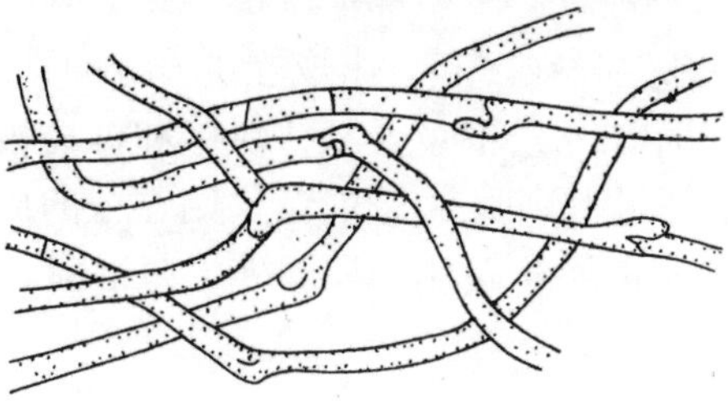

图1-3　菌丝锁状联合结构

(引自常明昌《食用菌栽培》第二版)

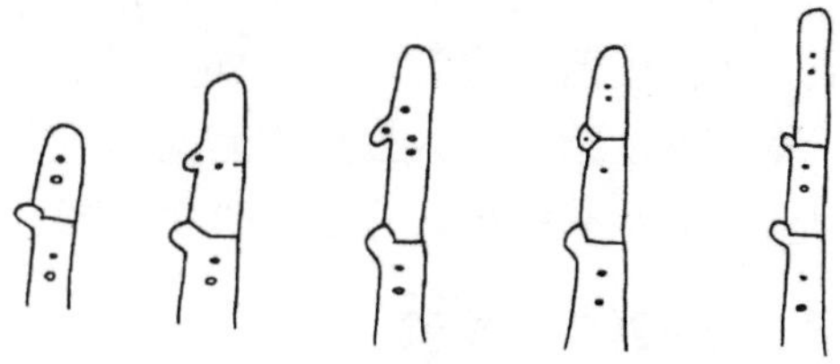

图1-4　担子菌的锁状联合形成示意

(引自常明昌《食用菌栽培》第二版)

担子菌中许多种类的双核菌丝都是靠锁状联合进行细胞分裂，不断增加细胞数目，一个双核细胞就能形成两个新的双核细胞。

先在双核菌丝顶端细胞的两核之间的细胞壁上产生一个喙状小突起，很似极短的小分枝，分枝向下弯曲，其顶端与细胞的另一处融合在显微镜下观察恰似一把锁，故称锁状联合。与此同时发生核的变化，首先是细胞的一个核移入突起内，然后两个核各自进行有丝分裂，形成四个子核，两个在细胞的上部，一个在下部，另一个在短分枝内。这时在锁状联合突起的起源处先后产生两个隔膜，把细胞一隔为二。突起中的一个核随后也移入另一个细胞内，从而构成了两个双核细胞。

3. 三生菌丝

由次生菌丝进一步发育而形成的已组织化了的双核菌丝，就称为三生菌丝或三次菌丝，也称结实性双枋菌丝，如菌索、菌核、菌核中的菌丝以及子实体中的菌丝。

二、菌丝的组织体

菌丝体无论在基质内伸展，还是在基质表面蔓延，一般都是很疏松的。但是有的子囊菌和担子菌在环境条件不良或在繁殖的时候，菌丝体的菌丝相互紧密地缠结在一起，就形成了菌丝体的变态。常见的菌丝组织体包括：

(1)菌索　由菌丝缠结而形成的形似绳索状的结构。(菌丝组织体)对不良环境有较强的抵抗力，当环境条件适宜是，菌索可发育成子实体。典型的如蜜环菌、安络小伞等。

(2)菌核　由菌丝体和贮藏营养物质密集而形成的有一定形状的休眠体，又称菌核。菌核中贮藏着较多的养分，对干燥、高温和低温有较强的抵抗能力。因此，菌核既是真菌的贮藏器官，又是度过不良环境的菌丝组织体。菌核中的菌丝有较强的再生力，当环境条件适宜时，很容易萌发出新的菌丝或者由菌核上直接产生子实体。如我们常用的药材猪苓、雷丸、茯苓等。

(3)菌丝束　由大量平行菌丝排列在一起形成的肉眼可见的束状菌丝组织称菌丝束。无顶端分生组织，如双孢菇子实体基部常生长着一些白色绳索状的丝状物，即是它的菌丝束。

(4)菌膜　由菌丝紧密交织成一层薄膜，即是菌膜。如香菇的表面形成的褐色被膜。

(5)子座　它是由菌丝组织即拟薄壁组织和疏丝组织构成的容纳子实体的褥座状结构。子座是真菌从营养生长阶段到生殖阶段的一种过渡形式。子座的形态不一，但食用菌的子座多为棒状或头状。如珍贵中药冬虫夏草、蛹虫草、蝉花等子座都呈棒状。

(6)菌根　真菌的菌丝有的能和高等植物的根系生长在一起，组成互供养分的共生体，即菌根。在食用菌中较为常见的外生菌根菌，如松茸和赤松根系、某些块菌和栎树根系共生时，除有少量菌丝进入根皮细胞间与寄主交换营养物质外，大量的菌丝则在根的周围形成类似菌索的根状组织，这就是外生菌根。许多珍贵的野生食用菌属于外生菌根菌。

三、子实体的形态

子实体是食用菌的繁殖器官，是由已分化的菌丝体组成，能产生孢子的菌体或菇体。食用菌的子实体实际就是指生长在基质表面，可供人们食用的部分，相当于绿色植物的果实，也就是人们通常称之为“蘑、菇、蕈、菌、耳”的那一部分。食用菌的子实体一般都生长在基质表面，如土表、腐殖质上、朽木或活立木的表面，只有极少数食用菌(地下真菌)的子实体生于地下土壤中，如子囊菌中的块菌，担子菌中的黑腹菌、层腹菌、须腹菌等(图 1-5)。

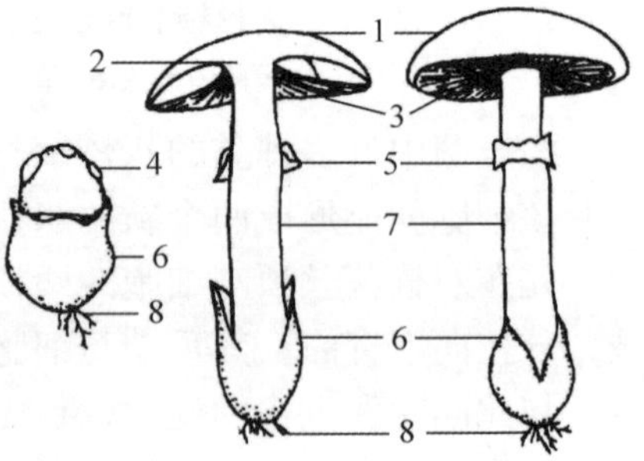

图 1-5　伞菌子实体的形态结构

1. 菌盖　2. 菌肉　3. 菌褶　4. 鳞片
5. 菌环　6. 菌托　7. 菌柄　8. 菌丝束
(引自常明昌《食用菌栽培》第二版)

子实体是真菌从营养生长阶段到生殖阶段的一种过渡形式。菌丝在基质中吸收养分不断地生长和增殖，在适宜条件下转入生殖生长，形成子实体原基并逐步发育为成熟子实体。子实体是真菌进行有性生殖的产孢结构，俗称菇、蕈、耳等，其功能是产生孢子，繁殖后代，也是人们主要食用的部分。担子菌的子实体称为担子果，是产生担孢子。子囊菌的子实体称为子囊果，是产生子囊孢子的部分。子实体是由菌丝构成的，与营养菌丝比，在形态上具有独特的变化型和特化功能。子实体形态丰富多彩，不同种类各不相同，有的是伞状(蘑菇、香菇)，有的贝壳状(平菇)，漏斗状(鸡油菌)，舌状(半舌菌)，头状(猴头菌)，毛刷状(齿菌)，珊瑚状(珊瑚菌)，柱状(羊肚菌)，耳状(木耳)，花瓣状(银耳)等，以伞菌最多，可作商品化栽培的食用菌大多为伞菌，下面着重以伞菌为例，简单地介绍其子实体的形态和构造。伞菌子实体主要由菌盖、菌褶、菌柄组成（图 1-5），某些种类还具有菌幕的残存物——菌环、菌托（图 1-6）。

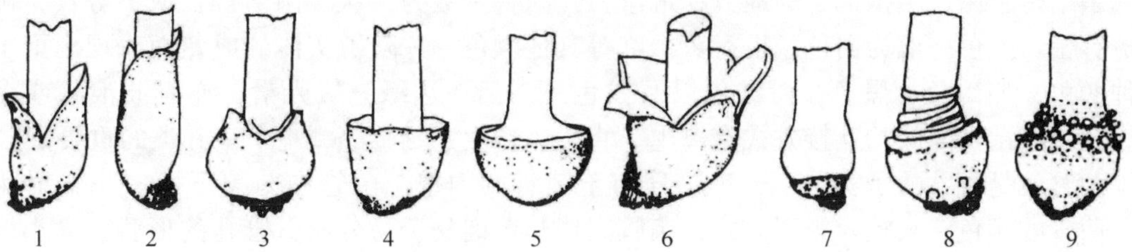

图 1-6　菌托特征

1. 苞状　2. 鞘状　3. 鳞茎状　4. 杯状　5. 杵状　6. 瓣裂　7. 菌托退化　8. 带状　9. 数圈颗粒状

（引自常明昌《食用菌栽培》第二版）

1. 菌盖

又称菌帽，是人们食用的主要部分，也是食用菌的主要繁殖器官。它是食用菌子实体的帽状部分，多位于菌柄之上，因种类不同，其形状有所差异，有的幼小时和成熟时形状也不尽相同。如平菇的菌盖为贝壳形，双孢菇的为半球形，草菇的为钟形，灵芝的为肾形或扇形等。菌盖的形状是重要的分类依据（图 1-7）。

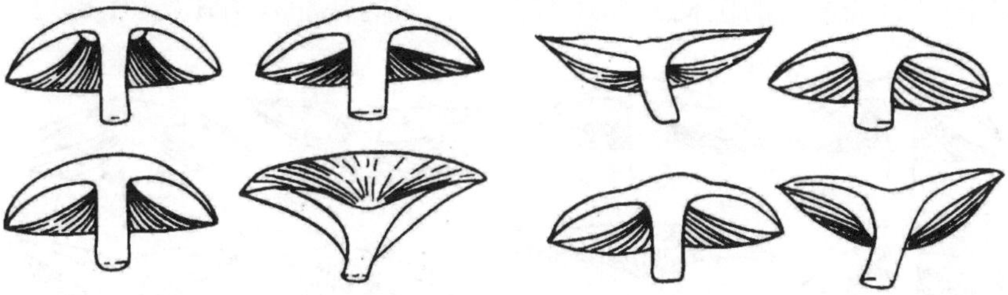

图 1-7　菌盖不同形状示意

菌盖是食用菌最明显的部分，是由表皮、菌肉和产孢组织——菌褶或菌管组成。

（1）表皮　菌盖表皮菌丝内含有不同的色素，从而使菌盖呈现出美丽的色彩。不同种类的食用菌其表面的形状也不相同。菌盖表面有的干燥、湿润、黏滑，也有的光滑、皱纹、条纹、龟裂，还有的表面粗糙具有纤毛、鳞片、小疣或呈粉末状等。菌盖中央有平展、凸起、下凹或呈脐状。菌盖边缘多全缘，或开裂成花瓣状，内卷或上翘、反卷，边缘表皮延生等。

（2）菌肉　菌盖表皮下的松软部分就是菌肉。菌肉有厚有薄，质地有肉质、胶质、蜡质和革质等。菌肉的颜色、气味、味道、有无乳汁及乳汁的浓淡，因种类不同而异。菌肉多为白色或淡黄色。伞菌的菌肉是人们食用和药用的主要部分，大多数味道鲜美，少数气味辛辣或稍带苦，有的还有一些特殊的香味，如香菇、松茸、鸡油菌等。从结构上讲，菌肉一般由菌丝组成，少数种类如红菇、乳菇等是由泡囊状菌丝构成。

（3）菌褶和菌管　菌褶是生长在菌盖下的片状物。由子实层、子实下层和菌髓三部分组成。菌肉菌丝向下延伸形成菌髓。靠近菌髓两侧的菌丝生长形成的狭长分枝的紧密区称为子实下层，即子实层下面的菌丝薄层。由子实下层向外产生栅栏状的一层细胞即子实层，子实层主要包括担子、担孢子、囊状体，有的还有侧丝。

菌褶是伞菌产生担孢子的地方，常呈刀片状，少数为叉状。菌褶等长或不等长，排列有疏有密。颜色一般为白色，也有黄、红等其他颜色，并随子实体的成熟而表现出孢子的各种颜色，如褐色、黑色、粉红色以及白色等。菌褶边缘一般光滑，亦有波浪状或锯齿状。菌褶与菌柄之间的连接方式有离生、直生、弯生、延生等，是伞菌分类的重要依据。

菌管就是管状的子实层。子实层分布于菌管的内壁。菌管在菌盖下面多呈辐射状排列。菌管的颜色、长短、排列方式，菌管间或与菌肉是否易分离，管孔的形状、大小以及与菌柄着生的关系都是分类的重要依据，特别是牛肝菌和多孔菌类的分类。

子实层是着生有性孢子的栅栏组织，是真菌产生子囊孢子或担孢子的地方。它由平行排列的子囊或担子以及囊状体、侧丝组成。

2. 菌柄

菌柄生长在菌盖下面，是子实体的支持部分，也是输送营养和水分的组织。菌柄的形状、长短、粗细、颜色、质地等因种类不同而各异。菌柄一般生于菌盖中部，有的偏生或侧生。多数食用菌的菌柄为肉质，少数为纤维质、脆骨质。有些种类的菌柄较长，有的较短，有的甚至无菌柄。菌柄常呈圆柱形、棒形或纺锤形，实心或空心。其表面一般光滑，少数种类的菌柄上有网纹、棱纹、鳞片、茸毛或纤毛等。菌柄的颜色各异，有的与菌盖同色，有的则不同。有些种类的菌柄上部还有菌环，菌柄基部有菌托(图 1-8)。

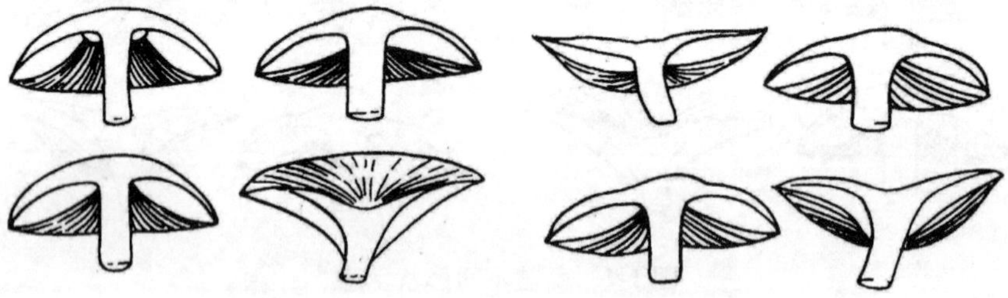

图 1-8　菌褶与菌柄着生情况及边缘特征

1. 离生　2. 弯生　3. 直生　4. 延生　5. 边缘平滑　6. 边缘波浪状
7. 边缘粗颗粒状　8. 边缘锯齿状
(引自常明昌《食用菌栽培》第二版)

3. 菌幕、菌环和菌托

菌幕是指包裹在幼小子实体外面或连接在菌盖和菌柄间的那层膜状结构。前者称外菌幕，后者称为内菌幕。子实体成熟时，菌幕就会破裂、消失，但在伞菌的有些种类中残留。

随着子实体成熟，内菌幕有的残留在菌柄上发育成菌环；有的部分残留在菌盖边缘形成盖缘附属物。菌环的大小、厚薄、单层或双层以及在菌柄上着生的位置因种类不同而异。有的菌环在菌柄上部，有的在下部，而有的种类则生长在菌柄的中部。菌环多为单层，如毒鹅膏；也有双层，如双环蘑菇。大部分种类菌环都长久地留在菌柄上，少数种类菌环易消失或脱落。

在子实体的生长发育过程中，随着子实体的生长，外菌幕被撕裂，其大部分或全部留在菌柄基部，形成一个杯状、苞状或环圈状的构造，即菌托。其形状有苞状、鞘状、鳞茎状、杯状等，有的由数圈颗粒组成。由于外菌幕的撕裂方式不同，菌托的形状各异。如果外菌幕顶裂，那么残留在伞菌盖表面的外菌幕就会形成多种形态的鳞片或疣突。还有很多伞菌有外菌幕，但是在子实体生长发育过程中逐渐全部消失，并没有形成菌托。

4. 孢子

孢子是真菌繁殖的基本单位，就像高等植物的种子一样。孢子可分成有性孢子或无性孢子两大类。有性孢子如担孢子、子囊孢子、结合孢子等。无性孢子如分生孢子、厚垣孢子、粉孢子等。不同种类的真菌其孢子的大小、形状、颜色以及孢子外表饰纹都有较大的差异，这也是进行分类的重要特征和依据。其形状呈椭圆形、圆球形、卵圆形、纺锤形、星形、柠檬形等、长方椭圆形、肾形、多角形、棱形等多种形态。孢子大小为 5 ~ 8μm × 3 ~ 8μm，子囊孢子一般比担孢子大些。孢子表面常有小疣、小刺、网纹、条棱、沟槽、光滑、粗糙、麻点、小瘤、纵条纹等区别。单个孢子通常是无色透明的，当许多孢子堆积在一起时，会呈现不同的颜色。将新鲜伞菌的菌盖扣在纸上，孢子散落即形成孢子印，其颜色因菌类不同而已，有白色、红色、紫色、褐色和黑色等。孢子印的颜色和形状是食用菌分类的重要依据。大多数食用菌的孢子，在子实体成熟时就自动弹射而进行传布。散布的孢子数量十分惊人，通常有十几亿到几百亿个。

第二节 食用菌的分类

一、食用菌在生物中的分类地位

食用菌的分类是人们认识、研究和利用食用菌的基础。野生食用菌的采集、驯化和鉴定，以及食用菌的杂交育种、资源开发利用都必须有一定的分类学知识。

1. 食用菌的分类依据

食用菌的分类主要是以其形态结构、细胞、生理生化、生态学、遗传等特征为依据的。特别是以子实体的形态和孢子的显微结构为主要依据。

2. 食用菌的分类地位

Whittaker(1969 年)提出的生物界系统包括植物界、动物界、原核生物界、原生生物界、真菌界和非细胞形态结构。和其他生物一样也是按界、门、纲、目、科、属、种的等级依次排列的。种是基本单位(变种、生理小种或培养小系)。

(1)品种　有共同祖先，有一定经济价值，遗传性状比较一致的人工栽培的食用菌群体。

(2)菌株　指单一菌体的后代，由共同祖先(同一种、同一品种、同一子实体)分离的纯培养物。

食用菌的名称采用林奈创立的二名法，每个食用菌只有一个学名，由两个拉丁词，第一个词是属名，第二个词是种加词，和命名人姓名的缩写所组成。如中国块菌（*Trber sinense* Tao et Liu）、香菇［*Lentinula edodes*（Berk.）Pegler］。

3. 食用菌的种类

随着科学技术的不断发展，人们对生物的认识也越来越深化、准确、科学。过去人们把整个生物分成植物和动物两大类，食用菌自然就被归属于低等植物之中。后来又根据生物的营养方式，把生物分成了三大类群，即植物、动物、菌物。植物是大自然中的生产者，动物是大自然中的消费者，菌物是大自然中的分解者。从农业的角度来看，发展植物生产是种植业，发展动物生产是养殖业，而发展菌物生产则是栽培业，因此，农业主要是由这三大产业所构成。现代许多学者都认为把生物分原核生物和真核生物，后者又分为植物界、动物界、菌物界。食用菌就隶属于菌物界真菌门中的子囊菌和担子菌。

全世界目前已发现大约 25 万种真菌，其中有 1 万多种大型真菌，可食用的种类大约有 2000 多种，但目前仅有 70 多种人工栽培成功。有 20 多种在世界范围被广泛栽培生产。我国的地理位置和自然条件十分优越，蕴藏着极为丰富的食用菌资源。到目前为止，在我国已经发现 720 多种食用菌，它们分别隶属于 46 科 144 属。

复习思考题

1. 试述菌丝体的功能，以及菌丝和菌丝组织体的类型。
2. 试述子实体的功能，并以伞菌为例阐述子实体的形态和功能。
3. 试述食用菌在生物界中的分类地位和意义。
4. 世界和我国大约有多少种食用菌？大规模栽培的食用菌隶属于哪类和哪科？

第二章　食用菌的生理生态

知识目标

1. 掌握食用菌生长对营养物质的需求。
2. 明确食用菌生长对环境条件的需求规律。
3. 了解食用菌与动物、植物的关系。

素质目标

培养生态和谐的理念，增强节约能源、保护环境的意识。

食用菌的基本生活条件包括营养因子和环境因子两个方面。研究不同种类的食用菌和同一种食用菌的不同生长发育阶段对营养因子和环境因子的需求规律，是进行食用菌高产栽培的需要。

第一节　食用菌的营养

食用菌属异养型生物，自身不能制造养分，需不断从外界环境中获得营养物质，才能进行生长、发育和繁殖。能够满足食用菌完成各种生理活动所需的物质，称营养物质。

一、营养类型

根据食用菌生活方式的不同，可将其营养类型分为腐生、寄生和共生 3 种类型。

1. 腐生

从动植物尸体上或无生命的有机物中吸取养料的食用菌为腐生菌。绝大多数食用菌都属此类，在自然界有机物质的分解和转化中起重要作用。根据腐生对象，主要分为木腐生菌和粪草腐生菌。

木腐生菌也称木腐菌，在自然界主要生长在死亡的树木、树桩、断枝上或活立木上的死亡部分，从中吸取营养，破坏其结构，导致木材腐朽，但一般不侵害活立木，如香菇、银耳、灵芝、平菇、金针菇、茯苓等。有的对树种适应性较广，如香菇能在 200 余种阔叶树上生长；有的适应范围较窄，如茶薪菇主要生长在茶及枫香等阔叶树上。人工栽培木腐菌，以前多用椴木，现在多用木屑、秸秆等混合料栽培。

粪草腐生菌也称为草腐菌，在自然条件下，主要生长在腐熟的堆肥、厩肥、腐烂草堆或有机废料上，如草菇、双孢菇、鸡腿菇、马勃等。人工栽培时，主要选用秸草、畜禽粪为培养料。

2. 寄生

生活于寄主体内或体表，从活着的寄主细胞中吸取养分而进行生长繁殖的食用菌为寄生菌。在食用菌中，专性寄主的十分罕见，多为兼性寄生或兼性腐生。以腐生为主，兼营寄生的为兼性寄生，如蜜环菌可以在树木的死亡部分营腐生生活，一旦进入木质部的活细胞后就转让为寄生生活，常生长在针叶或阔叶树干的基部和根部，造成著名的根腐病；以寄生为主，兼营腐生的为兼性腐生，如冬虫夏草是寄生在鳞翅目幼虫体上的一种药用菌，能从寄主身上吸取营养，并在体内繁殖使寄主僵化，在适宜条件下从虫体上长出子座，还有蜘蛛虫草、蛹虫草等。此外，金针菇、猴头菇、灵芝、糙皮侧耳等都是腐生性菌类，但都能在一定条件下侵染活立木，在林地栽培时应采取一定防护措施。

3. 共生

两种生物共同生活在一起，形成互惠有利、相互依存的现象称为共生。食用菌与某些植物、动物及真菌之间都存在着共生现象。

菌根是菌根菌与植物根系结合形成的共生体，大多数森林蘑菇都是菌根真菌，如牛肝菌、口蘑、松乳菇、大红菇等。它们与一定树种形成共生关系，菌根菌的菌丝紧密包围在根毛外围，形成菌套，不侵入根细胞内，只在根细胞间隙中蔓延的为外生菌根。外生菌根取代了根毛的作用，比根毛具有更大的吸收表面积，帮助树木吸收土壤中的水分和养料，并能分泌生长素，为植物所利用。而树木也能为菌根菌提供光合作用所产生的碳水化合物。菌根菌的菌丝侵入根细胞内部的为内生菌根。如蜜环菌与天麻形成内生菌根。蜜环菌的菌索侵入天麻块茎中，吸收部分养分。而天麻块茎在中柱和皮层交界处有消化层，该处的溶菌酶能将侵入到块茎的蜜环菌菌丝溶解，使菌丝内含物释放出来供天麻吸收。菌根菌中有不少优良品种，但大多处于半人工栽培状态，是食用菌开发的一个方向。

二、营养物质

食用菌的营养物质种类繁多，根据其性质和作用可分为碳源、氮源、无机盐、维生素和生长因子等。

1. 碳源

凡用于构成细胞物质或代谢产物中碳素来源的营养物质，统称为碳源。碳源的主要作用是构成细胞物质和提供生长发育所需的能量。食用菌吸收的碳素仅有20%用于合成细胞物质，80%用于维持生命活动所需的能量而被氧化分解。碳源是食用菌最重要的，也是需求量最大的营养源。

食用菌在营养类型上属于异养型生物，所以不能利用CO_2和碳酸盐等无机碳为碳源，只能从有机碳化物中吸取碳素营养。单糖、二糖、低分子醇类和有机酸均可被食用菌直接吸收利用，而淀粉、纤维素、半纤维素、果胶质、木质素等大分子碳源必须经菌丝分泌相应的胞外酶，将其降解为小分子碳源后才能被吸收利用。

葡萄糖是利用最广泛的碳源，但并不一定是所有食用菌最好的碳源，不同食用菌对碳源有不同的选择。如多数食用菌利用较差的果胶，却是松口蘑的良好碳源；甘露醇是茶薪菇的最好碳源。食用菌生产中所需的碳源，除葡萄糖、蔗糖等简单糖外，主要来源于各种植物性原料，如木屑、玉米芯、棉籽壳、麦秸、稻草、甘蔗渣、马铃薯等。这些原料多为农产品的下脚料，具有来源广泛、价格低廉等优点。

在食用菌生产中，通常向培养料中加入适量葡萄糖，以诱导胞外酶的产生和用于维持细胞代谢所需的能量，并促进菌丝在培养料中快速生长。

2. 氮源

氮源是指用于构成细胞物质和代谢产物中氮素来源的营养物质，其生理功能是食用菌合成核酸、蛋白质和酶类的主要原料，对生长发育有重要作用，一般不提供能量。

(1) 有机氮　食用菌主要利用有机氮，如尿素、氨基酸、蛋白胨、蛋白质等。氨基酸、尿素等小分子有机氮可被菌丝直接吸收，而大分子有机氮则必须通过菌丝分泌的胞外酶，将其降解成小分子有机氮才能被吸收利用。生产上常用的有机氮有蛋白胨、酵母膏、尿素、豆饼、麦麸、米糠、黄豆饼和畜禽粪等。尿素经高温处理后易分解，释放出氨和氢氰酸，易使培养料的 pH 值升高和产生氨味而有害于功丝生长。因此，若栽培时需加尿素，其用量应控制在0.1%~0.2%，勿用量过大。

(2)无机氮　少数食用菌只能利用有机氮，多数食用菌除以有机氮为主要氮源外，也能利用硝酸盐、铵盐等无机氮。通常，铵态氮比硝态氮更易被菌丝吸收利用，若 NO_3^- 和 NH_4^+ 同时存在，则多数食用菌首先摄取 NH_4^+。但以无机氮为唯一氮源时，菌丝生长一般较慢，且有不长菇现象。这主要是因为菌丝没有充分利用无机氮合成细胞所必需的全部氨基酸的能力。

食用菌在不同生长阶段对氮的需求量不同。在菌丝体生长阶段对氮的需求量偏高，培养基中的含氮量以0.016%~0.064%为宜，若含氮量低于0.016%时，菌丝生长就会受阻；在子实体发育阶段，培养基的适宜含氮量在0.016%~0.032%。含氮量过高会导致菌丝徒长，抑制子实体的发生和生长，推迟出菇。

碳源和氮源是食用菌的主要营养。培养基质中的碳、氮浓度要有适当比例，称为碳氮比(C/N)。食用菌适宜的 C/N，一般在菌丝体生长阶段为 20∶1；在子实体生长阶段为 30~40∶1 为宜。若 C/N 比过大，菌丝生长慢而弱，难以高产；若 C/N 比太小，菌丝会因徒长而不易转入生殖生长。

3. 无机盐

无机盐是食用菌生长发育不可缺少的矿质营养。按其在菌丝中的含量可分为大量元素和微量元素。

(1)大量元素　磷、硫、钙、镁、钾等。在生产中配制营养基质时，常用磷酸二氢钾、磷酸氢二钾、硫酸镁、石膏粉(硫酸钙)、过磷酸钙等。其中以磷、钙、镁、钾最为重要，每升培养基的添加量一般为 100~500 mg/L 为宜。

(2)微量元素　铁、铜、锌、锰、硼、钴、钼等。微量元素一般不需要添加，培养料中存在的含量就可满足其需要，过量加入会有抵制或毒害作用。

在秸秆、木屑、畜粪等原料中均含有各种矿质元素，只酌情补充少量过磷酸钙或钙镁磷肥、石膏粉、草木灰、熟石灰等，就可满足食用菌的生长发育。

4. 生长因子

食用菌生长必不可少的微量有机物质，称为生长因子(生长因素)。主要为维生素、氨基酸、核酸碱基类等物质，如维生素 B_1、维生素 B_2、维生素 B_6、维生素 H、烟酸、核苷、核苷酸等。生长因素的主要功能是参与酶的组成和菌体代谢，具有刺激和调节生长的作用。当严重缺乏时，就会停止生长发育。有的食用菌自身有合成某些生长因素的能力，若无合成能力，则必须添加。

实际生产中常用的牛肉膏、酵母膏、玉米浆、马铃薯汁、麦麸、玉米粉等原料中含有丰富的生长因素，用其配制培养基时可不必添加。但由于大多数维生素在 120℃ 以上高温条件下易分解，因此培养基灭菌时应防止灭菌温度太高和灭菌时间过长。

以上营养物质是食用菌生长的物质基础。配制培养基时，除选用适宜营养种类外，还需控制各成分间的比例，注意营养协调。一般来说，除需要大量水分外，对 C、N、无机盐及生长因子的需求在量上的比例大体符合 10 倍序列的递减规律。如碳源在培养基中约占 10^{-2}，氮源约 10^{-3}，磷、硫约 10^{-4}，钾、镁约 10^{-5}，生长素约 10^{-6}。

三、食用菌的新陈代谢与生长

1. 食用菌的新陈代谢

食用菌的新陈代谢包括分解代谢和合成代谢两个方面：

(1)分解代谢　食用菌菌丝分解各种水解酶，将培养基中大分子聚合物分解成简单的小分子，成为合成细胞物质的原料。

(2)合成代谢　食用菌将小分子化合物通过细胞内酶系统的作用，合成自身的氨基酸、蛋白质、脂肪、糖、有机酸等，以组建食用菌的细胞物质，并作为能量贮存起来。分解代谢为合成代谢提供了原料和能源，而合成代谢又为分解代谢准备了物质基础。合成代谢和分解代谢交替的进行于食用菌生命活动的全过程。

2. 食用菌的生长

食用菌的生长包括菌丝的生长和子实体的形成与发育，它是食用菌新陈代谢的必然结果。

(1)菌丝的生长　食用菌菌丝和霉菌菌丝一样，生长非常迅速。在固体培养基上培养时，菌丝主要在平面上向四周伸展，形成圆形菌落；在液体基质中培养时，菌丝则呈立体生长，部分菌丝会形成球形的菌丝团(亦称菌丝球)，但大部分仍然呈现杂乱菌丝状，并且菌丝球的形状也会随着培养条件的不同出现很大差异。食用菌菌丝的顶端部分为生长点，这是菌丝生长旺盛的部位。生长点后面较老熟的菌丝可产生分枝，每个新分枝的顶端也都具有生长点。菌丝生长点的细胞不断增殖，使菌丝不断伸展。

菌丝一般可分为两部分，伸入培养基里的基质菌丝和接触空气的气生菌丝。基质菌丝主要负责吸收营养。大分子的有机物，如蛋白质、纤维素、木质素等先在菌丝细胞外经过分解酶的降解，转变成能进入细胞的小分子物质，而后被吸收利用。一般胞外进行分解作用的酶，产生于细胞内。在液体培养时，这些酶分解到整个培养液中；而固体培养时，这些酶大多数聚集在基质菌丝尖端的四周。菌丝中养分的传输速度因菌的品种、菌龄、所处环境的不同而异。幼龄菌丝比老龄菌丝输送速度快；中温型菌类在20℃以上时输送养分的速度要比在20℃以下时快；不同营养物质的输送速度也不同；新陈代谢强度也影响养分输送的速度。

(2)子实体的形成与子实体内养分的输送　食用菌的生长分为菌丝生长和子实体生长两个阶段。孢子先形成菌丝体，当菌丝体生长到一定阶段，就具备了子实体形成的条件。子实体的形成一方面需要菌丝体成熟；另一方面需要一定的环境条件(包括养分供应、温度、湿度、光照等)。菌丝体形成子实体时，基质菌丝的养分都集中向子实体输送。在原基形成时，菌丝仍可从培养基中不断地吸收需要的碳素营养(主要是单糖)，而氮素营养则依赖于菌丝体内贮存。当菌盖和菌柄分化时，碳和氮都不能从外界的培养基中吸收，而要从菌丝的细胞贮藏物质中获得。

第二节　食用菌的理化环境

食用菌的生长发育必须有适宜的温度、湿度、酸碱度、空气和光照等环境条件为前提。不同种类的食用菌对环境的要求不同，同一种食用菌在菌丝体生长、子实体分化及子实体发育阶段对环境的需求也不一样。

一、温度

温度是影响食用菌生长发育的重要因子之一。总体来说，食用菌是属于中温型、耐低温、怕高温的生物。在食用菌的生长过程中对温度的需求呈现前高后低的规律，即孢子萌发温度高于菌丝体生长温度，而菌丝体生长温度高于子实体分化和发育的温度，但子实体分化所需的温度最低。不同种类的食用菌有不同的极限温度和适宜温度（表 2-1）。

表 2-1　几种食用菌对温度的需求　　（℃）

品　种	菌　丝　体		子　实　体	
	生长范围	最适温度	分化温度	发育温度
蘑　菇	6～33	24	8～18	13～16
香　菇	3～33	25	7～21	12～18
木　耳	4～39	30	15～27	24～27
草　菇	12～45	35	22～35	30～32
平　菇	10～35	24～27	7～22	12～17
银　耳	12～36	25	18～26	20～24
猴头菇	12～33	21～24	12～24	15～22
金针菇	7～30	23	5～19	8～14
鸡腿菇	10～35	25	9～20	12～18

1. 菌丝体对温度的需求

菌丝体所需的温度是指培养料的温度，其特点是耐低温、怕高温。菌丝体耐低温能力强，一般在 0℃左右不会死亡，段木内的香菇菌丝能耐 –20℃的低温。但草菇菌丝体抗寒力极差，在 5℃条件下极易死亡，故草菇菌种不能放冰箱内保藏。菌丝体一般不耐高温，如香菇菌丝体在 46℃条件下仅能存活 4 h。多数食用菌菌丝体的致死温度在 40℃左右，但草菇除外。

多数菌丝体生长的适宜温度范围一般在 20～30℃。最适生长温度一般是指菌丝体生长最快的温度，但不是菌丝体健壮生长的温度。在生产实践中，为培育出健壮的菌丝体，常将温度调至比菌丝最适生长温度低 2～3℃。如香菇菌丝最适生长温度为 25℃，培养温度每升高 5℃或降低 10℃，其菌丝生长速度只有在 25℃下的一半。又如，双孢菇菌丝体在 24～25℃条件下生长最快，但长得稀疏无力，在 22～24℃条件下虽然生长略慢，但菌丝体却长得粗壮浓密。

2. 子实体对温度的需求

子实体阶段温度要比菌丝体阶段温度低，范围窄。子实体分化温度要比其生长温度低。

（1）子实体分化（原基形成）对温度的需求 子实体分化阶段所需的温度是指培养料的温度，也是食用菌一生中最低的温度。如香菇菌丝体生长的最适温度是25℃，而子实体分化的适宜温度在15℃左右。

①温度类型 常根据子实体分化所需的适宜温度，将食用菌分为低温型、中温型和高温型。

低温型：子实体分化的适宜温度是13～18℃，如香菇、金针菇、猴头菇、平菇、双孢菇等。多发生于早春、秋末或冬季。

中温型：子实体分化的适宜温度是20～24℃，如榆黄蘑、银耳、木耳、大肥菇等。多发生于春、秋季。

高温型：子实体分化的适宜温度是24～30℃，如灵芝、草菇等，多发生于盛夏、早秋。

②温度反应 根据子实体分化时对温度的反应，可分为恒温结实性和变温结实性菌类。

恒温结实：子实体分化时不需温差，如草菇、木耳、猴头菇、灵芝等；

变温结实：子实体分化需8～10℃的温差，如平菇、香菇、金针菇等。

（2）子实体发育对温度的需求 子实体生长阶段暴露于空气中，所以子实体发育所需温度是指气温。受空气温度的影响比较大，菇蕾形成后就应提供适宜的子实体发育温度。不同食用菌子实体的最适发育温度也不同，但一般都略高于子实体分化的最适温度。

在生产实践中，要根据菌株的温度型合理安排栽培时间，并根据其对温度的反应，采取不同的管理措施。栽培管理时，既注重料温，又要注意气温，生长前期的料温一般比气温高几度至十几度。

二、水分和湿度

水分是指培养基的含水量，湿度是指空气相对湿度。不同食用菌对水分的要求不同，就是同一食用菌在不同阶段，对水分的要求也不一样（表2-2）。

1. 培养基含水量

食用菌生长发育所需的水分绝大部分来自培养料。一般适合食用菌生长的培养料含水量在60%～65%。

在生产中，应根据实际情况，如品种、栽培季节、原料、拌料场所等确定培养料含水量。常用手握法测定培养料含水量，一般以紧握培养料，指缝间有水泌出，但不下滴为宜，此时的料水比一般掌握在1∶1.3左右。有的原料吸水性强，如棉籽壳、玉米芯、甘蔗渣等，应加大料水比；反之则减少。高海拔地区、干燥季节和气温略低时，含水量应加大；在30℃以上的高温期，含水量应减少。水分过多或过少都会造成食用菌生长发育不正常。

表 2-2 几种食用菌对水分和湿度的需求 (%)

品种	菌丝体		子实体	
	培养料含水量	空气相对湿度	培养料含水量	空气相对湿度
平菇	60~65	70~75	65~70	80~90
草菇	70~85	85~95	70~85	85~95
凤尾菇	65~70	65~75	65~75	80~90
香菇	55~60	65~75	60~65	80~90
双孢菇	60~65	60~70	60~65	85~90
猴头菇	55~65	70~75	60~65	85~90
金针菇	55~60	60~70	65~70	85~90

2. 湿度

空气相对湿度是影响培养料含水量、子实体分化及发育的重要因素。食用菌在不同生长阶段对空气湿度的需求不一样，一般呈现前低后高的规律。菌丝体生长阶段的适宜空气湿度为60%~70%；在子实体阶段，空气湿度应提高至85%~90%。通常用干湿温度计测定空气相对湿度。

空气湿度过低，会使培养料大量失水，阻碍子实体的分化或使子实体的生长停止，严重影响食用菌的品质与产量。此时就应补水，向空气、地面喷水或洒水，补水应结合通风进行，切勿形成闷湿的环境，还应避开高温、低温阶段，天干多补，天湿少补。

三、酸碱度

不同食用菌对培养料的酸碱度要求不一样，大多数食用菌宜在中性偏酸性环境中生长，菌丝生长的pH值为3.0~8.0，最适pH值是5.0~6.5(表2-3)。有的嗜碱性，如双孢菇、草菇等，最适pH值在7.5左右；有的嗜酸性，如猴头菌，最适pH值约4.0，在pH值2.4的环境中也能生长。适宜食用菌生长的pH值并不是配制培养基时的pH值，培养基质经高温灭菌、堆肥等处理之后，pH值一般要下降1.5~2。在生产中，常将pH值调至比最适pH值高1.5，在后期管理中，用1%~2%的石灰水喷洒菌床。也可在配料时，加入具有缓冲作用、稳定作用的盐类，如磷酸二氢钾、磷酸氢二钾、石膏粉、碳酸钙等。

四、空气

食用菌是好气性真菌，在生长过程中需不断吸进氧气，呼出CO_2。同一种食用菌在不同生长阶段对氧气的需求量不同，在生长过程中一般呈现前少后多的需求规律。菌丝体生长阶段一般需氧量较少，但是多数菌丝在过低的氧气浓度下生长会受到抵制。子实体分化阶段对CO_2敏感，空气新鲜有利于多数食用菌子实体的分化。然而，可利用高浓度的CO_2栽培鹿角状灵芝及获得菌柄细长、菌盖小的优质金针菇。

表 2-3　几种食用菌对 pH 值的需求

种　类	适宜生长 pH 值	最适生长 pH 值
双孢菇	6.0~8.0	6.8~7.2
香　菇	4.0~7.5	4.0~6.5
草　菇	6.8~7.8	6.8~7.2
平　菇	5.0~6.5	5.4~6.0
金针菇	3.0~8.4	4.0~7.0
黑木耳	4.0~7.0	5.5~6.5
猴　头	4.5~6.5	4.0~5.0
银　耳	5.2~7.2	5.2~5.8
灵　芝	4.0~6.0	4.0~5.0
鸡腿菇	6.0~8.0	6.8~7.2

食用菌生长环境极易造成CO_2的积累和氧气不足。菌种培养室和栽培场所要设置良好的通风系统。通风换气时，应避开雨雪天、干热风、对流风、低温或高温时段。通风由弱到强、通风次数逐渐增加、时间间隔适当延长，效果以嗅不到异味、不闷气、感觉不到风的存在及不导致温湿度大幅度的变化为宜。同时，适当的通风换气还能排除掉食用菌生长不断产生的CO_2、H_2S、NH_3等废气，保证菌丝旺盛生长。

五、光照

不同种类的食用菌对光的需求不一样；同一种食用菌，在不同生长阶段对光线的需求也不一样。一般呈现前暗后亮的需求规律。

大多数食用菌在菌丝体生长阶段不需要光线，在黑暗处长得快、齐、壮，光线对菌丝体有明显的抑制作用。

多数食用菌在子实体分化阶段进入光敏感期，需要一定散射光的刺激。在黑暗环境中，子实体分化得慢、少、不整齐。所以，光照是成熟菌丝顺利扭结的重要环境因子。

子实体发育阶段，大多数食用菌喜欢七分阴三分阳的光度，如金针菇等；喜光型食用菌需五分阴五分阳的光度，如香菇等；厌光型食用菌可以在无光或微光的环境中生长，如双孢菇、大肥菇等。因此，食用菌一般种在菇房、菇棚、坑窖及高秆作物的绿荫下。

光照还会影响子实体的色泽，改变菌柄和菌盖宽度的比例，并影响干重。有的菌类的子实体有正向光性，如平菇、金针菇、灵芝等。因此，出菇房内的光源，应设置均匀，位于菌柄直立生长的正上方，防止产生畸形菇。

第三节 食用菌的生物环境

在自然界中，食用菌不是单独生存的，其生长发育过程与其他生物的生命活动密切相关。与周围环境中的微生物、动物、植物有密切的关系，有些则有利的，有些则有害。

一、食用菌与植物

森林是野生食用菌的大本营。森林不仅为食用菌的生长提供营养基础，还能创造适宜的生态环境。不同的林木中生长出不同的菌类。如针叶林中常长有松乳菇；栎叶或混交林地里易长有蜜环菌；长白山赤松林中长有松口蘑；山毛榉林中长有猴头菇；竹林中长有竹荪等。若森林的自然生态受到破坏，许多珍贵的食用菌也会消失。

有的食用菌与植物共生形成菌根，能与植物形成菌根的真菌称为菌根真菌。菌根有外生菌根和内生菌根两大类型。如牛肝菌与松树、天麻与密环菌、松口蘑与红松等。

现在食用菌的立体栽培，就是对食用菌自然生态环境的模拟。树木的侧枝、农作物的秸秆、种壳等下脚料是人工栽培食用菌的原料，这些原料一旦枯竭，食用菌生产就会坐以待毙。

木腐型食用菌对林木有很强的分解作用，使木材腐烂。有些兼性寄生性食用菌能侵入植物活体内，使植物发病或死亡。如蜜环菌能寄生桑、茶、柑橘、松、杉、栎等植物，造成根腐；硬柄小皮伞对草本植物上会造成根腐；猴头菇常寄生栎等阔叶树，导致白腐病。

二、食用菌与动物

动物与食用菌的关系也很密切。有些动物能传播食用菌的孢子。如竹荪的孢子靠蝇类传播，块菌的子囊果生于地下，它的孢子是通过野猪挖掘才能得到传播。有的动物和食用菌构成共生关系，如黑翅土白蚁和鸡枞。鸡枞生长在蚁巢上，菌丝即成了幼白蚁的主要食物，而经白蚁半消化的植物材料却成了鸡枞菌丝生长发育的培养基，两者构成了奇妙的共生关系。

食用菌的菌丝体和子实体常遭到一些动物的咬食，主要是节肢动物和软体动物，如菇蝇、菌蚊、螨类、跳虫等。通常以昆虫类发生量最大，危害最重。直接危害是咬食菌丝体和子实体，使菌丝伤亡、菌床腐朽、子实体千疮百孔、降低或丧失商品价值。间接危害主要在于害虫又是杂菌的携带者和传播者，被害虫咬过的伤口极易导致病原菌的侵入，给食用菌生产带来毁灭性损害。

三、食用菌与微生物

有的微生物对食用菌是有益的，如双孢菇发酵料栽培，就是利用了一些中、高温型微生物的活动，使培养料变得疏松柔软，透气性、吸水性和保温性得到了改善，利于双孢菇菌丝的生长发育。同时，菌体蛋白和代谢物对双孢菇的生长有促进作用。还有银耳与香灰菌的伴生，银耳的芽孢不能分解纤维素和半纤维素，也不能很好利用淀粉，只有利用香灰菌分解纤维而得到糖，才能进行繁殖结耳。

但是，有不少微生物与食用菌争夺营养和生存空间，污染培养基或引起食用菌病害，如细菌、放线菌、酵母菌等，栽培上统称它们为杂菌。在食用菌栽培的各个环节，要时刻树立无菌意识，严格按操作规程进行操作。

第四节　食用菌的生活史与繁殖

一、食用菌生活史

食用菌的生活史，就是食用菌生育期经历的生长、发育和繁殖的全过程。从孢子萌发开始，经菌丝体生长发育，然后形成子实体，再产生新一代孢子的整个发育过程。食用菌的生长发育包括营养生长和生殖生长两个阶段。

营养生长阶段是指从孢子萌发到菌丝在基质内不断蔓延、直至扭结为止的过程。菌丝顶端约 2～10cm 处为生长点，是菌丝旺盛生长的部位。生长后面较老的菌丝可产生分支，每个分支的顶端同样也具有生长点。菌丝的生长主要靠生长点不断的伸展来实现。菌丝顶端存在泡囊，泡囊中含有丰富的糖和多种酶，可以输送各种酶和新的细胞壁的成分、使原细胞壁各成分之间连接键断裂并插入新的成分、增加原生质膜的面积等。所以只有泡囊在顶端聚集时，菌丝才能生长。菌丝生长可划分为生长迟缓期、快速生长期、生长停止期三个时期。

生殖生长阶段是子实体从分化到成熟的时期，大致可划分为原基形成、原基发育、菇蕾生长、子实体成熟、孢子释放并传播等阶段。子实体的分化标志着菌丝体从营养生长到生殖生长阶段的转化。

二、食用菌繁殖

与大多数真菌一样，食用菌中存在无性繁殖和有性繁殖两种方式，无性繁殖主要通过异核体菌丝的培养和可育孢子萌发生长等方式实现；不通过生殖细胞结合而有亲代直接产生新个体。其方式包括：节孢子（菌丝断裂形成）和无性孢子的产生（如草菇的厚垣孢子、黑木耳的钩状分生孢子等），以及牙殖（银耳芽孢）等。在食用菌栽培中，子实体、菌素、菌核的组织分离，菌种转管传代，都属无性生殖。无性生殖是指不经过两性生殖细胞的结合，由母体直接产生后代的生殖方式。无性繁殖过程中细胞进行的是无丝分裂而没有进行减数分裂，所以无性生殖产生的后代的生殖方式能很好地保持亲本原有的形状，包括孢子生殖、组织培养等方式。而有性生殖则伴随着减数分裂和有性孢子的产生。有性繁殖生活史被分为同宗结合和异宗结合两大类。同宗结合被定义为在完全隔离的状态下单个同核体孢子能够独立进行有性生殖的过程，而异宗结合的交配和有性生殖则发生在携带不同交配型因子的两个孢子之间。大多数食用菌的生活史为异宗结合类型。异宗结合可以进一步分为二极性异宗结合和四极性异宗结合两类。

复习思考题

1. 食用菌需要哪些营养？各类营养的生理功能是什么？
2. 食用菌对温度、湿度、空气及光照的需求有何规律？
3. 哪些因素有利于变温性食用菌子实体的分化？
4. 导致子实体畸形的主要因素有哪些？

第三章　食用菌的消毒灭菌

知识目标

1. 理解灭菌、消毒、防腐、除菌的概念。
2. 了解高压蒸汽灭菌锅构造及其功能。
3. 掌握高压蒸汽灭菌锅的使用方法。
4. 了解常压蒸汽灭菌原理及常用方法。
5. 掌握紫外线灯、酒精灯、超净工作台灭菌原理及使用方法。

技能目标

1. 熟练应用食用菌生产的设备、设施进行生产。
2. 能够进行空间消毒、培养料灭菌。
3. 掌握空间、表面消毒的方法。
4. 会配制75%酒精。

素质目标

培养严谨认真、踏实肯干、安全生产的工作作风。

微生物在自然界中的分布十分广泛，食用菌生产中所涉及的原料、水、设备和空间等都存在着大量的微生物。在食用菌生产中，除要求培养的菌类以外的微生物统称为杂菌。一旦染上杂菌，杂菌就会迅速繁殖，与食用菌争夺养分、空间。轻则减产，重则绝收。因此，需采取有效措施杀灭或抑制杂菌的活动，对食用菌进行纯培养。在食用菌栽培中，必须树立严格的无菌观念，掌握和运用消毒、灭菌技术，严防杂菌污染。

根据生产目的的不同，对培养基质、工具、环境中的灭菌程度要求不同。可以根据不同的生产情况选择不同的消毒灭菌方法，如灭菌、消毒、防腐、除菌等。

①灭菌　指在一定范围内，用物理、化学、生物的方法，杀死物体上或环境中的一切微生物，包括营养体和孢子，使物体和环境呈无菌状态。

②消毒　指利用物理、化学的方法，杀死物体上或环境中部分微生物，主要指杀死微生物的营养体，不能杀死微生物的休眠体。

③防腐　指利用物理、化学的方法，暂时抑制微生物的生长。

④除菌　指利用过滤、离心分离、静电吸附等机械的方法除去液体或气体中的微生物。

在食用菌生产中，根据灭菌原理，将消毒灭菌分为物理、化学、生物等方法。

第一节　物理消毒灭菌

物理消毒灭菌的方法主要有热力灭菌、紫外线杀菌、过滤除菌、低温抑菌等方法。

一、热力灭菌

热力灭菌是利用热能杀死微生物。其原理是热能使菌体蛋白变性，酶失去活性，核酸结构遭到破坏，从而导致菌体死亡，达到灭菌的目的。分干热灭菌和湿热灭菌。

干热灭菌的热源是火焰及热空气。如酒精灯的外焰进行灼烧灭菌或利用酒精灯火焰周围形成的无菌区进行无菌操作；干燥箱对玻璃器皿、金属器械等物品的灭菌。采用160～170℃，灭菌2 h，灭菌温度切勿超过170℃。

注　灭菌物品，随灭随包，随用随开包；干燥箱温度降至70℃以下时，开箱取物；

湿热灭菌的热源是热蒸汽或热水，热蒸汽的穿透力强，灭菌效果好，成为食用菌生产中应用最为广泛的灭菌方法。常用的灭菌方法包括：高压灭菌、常压灭菌、常压间歇灭菌、发酵杀菌(巴氏消毒)等方法。

1. 高压蒸汽灭菌

在热蒸汽条件下，微生物及其芽孢或孢子在121℃(0.1kg/cm^2)下，经20～30 min可全部被杀死。高压蒸汽灭菌所需压力的保持时间与被灭菌的物料有关，一般液体培养基在1 kg/cm^{2}的压力下，处理20～30 min，温度约为121℃。对固体培养基，如木屑、棉籽壳、谷粒、粪草等，必须在1.5 kg/cm^{2}的压力下，处理1～2 h，温度约为128℃，才能达到满意的灭菌效果。

高压蒸汽灭菌的操作方法：检查灭菌锅→加水至水位线→装锅→加盖→加热升温→排冷空气→升温保压→降压→开盖→取物。

注 ①灭菌时间和压力因物而异；②锅内灭菌物要留有一定空隙，不宜过多、过密，防止出现灭菌死角；③升降压力要稳；④排冷空气时必须排尽；⑤灭菌时间从保压时算起；⑥压力降至“0”才能开盖。

2. 常压蒸汽灭菌

常压蒸汽灭菌是将待灭菌物品置于密封较好的蒸仓或包内，以自然压力的蒸汽进行灭菌的方法。灭菌时要旺火猛攻，尽快使蒸仓或包内温度上升到100℃。在实际生产中，一般以蒸仓门或包上冒大汽开始计时，中途不停火，保持8~10 h。该法优点是灭菌灶或包可自行建造，容量大，造价低，但灭菌时间长，能源消耗大。目前生产上常见的是简易常压灭菌包。

用简易常压灭菌包灭菌时，在平地上先铺好棚膜，再安放木排或排好砖块，下面插入蒸汽管道，在木排或砖排上铺垫透气材料，上面码放需要灭菌的料袋。料袋垒成梯形或方形，或将料袋入周转筐内堆码。料袋之间预留蒸汽通道，上面用两层大棚膜盖严(冬季需覆盖保温被)，并用绳索将整个料堆外面捆几道，以防加热过程中蒸汽将覆盖物顶开，最后用砖或沙袋将四周与地面压牢、压严，从外形上看好像蒙古包，也称“太空包”。

开始灭菌时，先留出离蒸汽管最远的一个角不压，用砖头或木棒支撑起来，以便排除冷气，待排出的蒸汽到90℃时，再过10min，撤去支撑的砖头或木棒，将此角压严。继续供汽，直到“太空包”鼓起来，待料袋中心温度升至100℃开始计时，需要灭菌10~12h，也要遵循“攻头、促尾、保中间”的原则。

注 ①不要将灭菌物排得过密，否则灭菌包内蒸汽流动不畅，会影响温度的一致性，造成死角，导致灭菌不彻底；②升压前排净锅内冷空气；③灭菌时，猛火供汽，尽快使内部达到100℃；④灭菌中，中途勿停火，勿干锅或使温度时升时降。

3. 常压间歇灭菌

在没有高压灭菌设备的条件下，或对一些不宜用100℃以上温度而又须杀灭其中的细菌芽孢的物质，可采用此法灭菌。具体做法包括：将培养基或其他灭菌物置于灭菌锅里，经100℃的热蒸汽1 h，杀死细菌的营养体，然后将灭菌物取出，置于28~37℃条件下培养24 h，诱发其中残留的芽孢萌发成营养体，再以同样的方法，杀死新萌发的营养体。如此连续3次，即可杀死灭菌物的芽孢、厚垣孢子。

4. 煮沸灭菌

一般用于接种工具、器材的灭菌。杀灭微生物营养体100℃需5 min以上，芽孢需2 h以上。通常是将待灭菌物品放在水中煮沸15~20 min，可杀死所有的微生物营养体。在煮沸时加入2%碳酸氢钠或2%石炭酸可增强灭菌效果。

二、紫外线杀菌

紫外线是一种短光波，具有较强的杀菌力。其杀菌原理是紫外线会破坏菌体的核酸和蛋白质，从而造成细胞死亡。此外，紫外线照射时可使空气中的氧气转变为臭氧，臭氧也有一定的杀菌作用。

紫外线的穿透力很弱，因此，只适合空气和物体表面的消毒杀菌。紫外线的杀菌波长为200～300 nm，以265～266 nm波长的杀菌力最强。通常用30～40 W的紫外线灯管，有效作用距离为1.5～2 m，1.2m以内效果最好。安装数量应平均不少于1.5W/m^2。一般照射20～30 min，可以杀死空气中95%的细菌。经紫外线照射后的微生物立即暴露于可见光上，部分微生物又会复活，其死亡率明显降低，此现象为光复活。为防止光复活作用，应该在黑暗中使用紫外线，白天应遮光，可提高杀菌效果。紫外线对人体有伤害作用，须在照射结束后30 min，再入室工作。另外，需定期更换灯管。这种方法只起辅助作用。紫外线对人体有伤害作用，应避免在紫外线灯开启的情况下工作。

三、过滤除菌

过滤除菌是利用机械阻留的方法除去介质中微生物。常用于空气过滤和一些不耐高温液体营养物质的过滤。空气过滤采用超细玻璃纤维组成的高效过滤器，通过压缩空气，滤除空气中的微生物，使出风口获得所需的无菌空气，如超净工作台、发酵罐空气过滤、无菌室的空气净化器等。棉塞、试管塞是最原始的空气过滤除菌设备。液体过滤需使用过滤器，并配备减压抽滤装置，采用抽滤的方法，使液体物质通过过滤器，滤去液体中的微生物。

第二节　化学消毒灭菌

化学消毒灭菌是指利用化学药剂杀灭或抑制微生物的方法。这些药物一般都对人体组织有害，只能外用或用于环境的消毒。依据其存在状态可分为气雾消毒灭菌法和液体消毒灭菌法。

一、气雾消毒灭菌法

在密闭的空间内，利用喷雾、加热、焚烧、氧化等方式，对空间和物体表面进行消毒杀菌的方法。

(1)甲醛熏蒸法　接种箱、接种室和菇房消毒时，先密闭门窗，再用甲醛进行熏蒸，剂量为8～10 mL/$m^3$40%甲醛溶液，再加5～7 g高锰酸钾加热蒸发，让二者沸腾挥发。熏蒸后，甲醛气体刺激鼻眼及呼吸道，影响健康。在熏蒸后的12 h，取浓度为25%～38%氨水喷雾，每立方米空间用38 mL，作用10～30 min，可驱除室内残留的甲醛气味。

(2)气雾消毒盒　一般用量2～6 g/m^3，作用30 min。常用于接种空间及接种箱的消毒。此方法具有使用方便、扩散力及渗透力强、杀菌效果好、对人体刺激性小等优点。

(3)硫磺　一般用量为15～20 g/m^3，作用24 h。常用无金属架的培养室、接种箱、接种室等密闭空间的消毒。一般采用硫黄燃烧法。

二、液体消毒灭菌法

1. 表面活性剂

(1)酒精 化学名称为乙醇，是强表面活性剂，也是最常用的表面消毒剂。70%~75%酒精的消毒能力最强。过高或过低消毒效果都差。在生产中，常用于操作人员手部、接种针、镊子、手术刀、刀片、分离材料等的消毒。

(2)苯酚 化学名称为石炭酸，使用浓度为3%~5%，常用于接种工具、培养室、无菌室等的消毒灭菌。采用浸泡或喷雾的方法。配制溶液时，将苯酚用热水溶化。若加入0.9%食盐可提高其杀菌力。使用时因其刺激性很强，对皮肤有腐蚀作用，应加以注意。

2. 氧化剂

(1)高锰酸钾 常用0.1%高锰酸钾，作用30 min可杀死微生物营养体。2%~3%高锰酸钾短时间作用可导致菌体和芽孢死亡。高锰酸钾水溶液暴露在空气中易分解，应随配随用。

(2)漂白粉 白色颗粒状粉末，主要成分为次氯酸钙，有强烈的氯臭味，极易分解，不稳定，应随用随配。常用浓度为2%~3%。可用于墙壁、地面的消毒。

3. 熟石灰

石灰有生石灰、熟石灰之分。一般用5%~10%的熟石灰喷洒或洗刷。也可用生石灰干撒霉染处或湿环境。一般用于培养室、地面、菇床的消毒灭菌。`

第三节 生物消毒

生物消毒又称发酵杀菌法，在食用菌生产中经常根据巴氏消毒的原理，采用培养料堆制发酵的方法进行杀菌，即大多数微生物在60~70℃条件下经过一段时间便会失活，从而达到消毒的目的。如栽培双孢菇、鸡腿菇等菌类时，采用培养料堆制发酵，其中嗜热微生物就会迅速繁殖，由微生物的代谢热产生60~70℃以上高温，使培养料发酵腐熟，同时杀死培养料中杂菌的营养体、害虫的幼虫和虫卵。

第四节 消毒灭菌实例及效果检验

一、消毒灭菌实例

在食用菌的生产和科研中，应根据待灭菌物料要求达到的无菌程度、物料的理化性质和生产上的设备状况选择适当的消毒灭菌方法。常用的消毒灭菌方法见表3-1。

表 3-1　常见的消毒灭菌方法

消毒灭菌对象		消毒灭菌方法
培养基质	母种培养基	高压蒸汽灭菌，0.105MPa 灭菌 20~30min
	原种、栽培种培养基及熟料	高压蒸汽灭菌，0.147MPa 灭菌 1.5~2h；或常压蒸汽灭菌，当温度达 100℃保持 8~10h
	发酵料	料中拌入 0.1%多菌灵、1%~3%生石灰，然后建堆发酵，当堆温达 60℃保持 24h 后翻堆，共翻 2~3 次
	生料	培养料中拌入 0.1%多菌灵、1%~3%生石灰
接种环境	接种箱(室)	紫外线灯照射 30min，或用气雾消毒剂、甲醛熏蒸
	超净工作台	紫外线灯照射 30min，然后打开风机过滤除菌
	培养室	5%石炭酸喷雾，或甲醛、气雾消毒剂熏蒸
	菇房	5%石炭酸喷雾，或甲醛、气雾消毒剂熏蒸
培养环境	环境、畦面	撒石灰
表面	分离材料	子实层未外露的种菇和菇木用 75%酒精浸泡 2min；子实层外露的种菇用 75%酒精擦拭
	接种工具	先用 75%酒精浸泡或擦拭，然后用火焰灭菌
	手的表面	先用肥皂洗手，接种前再用 75%酒精擦拭
	瓶口、管口	先用 75%酒精擦拭，然后在火焰上方热区封口
	接种料袋表面	75%酒精擦拭
	台面	5%石炭酸喷雾，或 75%酒精擦拭
	墙面、菇床	涂抹 1%石灰水

二、消毒灭菌效果检验

消毒与灭菌的效果好坏，直接关系到菌种和菌袋成品率的高低。在食用菌生产中，不仅要严格把好消毒灭菌关，而且还要进行严格检验，两者缺一不可。

1. 培养基灭菌效果检验

灭菌结束后，在灭菌锅的不同位置，随机抽取数支试管或瓶(袋)，作好标记，置于 25~30℃下培养，5~6d 后检查，如培养基表面和内部无任何变化，则表明培养基已彻底灭菌，可直接使用。如某一位置试管或瓶(袋)内培养基出现杂菌污染，多因灭菌锅的结构不合理或试管、瓶(袋)摆放太紧，蒸汽流通不畅等原因造成，应根据原因及时改进。如果大部分或全部出现杂菌，则说明灭菌温度或灭菌时间不够，应提高灭菌温度或延长灭菌时间。

另外，培养基出现污染还应区分是灭菌不彻底还是培养污染。培养污染的特征是局部有杂菌萌发，且杂菌生长处容器有破损；而灭菌不彻底则表现为范围广，容器没有破裂，且杂菌在容器周身不规则分布或从培养料内部出现。经过几次灭菌和检验，如培养基都能达到灭菌的要求，则以后用同样的工艺灭菌时，不必再每批检验。

2. 环境消毒效果检验

(1)平板检验法　按无菌操作法将马铃薯葡萄糖琼脂培养基(即PDA培养基)或肉汤琼脂培养基倒入无菌培养皿内，制成平板。将平板分对照和处理两组，分别放在检测环境的不同位置，每组3个平板。打开处理组3个平板的皿盖，暴露30min，对照组平板皿盖不打开。然后将所有平板置于30℃培养，48h后检查平板上的菌落数。一般要求处理组平板开盖30min，平均菌落数不超过5个为合格。如菌落数较多，说明消毒效果较差，应分析原因，加以改进。

(2)斜面检验法　取两支PDA培养基或肉汤琼脂斜面培养基，拔下一支试管棉塞，直立放入消毒后的场所，30min后再将棉塞塞好，以另一支不打开的作为对照，一起置于30℃培养，48h后检查斜面上有无菌落出现，如处理组无菌落出现即为合格。

复习思考题

1. 试区分灭菌、消毒与防腐。
2. 高压蒸汽灭菌和常压蒸汽灭菌各有何特点？使用时需注意哪些环节？
3. 常用的化学消毒剂有哪些？它们在食用菌生产中如何使用？

第四章　食用菌菌种生产

知识目标

1. 了解培养基的种类。

2. 掌握母种、原种、栽培种培养基的制作方法。

3. 掌握食用菌母种转管技术以及操作要点。

4. 熟悉接种箱和无菌操作技术，清楚无菌操作要点。

5. 了解孢子分离法、基内菌丝分离法；熟悉大型子实体组织分离法。

6. 了解菌种保藏的方法。

技能目标

1. 能够制作母种、原种、栽培种。。

2. 能够熟练掌握大型子实体组织分离技术

3. 能够进行转管、接种等无菌操作。

4. 能够进行菌种的培养、保藏。

素质目标

培养严格遵守操作规程的良好习惯和科学严谨的工作作风；爱岗敬业、爱护仪器设备，具有良好的职业道德和职业素质。

第一节　食用菌菌种概述

一、菌种定义

食用菌的孢子就相当于植物的种子。在自然界中，食用菌靠孢子繁殖后代。

孢子借助风力或某些小昆虫、小动物传播到各地，在适宜的条件下萌发成菌丝体，进而产生子实体。虽然孢子是食用菌的种子，但是在人工栽培时，人们至今都不用孢子直接播种。因为孢子微小，很难在生产中直接应用。而是用孢子或子实体组织、菌丝组织体萌发而成的纯菌丝体作为播种材料。人们通常所指的菌种，实际上就是指经过人工培养的纯菌丝体。菌种是食用菌生产的首要条件，菌种性状的优劣直接影响到生产的成败。常言道："有收无收在于种（种子），多收少收在于种（栽培）"。

二、菌种类型

根据菌种使用的目的、生产特性、作用、物理特性以及培养基的不同等，将菌种分为保藏种、实验种、生产种，液体菌种、固体菌种、固化菌种，草腐菌种、木腐菌种、粪草菌种、麦粒菌种、枝条菌种等。但是在实际生产中，应用最为广泛的是根据菌种来源、繁殖代数及生产目的，把菌种分为母种、原种和栽培种（表 4-1）。

表 4-1　菌种分级

菌种名称	别称	来源	生产目的
原生母种	一级母种、试管种	首次从大自然分离	扩繁菌种；菌种保藏
再生母种	一级母种、试管种	经原生母种转管扩繁	扩繁菌种；菌种保藏
原种	二级种、瓶装种	母种	生产栽培种；小规模出菇试验
栽培种	三级种、生产种	原种	用于栽培；不能再扩培菌种

（1）母种　指从大自然首次分离得到的纯菌丝体。因其在试管里培养而成，并且是菌种生产的第一程序，因此又被称为试管种和一级种。纯菌丝体在试管斜面上再次扩大繁殖后，则形成再生母种。所以生产用的母种实际上都是再生母种。它既可以繁殖原种，又适于菌种保藏。

（2）原种　指由母种扩大繁殖培养而成的菌种，又称二级菌种。因其一般在菌种瓶或普通罐头瓶中培育而成的，故又称瓶装种。母种在固体培养基上经过一次扩大培养后，菌丝体生长更为健壮，不仅增强了对培养基和生活环境的适应性，而且还能为生产上提供足够的菌种数量。原种主要用于菌种的扩大培养，有时也可以直接出菇。

（3）栽培种　指原种扩大培养而成的菌种。它可直接用于生产，又称为生产种或三级种。栽培种常采用塑料袋培养，因此有时又称为袋装种。栽培种一般不能用于再扩大繁殖菌种，否则会导致生活力下降，菌种退化，给生产带来减产或更为严重的损失。要想进行商业化的食用菌生产，就必须学会食用菌制种技术，否则经济效益难以十分显著。

根据培养基的物理特性不同，把菌种分为固体菌种、液体菌种。

(1)固体菌种　用固化培养基或固体培养基培养的菌种为固体菌种。固体菌种对设备、工艺、技术等要求较低。实际生产中最为常见，但菌龄长、不一致，生产周期长，从一级到三级菌种的转代培养一般需 2~3 个月。

(2)液体菌种　采用液体培养基培养的菌种，菌丝体在液体中呈絮状或球状。对工艺、设备、技术要求较高。液体菌种平均制种时间约 3 d。生产周期短，发酵率高，菌龄一致，成本低，接种方便等特点，更有利于食用菌生产的标准化、工厂化和周年化，是菌种生产的一个方向。

第二节　食用菌制种的条件

一、制种程序

菌种生产就是指在严格的无菌条件下大量培养繁殖菌种的过程，一般都需要经过母种、原种和栽培种 3 个培养步骤。一般食用菌制种的程序如图 4-1 所示。

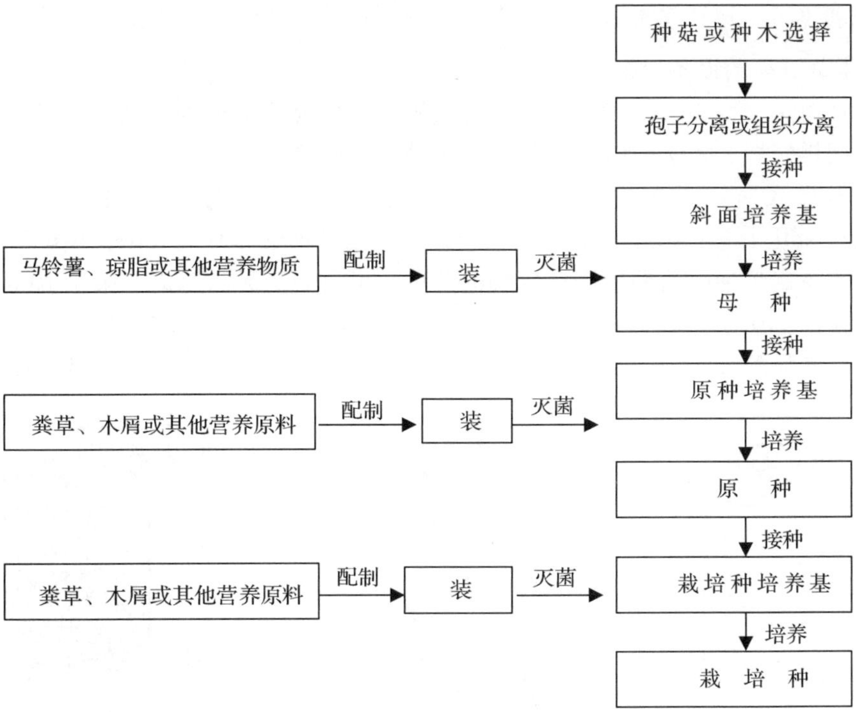

图 4-1　食用菌制种程序

食用菌的菌种生产，基本上是按菌种分离→母种扩大培养→原种培养→栽培种培养的程序进行。菌种通过三级扩大，菌种数量大为增加，同时菌丝也从初生菌丝发育到次生菌丝，使菌丝更加粗状，分解基质的能力也增强。只有采用这样质量的菌种，才能获得优质高产的子实体。

二、制种的设备和条件

1. 配料室设备

在实际生产中，根据不同的生产条件选择配料所需要的设备，尽量在有水有电的场所进行。其主要设备有以下几类：

(1)基本器具　试管、酒精灯、菌种瓶、试剂瓶、烧杯、三角瓶、培养皿、漏斗、磅秤、天平、量杯、量筒、温度计、湿度计、普通罐头瓶、塑料袋、塑料瓶。塑料容器主要用聚乙烯、聚丙烯塑料筒料、塑料袋子、塑料套环(口圈)、无棉盖体等。制作菌种用的塑料袋子质量一定要好，厚度要在0.03 cm。

(2)培养基料制备设备

①原料处理设备　铝锅、电炉或煤炉、水桶、扫帚、切片粉碎两用机、粉碎机、铡草机、培养料筛选机、拌料机、铁锹等。

②培养基料分装设备　采用人工装料，只需一根木棒制成的打孔器；有一定规模生产时，为了提高生产效率，常用装袋机、装瓶机，与之配套的设备有打穴器、挖瓶机、菌种袋、颈圈、菌种瓶等。

2. 灭菌设备

(1)高压蒸汽灭菌设备(图4-2)

①手提式高压灭菌锅　此种灭菌锅的容量较小，主要用于母种斜面培养基、无菌水等灭菌用，可用煤气炉、木炭或电炉作热源。较轻便、经济。

②立式和卧式高压灭菌锅(柜)　这两类高压锅(柜)容量都比较大，每次可容纳750 mL的菌种瓶几十至几百瓶，主要适用于原种和栽培种培养基的灭菌，用电能作热源。

③自制简易高压锅　菌种生产量较大的菌种厂可自制简易高压锅。采用10 mm厚的钢板焊接成内径为110 cm×230 cm的筒状锅体，底和盖用15m厚的钢板冲成半圆形，否则平盖灭菌时棉塞易潮湿。锅口用紧固的螺丝拧紧密封，锅上安装压力表、温度计、安全

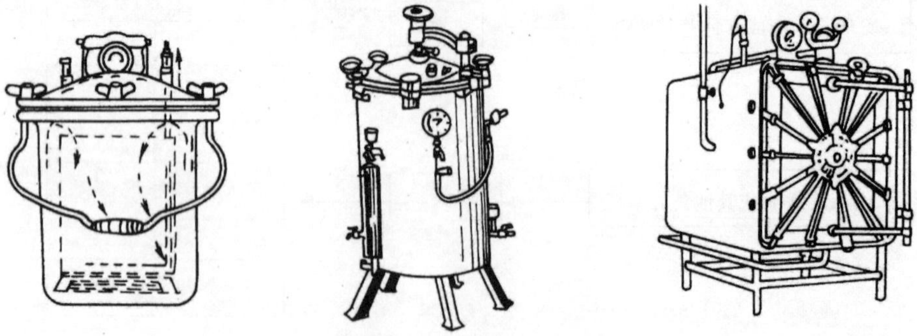

1　　2　　3

图4-2　高压蒸气灭菌锅

1. 手提式高压灭菌锅　2. 立式高压灭菌锅　3. 卧式高压灭菌锅

(引自常明昌《食用菌栽培》第二版)

阀、放气阀、水位计、进出水管等设备。以煤作燃料，用鼓风机助燃升温。菌种袋(瓶)放入铁提篮内，吊入锅中，一般约放 4～5 层，每锅装 800～1000 袋(瓶)，适合于专业菌种厂制作栽培种培养基的灭菌。

(2)常压蒸汽灭菌设备　灭菌灶多种多样，大小根据生产量自行设计。灶体用砖和水泥建造，也有用铁皮焊接，大小以可安放 1～2 个直径为 1～1.2 m 的铁锅为宜。蒸仓直接建在灶体上，可上开口或一侧设门；内设层架结构，以便分层装入待灭菌物品。蒸仓还应安装温度测试装置和加水装置(图 4-3)。

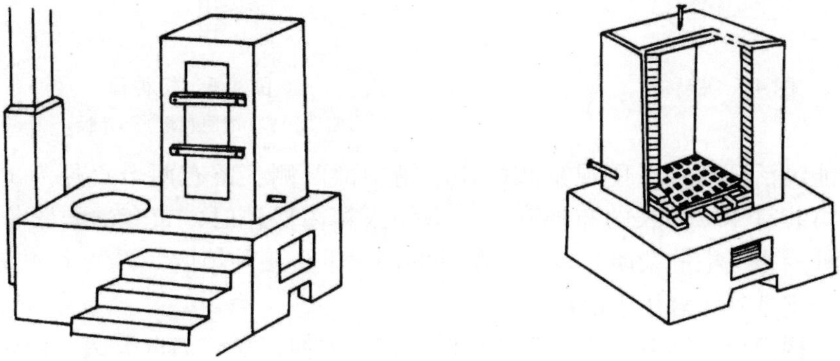

图 4-3　常压灭菌灶

(引自常明昌《食用菌栽培》第二版)

蒸笼灭菌适宜于农村制种量小，条件差的单位。采用蒸笼灭菌时，密闭条件较差，由于锅内温度最高是100℃，所以灭菌时间从温度达100℃开始计时，需保持 6～9h(图 4-4)。

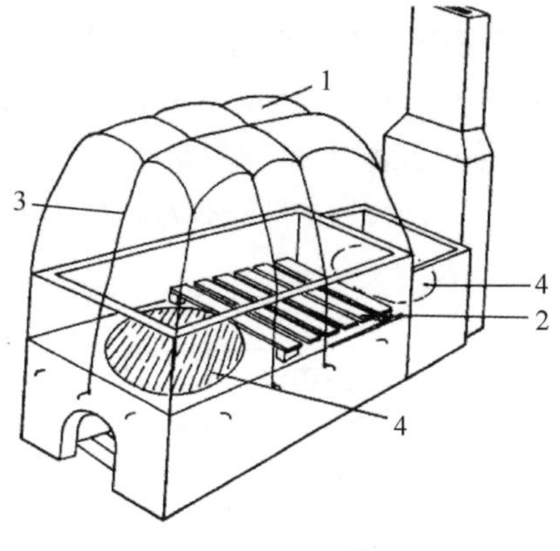

图 4-4　蒸笼灭菌灶

1. 保温材料　2. 支撑板　3. 绳子　4. 炉灶

(3)电热恒温干燥箱　电热恒温干燥箱是进行干热灭菌的一种工具，主要用于灭菌玻璃器皿及金属小工具等，不用于培养基灭菌。

3. 接种设备

指分离和扩大转接各级菌种的专用设备，主要有接种室、接种箱、超净工作台以及各种接种工具。

(1)接种室　又称无菌室，是进行菌种分离和接种的专用房间。此室的设置不宜与灭菌室和培养室距离过远，以免在搬运过程中造成杂菌污染。接种室的面积一般 5～6m^2，高 2～3m 即可，过大过小都难于保证无菌状态(图 4-5)。接种室外面设缓冲间，面积约 2 m^2。门不宜对开，最好安装移动门。接种室内的地面和墙壁要求光滑洁净，便于洗清消毒。室内和缓冲间装紫外线灯(波长 265 nm，功率 30 W)及日光灯各一支。接种室具有操作方便，接种量大和速度快等优点，适宜于大规模生产。

(2)接种箱　它是分离、移接菌种的专用木箱(图 4-6)。接种箱的形式很多，目前一般多采用的是长 143 cm、宽 86 cm、高 159 cm、一人或双人操作的接种箱。箱的上层两侧

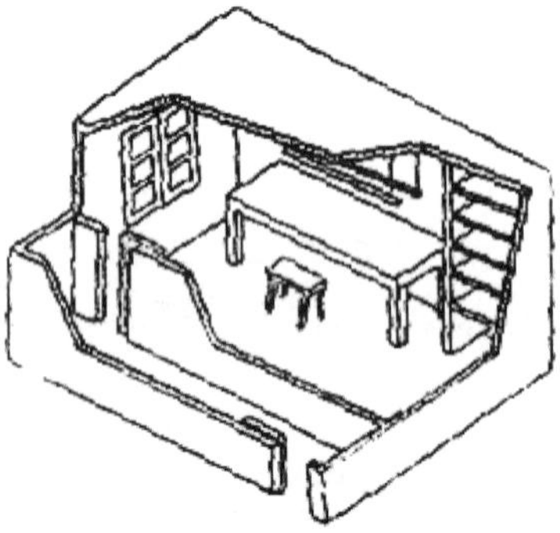

图 4-5　接种室

图 4-6　接种箱

（引自常明昌《食用菌栽培》第二版）

安装玻璃，能灵活开闭，以便观察和操作。箱中部两侧各留有两个直径为 15 cm 的圆孔口，孔口上再装有 40 cm 长的布袖套，双手伸入箱内操作时，布套的松紧带能紧套手腕处，可防止外界空气中的杂菌介入。有条件的情况下，接种箱内，再装上一支日光灯用于照明，装上一支紫外线灯用于消毒。

接种箱结构简单，制造容易，造价较低，移动方便，易于消毒灭菌，由于人在箱外操作，气温较高时也能维持作业，适合于专业户制作母种、原种。

(3)超净工作台　它是一局部净化空气的设备(图 4-7)，即利用空气洁净技术使一定操作区的空间达到相对的无尘、无菌状态。它使用时必须放在比较洁净的房间，一般放于接种室中。使用它的最大优点就在于分离、接种安全可靠，接种数量不受无菌空间的限制，操作方便，不必非要使用酒精灯，尤其是在炎热的夏季，接种工作人员感到舒适。

(4)接种工具　主要有接种针、接种铲、接种匙、接种枪、打孔器以及大镊子等。此外，还有分离用的手术刀、剪刀和乳胶手套(图 4-8)。

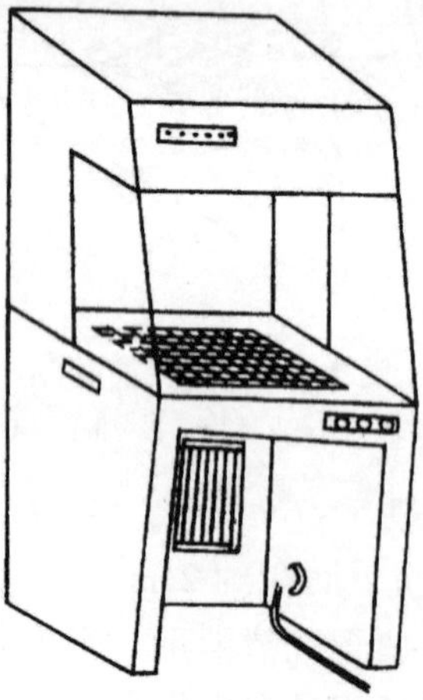

图 4-7　超净工作台

（引自常明昌《食用菌栽培》第二版）

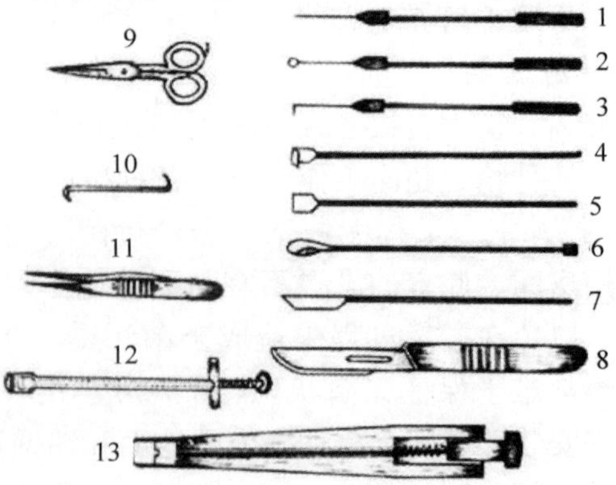

图 4-8　接种工具

1. 接种针　2. 接种环　3. 接种钩　4. 接种锄　5. 接种铲
6. 接种匙　7. 接种刀　8. 接种刀　9. 剪刀　10. 钢钩　11. 镊子
12. 弹簧接种枪　13. 接种枪

4. 培养设备

主要是指接种后用于培养菌丝体的设备，如菌种培养室、恒温培养箱、摇床机等。

(1)菌种培养室　它是用来放置接种后的各级菌种，并能为菌种的生长提供较好的生活条件，如能保温、调湿、避光、通风等。房间的大小和数量可根据生产规模而定。

(2)恒温培养箱　用于制作母种或少量原种时，可用恒温培养箱，它的温度一般在 20～40℃。购买恒温培养箱，价格太贵，一般情况下，需要时最好自己制作一个简易的培养箱就行(图 4-9)。一般用双层木板制成箱体，夹层中填充锯末保温，底层装上石棉板或其他防燃绝缘材料，再用灯泡、电炉丝或电热线作为热源，箱内上方装乙醚膨胀片用于调温，箱顶装上一支温度计，以测试箱内温度，并钻上几个通气孔，中间用铁丝网架制成隔层架子 2～3 层。

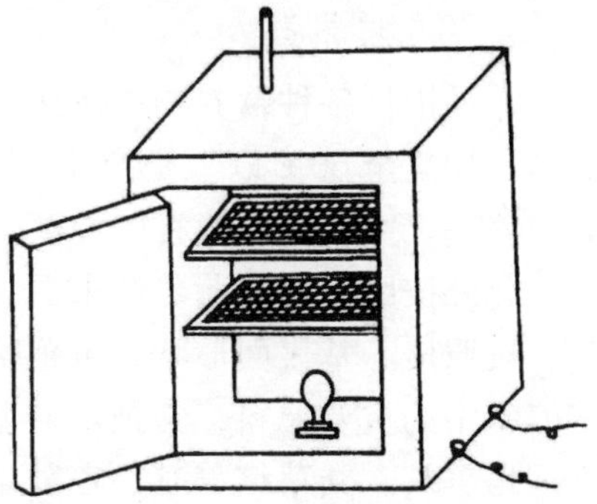

图 4-9　简易自制培养箱

(引自常明昌《食用菌栽培》第二版)

(3)摇床　又称摇瓶机。用于食用菌深层培养或制备液体菌种，分往复式、旋转式两种，往复式摇瓶机的摇荡频率是 80～140 次/min，往复距一般为 8～12cm，频率过快、往复距过大或瓶内液体过多，瓶内液体容易溅到瓶塞上。旋转式的摇荡频率为偏心距一般为 3～6 cm，180～220 次/min。旋转式的耐用，氧气的传递性好，培养效果好，但造价较贵。

5. 菌种保藏设备

冰箱、冰柜、生物冷藏柜、菌种库等。母种一般采用冰箱冷藏室保藏，原种和栽培种用冷藏恒温库保藏。生产中，也常把大批的原种、栽培种放到温度较低的房间保藏。冬天，放到不生火的房间即可，但草菇、灵芝等高温菌种例外。

第三节　食用菌菌种的培养基

一、培养基

培养基就是采用人工的方法，按照一定比例配制各种营养物质，以供给食用菌生长繁殖的基质。它对于食用菌来讲，就像绿色植物需要肥沃土壤一样重要。

培养基一般必须具备三个条件：第一，它要含有该菌生长发育所需要的营养物质；第二，它要具有一定的生长反应；第三，它必须经过严格的灭菌，从而保持无菌状态。

一般按照培养基的物理性状，可将培养基分成液体培养基、固体培养基和固化培养基。

1. 液体培养基

液体培养基是指把食用菌生长发育所需的营养物质按一定比例加水配制而成的液体状培养基。它的优点是营养成分布均匀，有利于食用菌营养体充分接触和吸收；理化条件易于控制，进行工厂化生产，便于机械操作；菌丝生长迅速，菌丝体产量高。在实验室多用于生理生化方面的研究。在生产上培养液体菌种或生产某些食用菌的菌丝体及其代谢产物。

2. 固体培养基

它是以含有纤维素、木质素、淀粉等各种碳源物质为主，添加适量有机氮源、无机盐等，含有一定水分呈固体状态的培养基。其原材料来源广泛，并且价格低廉，配制容易，营养丰富，因此是食用菌原种、栽培种的主要培养基。

3. 固化培养基

它是指将各种营养物质按比例配制成营养液后，再加入适量的凝固剂，如2%左右的琼脂，加热至60℃以上是液体，冷却到40℃以下时则为固体，即可制成斜面培养基和平面培养基。主要用于菌种的分离、培养、扩大及其保藏母种。

此外按照培养基营养的来源，又可将其分成天然培养基、合成培养基和半合成培养基；按照培养基表面形状，可把培养基分为斜面培养基、平面培养基和高层培养基；按照培养基中的主要原料，常把培养基又分为马铃薯培养基、棉籽壳培养基、玉米芯培养基、木屑培养基、粪草培养基、麦麸培养基、枝条培养基。

二、母种常用培养基

食用菌母种的培养基和分离菌种时用的培养基，一般都制成斜面试管，因此又常称为斜面培养基。母种又称为斜面试管种。

母种培养基常用的基本物质有马铃薯、葡萄糖、磷酸二氢钾、硫酸镁、琼脂和维生素B_1、蛋白胨等。马铃薯含有十分丰富的营养物质，主要有20%左右的淀粉、2%~3%的蛋白质，0.2%的脂肪，还有多种无机盐、维生素及生理活性物质。葡萄糖是食用菌菌丝最易吸收利用的碳源，也可用蔗糖代替，是食用菌的辅助碳源。琼脂是培养基中的凝固剂，其凝固点是40℃，它的常用浓度为1.5%~2%，低于1%则不易凝固。磷酸二氢钾一方面能为食用菌生长提供磷和钾元素；另一方面又可作为缓冲剂，防止培养基中pH值的急剧变化。磷是核酸组成和能量代谢的重要成分，缺少磷时，碳和氮也不能很好地被菌丝吸收利用。硫酸镁是培养基中硫和镁的来源。

母种培养基有很多种配方，其中以PDA最为常用。科研工作者、生产者根据培养的品种，以及结合当地资源优势，设计出不同的培养基配方。生产时，可根据实际情况进行选择。下面为几种常见培养基配方(配方中，琼脂18~20g，水1000 mL，pH值自然)。

(1)马铃薯葡萄糖(PDA)培养基　马铃薯200 g，葡萄糖20 g。一般用于食用菌的母种分离、培养和保藏，广泛应用于绝大多数的食用菌。是生产中最常用的培养基。可用蔗糖代替葡萄糖。

(2)马铃薯综合培养基　马铃薯200 g，葡萄糖20 g，磷酸二氢钾3 g，硫酸镁1.5 g，维生素B_1 10 mg。此培养基适合于一般食用菌的母种分离、培养和保藏，如平菇、双孢菇、金针菇、猴头菇、灵芝、木耳等，也适合于香菇菌种保藏。。

(3)棉籽壳煮汁培养基　新鲜棉籽壳250 g，葡萄糖20 g。此培养基主要适用于猴头菇、木耳、平菇及代料栽培的母种。

(4)豆芽汁培养基　黄豆芽200 g，葡萄糖20 g。此培养基主要适合于黑木耳、猴头菇、平菇等木腐菌的母种培养。

（5）木屑浸出汁培养基　阔叶树木屑 500 g，米糠或麸皮 100 g，葡萄糖 20 g，硫酸铵 1 g。此培养基适合于木腐菌类的菌种分离和培养。

（6）子实体浸出液培养基　鲜子实体 200 g，葡萄糖20 g。此培养基适用于一般食用菌母种的分离、培养，特别适用于孢子分离法培养母种，它可刺激孢子的萌发。

（7）粪汁培养基　干马粪或牛粪 150 g，葡萄糖 20 g。此培养基适用于双孢蘑菇母种的培养。

（8）麦芽膏酵母膏培养基　麦芽浸膏 20 g，酵母膏 20 g。此培养基适合于各种食用菌母种的培养。

（9）萝卜马铃薯培养基　马铃薯 20 g，胡萝卜 20 g。此培养基适合于一般的食用菌母种。其菌丝生长优于马铃薯培养基。

（10）完全培养基　蛋白胨 2 g，葡萄糖 20 g，磷酸二氢钾 0.46 g，硫酸镁 0.5 g，磷酸氢二钾 1 g。此培养基为培养食用菌母种最常用的合成培养基，有缓冲作用，适用于保藏各类菌种的母种。

（11）麦芽汁培养基　干麦芽 150 ~ 200 g。此培养基适合于部分食用菌母种的培养。

三、母种培养基制作

以马铃薯葡萄糖（PDA）培养基为例介绍母种培养基的制作过程。马铃薯葡萄糖（PDA）培养基：马铃薯 200 g，葡萄糖 20 g，琼脂 18 ~ 20 g，水 1000 mL，pH 值 7.0。

①将马铃薯洗净、去皮、挖掉芽眼，切成大小均匀的小块。按配方准确地称取各种营养物质，如果琼脂是条的，应提前剪成小段。

②小锅或大烧杯中加入 1000 mL 水，水开后，将马铃薯小块放入，用文火煮至酥而不烂（用筷子轻轻夹能夹碎），煮制过程中，要适当搅拌，防止溢锅。用预湿的纱布过滤取汁，通常用 4 ~ 8 层纱布，具体选用几层纱布依滤液澄清为原则。

③滤液不足 1000 mL，补足 1000 mL，加入琼脂 20 g，文火煮溶。琼脂是培养基中的凝固剂，其凝固点是 40℃。它的常用浓度为 1.5%~2%，低于 1% 则不易凝固。实际浓度取决于琼脂的好坏、以及天气状况。

④加入需加入的其他营养物质，充分搅拌均匀，有条件的可适当减小火力，防止溢锅或糊锅。如需调 pH 值的培养基，应在此时调 pH 值。

⑤趁热分装。提前准备好分装装置，实验室最常用的是用漏斗下面连上橡皮管，橡皮管的末端再夹个止水夹，放在铁架台上。调好高度，高度以橡皮管的末端稍高于试管口，试管放在铁架台台面上。培养基的分装量应为试管长度的 1/5 或 1/4，不能过多或过少。操作时应快速、准确。尽量防止培养基黏在试管口上，若已黏上应用纱布或脱脂棉擦净（图 4-10）。

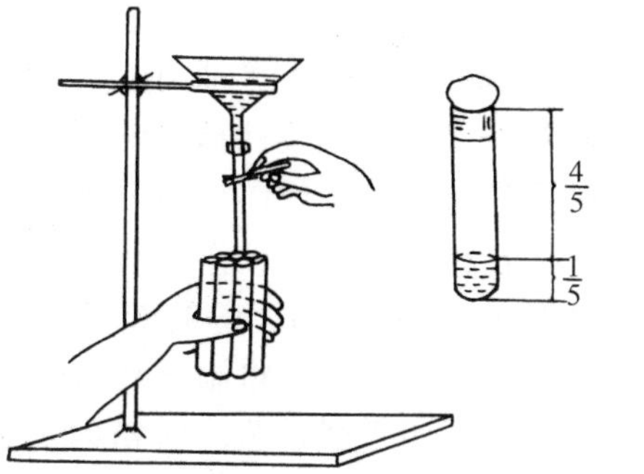

图 4-10　斜面培养基分装

（引自常明昌《食用菌栽培》第二版）

⑥装好培养基的试管应及时塞上棉塞。棉塞要用未经脱脂的原棉。棉塞要大小均匀、松紧度适中，长度一般为 4 ~ 5 cm。一般要求 3/5 留在试管内，其余 2/5 露在试管外面，

棉塞起过滤空气的作用。

⑦捆扎试管。把塞好棉塞的试管每 7～10 支捆扎成一把，用牛皮纸或双层报纸包住，再把皮套扎紧或棉线捆好，放入手提式高压锅中。

⑧灭菌。采用高压蒸汽灭菌。把捆扎好的成把试管，直立于锅中，以免灭菌时弄湿棉塞。在 1.0～1.1 kg/cm^2 压力下灭菌 30 min。

⑨灭菌完毕后，让其压力和温度自然降至零后，立即取出培养基，在清洁的台面或桌面上倾斜排放，摆成斜面，一般斜面长度以达到试管全长的 1/2 为宜。培养基冷至室温时，就自然凝固成斜面培养基(图 4-11)。

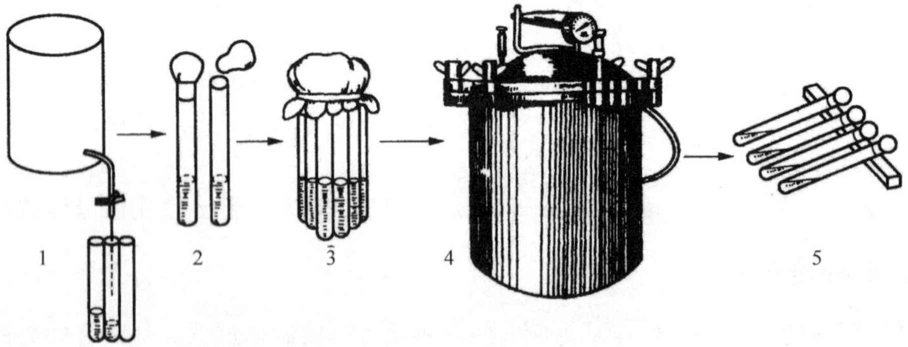

图 4-11　斜面试管培养基的制作

1. 分装试管　2. 塞棉塞　3. 捆扎包好　4. 高压灭菌　5. 摆斜面

(引自常明昌《食用菌栽培》第二版)

⑩检查灭菌效果。把斜面培养基放在 28～30℃的条件下，空白培养 24～48 h，检查无杂菌污染后，才能使用该培养基。

第四节　母种接种

人们通常把接种物移至培养基上，在菌种秤工艺中称为接种。

母种分为原生母种和再生母种，即通过菌种分离和转管进行扩大繁殖。母种的分离、转管都是在无菌接种箱内或超净工作台上进行的。因此，要想搞好菌种分离、扩大培养，就必须首先正确使用接种箱或超净工作台。

接种箱和超净工作台使用：接种箱每次使用前后，都应将箱内外擦干净或通风15 min让其干燥。接着用5%的来苏尔或1%的多菌灵、克霉灵溶液将接种室内和接种箱外细致地喷洒一次，然后将制备好的培养基和一起使用的工具与物品(除去分离材料和菌种)放入箱内，再用甲醛熏蒸法对箱内消毒，目前也可采用克霉灵烟雾剂、菇保一号气雾消毒剂等，效果更佳。使用前打开接种箱盖一点，让残存的药味散发后，再关紧箱盖。有条件时，也可打开箱内的紫外线灯照射 20～30 min。开紫外线灯前，可用酒精棉球，将灯管擦一遍，使紫外线灯穿透不受灯管上尘埃的影响，杀菌效果更佳。

在超净工作台上进行菌种的分离、接种和转管，比接种箱更方便，消毒处理方法十分简单。无菌操作前，先用70%～75%的酒精棉球，擦一遍超净工作台的工作台面，然后开机 20~30 min，同时打开紫外线灯。最后关灭紫外线灯，在开机状态下进行无菌操作，分离或接种。

为了进一步保证无菌操作的效果，常在超净工作台上或接种箱中，再放入 1~2 个酒精灯，并在酒精灯火焰周围接种、分离和转管。每次使用后，都应清扫干净。

一、菌种分离

依据分离材料的不同，可分为组织分离法、菇木分离法、孢子分离法。

1. 菇木分离法

又被称为耳木分离法或寄主分离法，是从生长食用菌的菇木或耳木中获得纯菌丝体的方法。木腐菌类的木耳、银耳、香菇、平菇等菌类都可以采用此法。生产中，这种方法污染率高，所以能用组织分离或孢子分离的菇类一般不采用此法。

2. 孢子分离法

指用食用菌成熟的有性孢子（担孢子或子囊孢子）萌发培养成菌丝体而得到菌种的方法。食用菌的有性孢子具备双亲的遗传特性，变异的机会多，生命力强，培育成的菌种质量好。有性孢子是选育优良新品种和杂交育种的好材料。

3. 组织分离法

指采用食用菌子实体或菌核、菌索的任何一部分组织，培养成纯菌丝体的方法。该方法属无性繁殖，简便易行，菌丝生长发育快，能保持原有性状。它是大多数食用菌进行菌种分离的最简便而又有效的方法。根据分离材料的不同，组织分离法又可分为子实体组织分离法、菌核组织分离法以及菌索分离法等。

子实体组织分离法是生产中最常采用的方法，它是采用子实体的任何一部分如菌盖、菌柄、菌褶、菌肉进行组织培养，而形成纯菌丝体的方法。具体方法如下。

（1）种菇的选择　选择头潮菇、外观典型、大小适中、菌肉肥厚、颜色正常、尚未散孢、无病虫害、长至七八分成熟的优质单朵菇作种菇。

（2）种菇的消毒　切取菇体基部，放入已消毒灭菌的接种箱或超净工作台上。先将种菇放入 0.1% 的升汞溶液或 75% 的酒精溶液中，浸泡 0.5~1 min，上下不断翻动，以充分杀死种菇表面的杂菌。用无菌水冲洗 2~3 次，再用无菌纱布或脱脂棉吸干表面的水分。

（3）切块接种　用消过毒的解剖刀，在菇柄与菇盖中部纵切一刀，撕开后再在菇柄与菇盖交接处的菌肉上，用刀划过一些口子，挑取大小约 0.2~0.5 cm^2 的小块组织，接在斜面培养基的中央。一般单个菇体可分离 6~8 支试管，每次接种在 30 支以上，以供挑选。

（4）培养纯化　在适温下培养 2~4 d可看到组织块上长出白色绒毛状菌丝体，移接到新的培养基上，再经过 5~7 d 的适温培养，长满试管后即为纯菌丝体菌种。

（5）出菇试验　将分离得到的试管种扩大繁殖，并移接培养成原种、栽培种，做出菇试验，选出出菇好、产量高、质量好的，即可作栽培生产用种（图 4-12）。

经出菇试验合格，得到的即为原生母种。

尽管子实体的任何一部分都能分离培养出菌种，但是实践表明，选用菌柄和菌褶交接处的菌肉最好。因其新生菌丝发育健壮、活力强，做分离材料最适合，而且不易被杂菌污染，制成的菌种播种到菇床上，容易定植成功，生命力强。而用菌褶和菌柄做分离材料，由于它们暴露于空气中，很易污染杂菌，菌丝的生活力也弱，从而不容易分离成功。

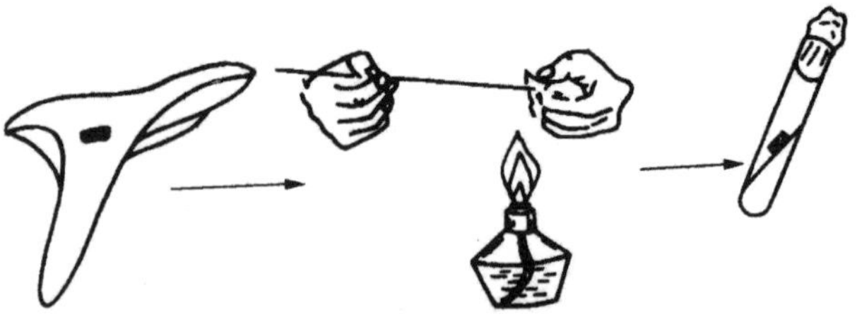

图 4-12 子实体组织分离法

（引自常明昌《食用菌栽培》第二版）

此外，还有一种更为简便实用的子实体组织分离法，即种菇消毒后，用手从菌柄直至菌盖交接处撕成两半，再用无菌镊子夹取菌柄与菌盖衔接处的少量菌肉，接入试管内，适温下培养，很快萌出菌丝，分离的成功率很高。

二、转管

分离选育出的母种或是购进的母种，数量都很少，生产时都应该移接、扩大培养后再用。将试管中的菌种接到另外的试管培养基上，就称为转管。制作二代、三代母种，实际上就是转管。在转管过程中至关重要的就是采用无菌技术，在接种箱、超净工作台和酒精灯火焰周围 10 cm 的无菌区进行。一般程序如下（图 4-13）：

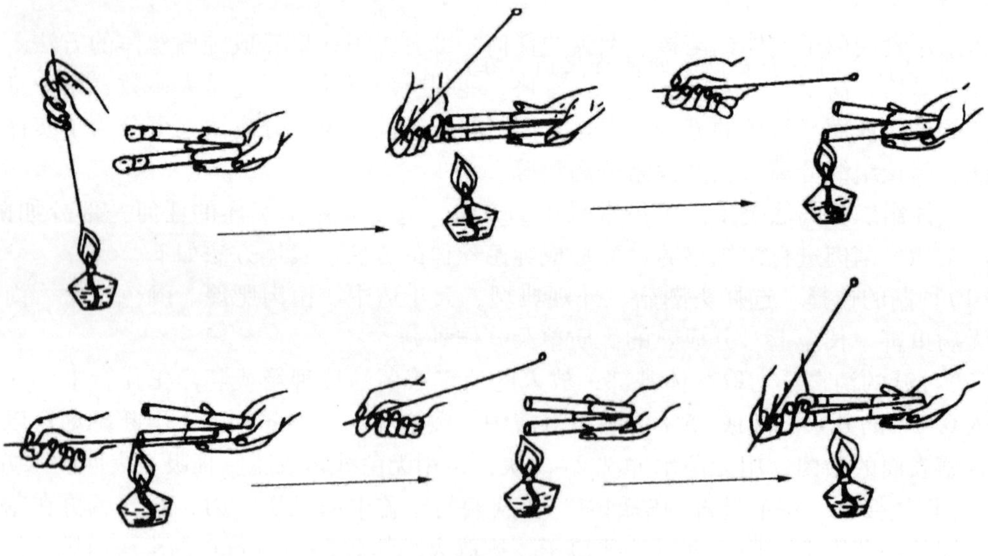

图 4-13 斜面培养基的无菌操作

（引自常明昌《食用菌栽培》第二版）

转管方法：在开始工作前，工作人员应提前做好个人卫生，打扫好操作空间。准备开始工作时，应关闭门窗，防止空气流动。

①用 70%~75% 的酒精棉球对手指、菌种试管外壁进行擦涂消毒。

②点燃酒精灯，最好点燃两个酒精灯，利用酒精灯火焰的无菌区，进行操作。

③将所要转接的菌种和斜面培养基两支试管，用左手的大拇指和其他四指并排握住，斜面向上，并使试管位于水平位置。

④用右手轻轻转动试管棉塞，这样松动后有利于接种时快速拔出，还可防止由于拔塞过猛，使空气流入试管内。

⑤右手拿接种针，在火焰上将凡在接种过程中可能进入试管的部分，全部用火烧过。为了更好地保证接种针上无菌，常在装有酒精的瓶子中蘸一下接种针或用酒精棉球擦一下，然后在火焰上烧。

⑥用右手小指和无名指及手掌拔掉棉塞。菌种的棉塞可以放在一边，而斜面培养基试管的棉塞要夹在右手指缝间。

⑦用火焰灼烧试管口，灼烧时应不断转动管口，将试管口上蘸染的少量杂菌烧死。

⑧将烧过的接种针伸入菌种试管内，先接触一下没有生长菌种的培养基部分或试管内壁，稍停留片刻，使之冷却，以免烫死或烫伤菌种，然后轻轻接触菌种，取出少许接种块，将接种针迅速抽出试管，不要使其碰到管壁。

⑥迅速用接种针将菌种块通过酒精灯火焰无菌区放入另一支试管，送到斜面培养基的中央，即接种。

⑩灼烧试管口，并将棉塞在火焰上迅速过一下，然后塞上管口。

⑪放回接种针前，将其在火焰上再烧红灭菌，以备下次使用。

一般一支母种试管可转接 10 支再生母种。整个过程都要快速、准确、熟练。然后将接好的试管贴上标签，注明菌种名称、接种时间、繁殖代数等，放在适宜条件下培养以便长满斜面，即为母种或试管种。

注 ①接种空间一定要彻底的消毒灭菌，在严格的无菌条件下进行；②菌种所暴露或通过的空间，必须是无菌区；③菌种管口、瓶口的部分，必须用酒精灯火焰封闭；④各种接种工具和菌种接触前都应该经火焰的灼烧灭菌，冷却后再接菌种，以免烫死或烫伤菌种；⑤棉塞塞入管口或瓶口的部分，拔出后不要与未经灭菌的物体接触；⑥每次接种的时间不宜过长，以免空气的中杂菌的基数不断地积累太多，影响转管、接种效果；⑦操作人员最好换消毒的工作服、戴口罩，双手要用 70%~75% 的酒精消毒；⑧不戴口罩操作时要尽量少说话为宜；⑨整个操作过程，动作必须准确迅速无误。时时刻刻树立无菌观念。

在条件差的情况下，如野外实地考察过程中的菌种分离、接种，一般菇农的菌种分离、接种，在没有超净工作台或接种箱的条件下，在酒精灯火焰周围也可以进行。只不过要求尽量在分离接种前对环境消毒，严格采用无菌操作技术即可。

第五节 原种、栽培种制作

原种的培养基与栽培种的培养基的配制基本相同。但原则上原种的培养基要更精细些，营养成分尽可能丰富，而且还要易于菌丝吸收，以便移接的母种菌丝更好地生长发育。由于原种的菌丝已基本适应了固体培养基，而且也比母种的菌丝要健壮得多，因此用作栽培种的培养基可以更粗放些、更广泛些，用于原种培养基的配方，一定都能适用于栽培种的培养基制作。

一、常用的原种、栽培种培养基配方

原种和栽培种的培养基配方有很多。根据食用菌的营养源、食用菌的生物学特性以及

结合当地的原料来源，因地制宜地选择培养基。配制多种原种、栽培种的培养基。常用的培养基配方有：

（1）木屑培养基　阔叶树的锯木屑78%，米糠或麸皮20%，石膏粉1%，蔗糖1%，加水调至含水量50%~60%。此培养基适用于木腐菌的原种、栽培种的培养。

（2）棉籽壳培养基　棉籽壳98%，蔗糖1%，石膏粉1%，加水调至含水量65%左右。此培养基适用于一般食用菌原种、栽培种的培养。

（3）棉籽壳培养基　棉籽壳88%，麦麸10%，蔗糖1%，石膏粉1%，加水调至含水量65%左右。此培养基适用于平菇、香菇、金针菇、草菇、木耳、银耳、猴头菇、灵芝、滑菇的原种、栽培种的培养。

（4）棉籽壳木屑培养基　棉籽壳50%，阔叶树木屑40%，麸皮或米糠8%，蔗糖1%，石膏粉1%，加水调至含水量60%~65%。此培养基适用于一般木腐菌的原种、栽培种的培养。

（5）玉米芯培养基　碎玉米芯80%，米糠或麸皮18%，石膏粉1%，过磷酸钙1%，加水调至含水量60%~63%。此培养基适用于平菇、猴头菇、木耳、金针菇、灵芝的原种、栽培种的培养。

（6）高粱壳粉培养基　高粱壳50%，高粱壳粉30%，米糠或麸皮18%，石膏粉1%，过磷酸钙1%，加水调至含水量60%~63%。此培养基适用于平菇、猴头菇、木耳、金针菇等菌的原种、栽培种的培养。

（7）草粉培养基　麦草粉或稻草粉97%，蔗糖1%，石膏粉1%，过磷酸钙1%，加水调至含水量60%~65%。此培养基主要适用于草腐菌类，也适用于木腐菌类原种、栽培种的培养。

（8）粪草培养基　干粪草90%，麸皮8%，蔗糖1%，碳酸钙1%，加水调至含水量60%。此培养基主要适用于双孢菇、草菇原种、栽培种的培养。

（9）废甜菜丝培养基　干甜菜丝78%，米糠20%，石膏粉1%，过磷酸钙1%，加水调至含水量60%。此培养基主要适用于平菇、金针菇原种、栽培种的培养。

（10）矿石培养基　蛭石（膨胀珍珠岩）57%，麸皮40%，石膏粉1%，蔗糖1%，过磷酸钙1%，加水调至含水量60%~65%。此培养基既适用于草腐菌，也适用于木腐菌的原种、栽培种的培养。

（11）麦粒培养基　麦粒（谷粒、大麦、燕麦、高粱粒、粉碎的玉米粒等）1000 g，石膏粉13 g，碳酸钙4 g。注意要用煮熟而又不胀破麦粒种皮的麦粒，拌入石膏粉、碳酸钙，调pH值为7.5~8，调至含水量60%~65%。此培养基适用于各种食用菌的原种、栽培种的培养，尤其是双孢蘑菇。

（12）木块培养基　木块（枝条、木片）10 kg，红糖400 g，米糠或麸皮2 kg，碳酸钙200 g。将木块在1%的红糖水里煮沸30 min，捞出后与米糠、碳酸钙拌匀，装瓶。此培养基适用于多种木腐菌的原种、栽培种的培养。

一般草腐菌（双孢菇、草菇等）可用粪草原料栽培；木腐菌（平菇、香菇等）可用木屑或棉籽壳等为主要原料栽培。

二、原种、栽培种培养基制作

以制作平菇母种为例进行简要介绍。

(1)选择培养基　依据所栽培食用菌的营养特点及当地原料资源，选择适宜的培养基。

木屑培养基：阔叶树的锯木屑78%，米糠或麸皮20%，石膏粉1%，蔗糖1%，加水调至含水量50%~60%。

(2)配料　按配方准确计算、称取各营养物质。石膏粉、蔗糖等易溶于水的，要提前制成水溶液。把新鲜无霉的木屑、米糠或麸皮干拌均，然后加水，边拌边加。充分拌匀后，检查并调节好水分，调pH值。

(3)装袋或装瓶　在分装棉籽壳、玉米芯、木屑等培养基时，上下料的松紧度要一致，装至瓶肩，压平表面。

(4)打孔　用直径1.5 cm的一根锥形捣木的尖端，在瓶内或袋内中央打1个孔，其深度要临近瓶底，这样有利于增加瓶中料内的通气和固定菌种块的作用。此小孔又称为接种穴(图4-14)。

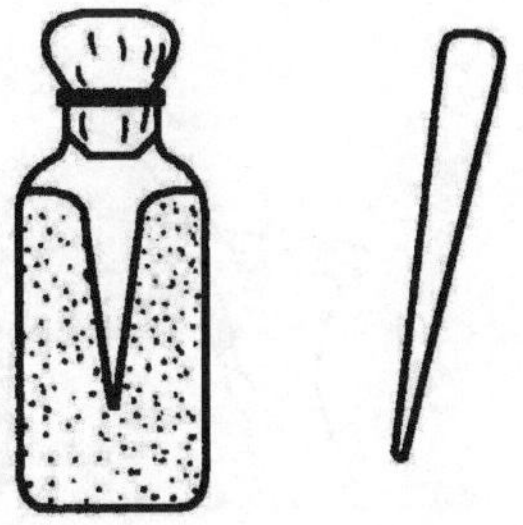

图4-14　装好料的菌种瓶及捣木

(引自常明昌《食用菌栽培》第二版)

(5)封装　用干布擦净瓶口，用牛皮纸、塑料布扎口，或用棉塞堵住；或用棉线扎住塑料袋口。

(6)灭菌　将已装好料的瓶或袋进行高压或常压灭菌，即为制备好的原种和栽培种培养基。

若是分装麦粒菌种培养时，装料量应为1/3瓶或1/2瓶，便于培养时摇动基料促进菌丝均匀生长。分装种木培养基时，应配备适量的木屑培养基，用来填充空隙和铺于料面。以塑料袋代替瓶装料时，要求袋子要厚薄均匀、无砂眼，并要消除料中的尖利杂物后才可装料。边装边压实，装至离袋口4~5 cm处，加口圈再用纸扎口即可。

三、接种

菌种瓶、袋灭菌之后，从灭菌锅中取出，冷却至30℃左右时，即可进行接种。一般一支再生母种可转接8瓶原种，而1瓶原种又可转接60瓶栽培种。母种是菌种生产之母，绝不允许有一点杂菌污染。原种的接种要求在严格的无菌操作条件下进行。

1. 母种接栽培种

将试管种转接到灭过菌的菌种瓶中，进行扩大培养。其接种步骤如下：

①用左手拿起试管，用右手拔棉塞，一边在酒精灯火焰上消毒接种针，一边把试管口向下稍稍倾斜，用酒精灯的区菌区封闭管口，不让空气中的杂菌侵入。

②把消毒后的接种针伸入菌种管内，稍稍冷却，再伸入斜面菌种挑取一小块菌种，迅速移接到原种瓶口的接种穴内，紧贴培养基，再迅速塞好棉塞或用塑料布、牛皮纸扎口。

③接种后的菌种瓶，应移入温度、湿度、光线等适宜条件下培养，待菌丝长满后即为原种。

④菌丝体生长初期，需每天观察新菌丝的生长情况，检查有无杂菌污染及其他异常情

况，如有污染应及时拣出。一般在 24～26℃的温度条件下，各种菌种多在 3 d 后恢复菌丝生长。一支试管可接原种 8 瓶左右。

2. 原种接栽培种

把原种接到栽培种的培养基上，进一步培养成为栽培种。栽培种的培养基可为瓶装也可袋装。一般在严格的无菌操作条件下，用大镊子、铲子或小勺，每瓶接入一大块菌种或一小勺麦粒菌种即可(图 4-15)。

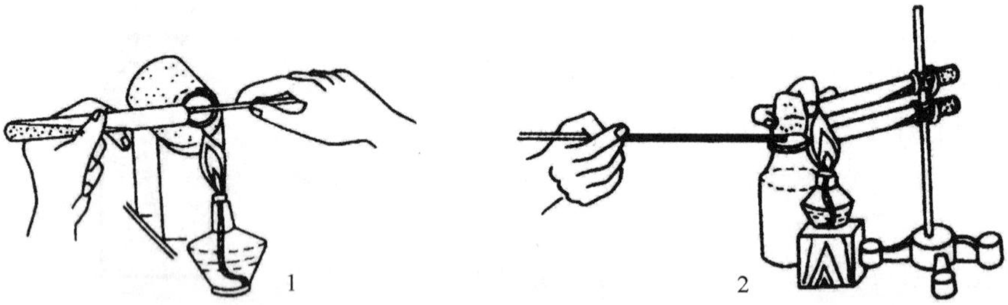

图 4-15　原种接种法

1. 手持母种　2. 用试管架固定母种

(引自常明昌《食用菌栽培》第二版)

栽培种用袋子时，接种量一般要适当地大些。塑料袋多用 16 cm 宽、0. 03 cm 厚的筒料。一般一瓶原种可接 60 瓶栽培种或 25 袋左右的栽培种。

第六节　菌种接种后的培养、质量鉴定及保藏

一、菌种培养

食用菌菌种的培养与其基质内的营养、水分、酸碱度等有关系，也与其基质外的时间因子、温度、光线等是否适宜，有着十分密切的关系。基质内因素在配制培养料的时候已充分做好工作，接完种后的培养，主要是针对基质外因素的培养。

(1)温度　它是影响食用菌菌丝生长速度最重要的一个因子。一般应把温度控制在 22～25℃。菌丝在生长发育过程中进行呼吸作用而产生热量，室内的温度与瓶内或袋内的温度要相差 1～4℃，因此，室温应控制在比该菌种最适温度低 2～3℃。在菌种生产过程中，培养的温度过高会造成菌种早衰，太低则会导致菌丝生长缓慢，而延长生产周期。

(2)光线　大多数食用菌的菌丝体都可以在完全黑暗的条件下正常生长，散射光对菌丝的影响不太大，而太强的光线对菌丝体有抑制作用。如黑木耳制种时，为了不使子实体形成，培养室平时还需要用黑布窗帘遮光。

(3)培养时间　作为菌种应在菌丝生长处于最佳期进行扩大培养或栽培。这也是菌种生产者应该注意的。一株菌种从分离出来，随着时间的推移会越来越老，培养时间越长，菌种越易衰退。瓶内的培养基，随着培养时间的延长，营养成分会越来越少，菌丝也会由于生理饥饿而由强变弱，当营养消耗完后，若不及时补给，菌丝就会死亡。

二、菌种质量鉴定

菌种质量好坏，直接关系到食用菌栽培的成败。把好菌种质量关是食用菌生产中最重要的关键环节之一，也是食用菌生产中首要的一关。没有高质量的优良菌种，就无法获得食用菌的高产和稳产。

菌种鉴定主要包括两方面，一方面鉴定未知的菌种是什么菌种，从而避免菌种混乱带来的损失，可根据菌种的生物学特性安排生产；另一方面鉴定已知菌种质量的好坏，从而选择优良品种，夺得食用菌的丰产。

鉴定菌种的好坏，是通过菌种质量标准进行的。菌种的质量标准就是衡量菌种培养特征、生理特征、栽培性状、经济效益所制订的综合检验标准。一般从菌种的纯度、长势、颜色、菌龄、均匀度和出菇快慢6个方面进行鉴定。虽然菌种的鉴定有许多种方法，但是最可靠的、最实际的方法就是出菇试验。只要通过出菇试验，就能识别菌种以及菌种的产量及生产性能。只有产量高、品质好的菌种才是优良菌种。

1. 母种质量鉴定

食用菌的母种分离、引进和转管扩大培养后，都应检验其质量是否符合质量标准，经选优去劣后，才能用于生产。

一般分离培养以及引进的母种，都应严格控制转管次数。次数过多会引起菌种的退化或变异。转管移植的次数，最多不超过4～5次，同时还要考虑其菌龄。菌种随着培养时间的延长，菌龄越来越大，生活力随之而逐渐下降，菌种易老化。因此在冰箱冷藏低温下保藏的母种一般不超过6个月，常温下保藏时间应更短些，超过菌龄的母种不应再应用于生产。

(1)出菇试验　将菌种接到木屑、粪草、棉籽壳等代料培养基上，放于适宜的条件下培养，菌丝生长健壮，出菇快、朵形好、产量高的为优良菌种。

(2)外观肉眼鉴定　外表菌丝浓白、粗壮、富有弹性，则生命力强。如有淡茶褐色的菌膜及子实体，只要接种时除去就还可以用。若菌丝已干燥、收缩或菌丝自溶产生大量红褐色液体，则表明生活力降低，不能继续用作菌种使用。

(3)长势鉴定　将母种接到干湿度适宜的培养基上，在适宜的条件下培养，菌丝生长快、整齐，浓而健壮的是优良菌种。若菌丝生长过快或过慢，菌丝不整齐且凌乱的则是不好的菌种。

(4)温度适应性鉴定　接种后，在适温下培养1周，再放入高温下，即一般菌为30℃，凤尾菇、灵芝等高温型菌为35℃，培养4 h，菌丝仍然能健壮生长的为优良菌种。若在高温下菌丝萎缩，则为不良菌种。

(5)干湿度鉴定　将母种接到不同干湿度的培养基上培养，以观察菌种对干湿度的适应性。能在偏干或偏湿培养基上生长良好的菌种为符合要求的母种。具体方法是将母种分别接到干湿度不同的培养基上进行培养，观察生长情况。在1000 mL培养基中加入16.5 g琼脂为湿度适宜，加入15 g琼脂制成的培养基为偏湿，加入18 g琼脂为偏干。

2. 原种和栽培种质量鉴定

只有严格进行菌种质量检验，才能保证菌种质量。好的原种和栽培种一般都符合下列要求。

(1)用转管次数4～5次以内的母种生产的原种和栽培种。

(2)一般食用菌的原种和栽培种，在20℃左右常温下可保存3个月内有效；草菇、灵芝、凤尾菇等高温型菌则保存1个月内有效。超过上述菌龄的菌种就已老化，不应再用于生产，即使外表看上去健壮的，也不能再用，否则影响生产。

(3)原种和栽培种的外观要求。

①菌丝生长健壮，绒状菌丝多，生长整齐；

②菌丝已长满培养基，银耳的菌种还要求在培养基上分化出子实体原基；

③菌丝色泽洁白或符合该菌类菌丝特有的色泽；

④菌种瓶内无杂色出现和无杂菌污染；

⑤菌种瓶内无黄色汁液渗出；

⑥菌种培养基不能干缩与瓶壁分开。

此外在鉴别原种和栽培种的质量时，人们还应区分开原种和栽培种，特别是当二者都是用同样的瓶子装着的时候，这在生产上具有十分重要的意义。因为许多出售菌种，常把栽培种当做原种，并按原种的价格出售，使栽培者购回后仍按“原种”继续扩大培养后，会造成菌种退化或老化，生长性能显著下降，从而给生产者带来难以估量的损失。为了防止这类事情的发生，生产者应很好地区分原种和栽培种。一般打开瓶盖扎口后，在接种穴中有琼脂块的即为原种，没有则为栽培种。另外，原种瓶内菌种表面常向下凹陷，这是母种移接时掉入接种穴后留下的痕迹。栽培种表面常平整或向上突起，这是原种接到栽培种接种穴后，用周围培养料掩埋后留下的痕迹。

(4)常见优质原种和栽培种的性状

①平菇　菌丝粗壮，浓白，密集，爬壁力强，菌柱断面菌丝浓白，清香，无异味，发菌快，为优质菌种的性状。

②猴头菇　菌丝洁白，细绒毛状，紧贴培养基放射状生长，呈星芒状或点片状，后期在培养基上易产生珊瑚状子实体原基，培养基的颜色常变为淡棕褐色，为优质菌种的性状。

③金针菇　菌丝洁白，较粗壮，密集，长绒毛状，外观似细粉状，培养后期菌种表面易产生菇蕾，为优质菌种的性状。

④香菇　菌丝洁白，绵毛状，后期见光易分泌出酱油色液体，呈褐色，有时表面产生小菇蕾，为优质菌种的性状。

⑤木耳　菌丝洁白，密集，绵绒状，短而整齐，全瓶发育均匀，有时瓶壁间出现淡褐色、褐色、浅黑色的梅花状胶质物即子实体原基，为优质菌种的性状。

⑥银耳　银耳菌丝与香灰菌菌丝按比例混合培养。羽毛状菌丝生长健壮，成束分布，黑疤多，分布均匀，无其他杂斑斓同时银耳菌丝吃料较深，瓶内有发白的棉毛团或耳片，为优质菌种的性状。

⑦草菇　菌丝呈透明状的白色或黄白色，分布均匀，常有大量的红褐色的厚垣孢子堆，为优质菌种的性状。

⑧双孢蘑菇　菌丝灰白带微蓝，密集，细绒状，气生菌丝少，贴生菌丝在培养基内呈

细绒状分布，发菌均匀，有特有的双孢蘑菇的香味，为优质菌种性状。

⑨灵芝　菌丝白色，密集，以接种点为中心，呈辐射状向四周生长，接种点菌丝常呈淡黄白色，菌丝贴生于培养基表面，易形成菌膜，为优质菌种性状。

⑩滑菇　菌丝洁白、密集，棉絮状，上下分布均匀，用手指按菌种柱有弹性，菌柱的断面呈白色或橙黄色，颜色均匀一致，用手捏碎成大块而不是粉末的，为优质菌种性状。

三、菌种保藏

菌种是国家重要的生物资源，也是教学、科研和生产的基本材料，因此菌种保藏十分重要。只有通过科学的菌种保藏，才能使优良菌种不死亡、不衰退、不被杂菌污染，长期应用于生产。

保藏菌种一般都是以试管的形式进行保存的。菌种保藏的基本原理就是尽可能地降低菌丝的生理代谢活动，使生命活动处于休眠状态，从而达到菌种保藏的目的。通常采用干燥、低温、冷冻和缺氧、真空等手段进行菌种保藏。

菌种保藏的目的，首先，在于使菌种经过较长时期的保藏之后，仍然能保持原有的生活力，不至于死亡灭种；其次，尽可能地保持原有的优良生产性能，其形态特征和生理特征不发生或少发生变异；第三，要保持菌种的纯正、无杂菌污染等。

1. 斜面低温保藏

这是一种最常用最简便的菌种保藏方法。

①选用马铃薯葡萄糖(即 PDA)培养基或综合马铃薯培养基，为了减少培养基水分的蒸发，延长菌种保藏时间，可将琼脂量增大到 2.5%。在这些培养基中加上 0.2% 的磷酸二氢钾以中和菌种在保藏过程中产生积累的有机酸。

②将需要保藏的菌种，接到斜面培养基上。

③在适宜的温度下培养，当菌丝健壮地长满斜面时，即将此试管菌种取出，放置于4℃的冰箱中保藏。电冰箱温度控制在 4℃条件下，草菇例外应在 10～15℃下保藏，有效保藏期一般为 3～6 个月，快要超过期限时，应转管一次，最好在 2～3 个月时转管一次。

在菌种保藏过程中应尽量减少开冰箱次数，并及时清除被污染的菌种。如将棉塞齐管口剪去，用固体石蜡封口，或改换棉塞用橡皮塞封口，可以有效地防止棉塞受潮而污染，还可隔绝空气，避免斜面干燥，从而延长菌种保藏时间。用无菌胶盖或橡皮盖封口的菌种，在冰箱中可保藏 3 年之久，仍具有很强的生活力。严格地讲，所保藏的菌种，在使用时应提前 12～24 h 从冰箱中取出，经过适温培养恢复活力后方能转管移植。

2. 液体石蜡保藏

又称为矿油保藏，即用矿油覆盖斜面试管保藏菌种的方法。矿油是指无色、透明、黏稠、性质稳定、不易被微生物分解的石蜡油和液体石蜡，用于覆盖于斜面菌种之上，可以隔绝空气，防止培养基水分的蒸发，抑制微生物的代谢活动，推迟细胞衰老，从而达到长期保藏菌种的目的。

①将需要保藏的菌种接到培养基上，最好用综合马铃薯琼脂培养基，在适温下培养至菌丝长满斜面备用。

②把液体石蜡装入三角瓶内，装至瓶体1/3处，塞上棉塞，用纸包扎，在1 kg/cm^{2}压力下，高压灭菌1 h，灭菌后冷却。

③放在40℃恒温箱中，使水分蒸发至石蜡液透明为止。冷却后，在无菌接种箱或超净工作台上，在无菌操作下，用无菌吸管吸取无菌液体石蜡，分别注入待保存的各个菌种试管内，注入量以淹过斜面1 cm为宜，然后用无菌橡皮塞封口。

④在室温条件下或4℃冰箱中垂直放置保藏，可有效地保藏5~7年，每1~2年应移植一次。

使用时可不必倒去石蜡油，只要用接种针从斜面上挑取1小块菌丝即可，但要尽量少带石蜡油。余下的试管中的母种可以继续保藏。由于直接挑取的菌丝蘸有石蜡，生长较弱，需经再次转接培养一次才能恢复正常生长。这种方法保藏菌种的缺点就在于必须垂直放置菌种试管，运输、邮寄不便。因矿油易燃，在转接操作时应注意安全，防止烧伤皮肤或引起火灾(图4-16)。

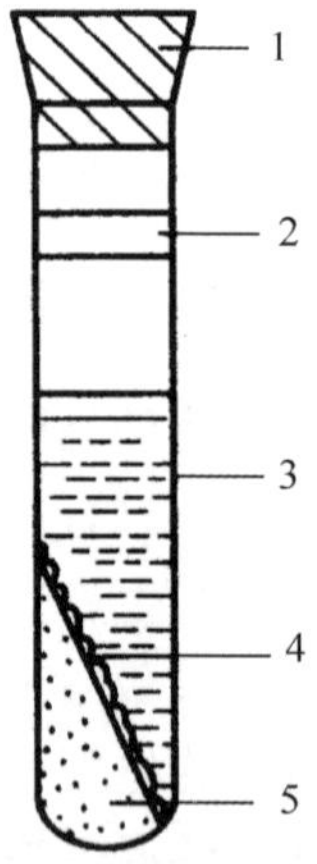

图4-16 矿油保藏
1. 胶塞 2. 标签
3. 矿油 4. 菌丝
5. 培养基
(引自常明昌《食用菌栽培》第二版)

3. 滤纸保藏

这是一种以无菌滤纸作为食用菌孢子吸附载体，长期保藏菌种的方法，又称滤纸孢子保藏法。它保藏菌种时间长，菌种不易衰老退化，制作简便，又易贮运(图4-17)。

①将滤纸剪成(2~3) cm×(0.5~0.8) cm的小条，整齐平铺于直径为9 cm的培养皿中，用纸包好，1 kg/cm^{2}压力下灭菌30 min。另取变色硅胶数粒，放进干净试管内，塞上棉塞，随同滤纸一起灭菌。灭菌后，将其放在80℃烘箱中烧烤1 h备用。

②孢子采集。把消过毒的种菇插在无菌支架上，支架放在铺有滤纸条并经过灭菌的培养皿内，罩上无菌玻璃钟罩，在20~25℃温度下，经1~2 d，滤纸条上即落满孢子。

③保藏。以无菌操作移去种菇，镊取落有孢子的滤纸条，分别装入放有硅胶的无菌试管中，再置干燥器中1~2 d，充分干燥后，塞上无菌的胶塞封口，或用火焰熔封试管口，即制成滤纸条保管，贴上标签，置低温下保藏。

④使用时在无菌操作下镊取滤纸条，将有孢子的一面贴在培养基上，在适温下培养1周左右，即可观察到孢子萌发和菌丝生长状况。这种方法简便易行，有效保藏期2~4年，长的可达30年以上。

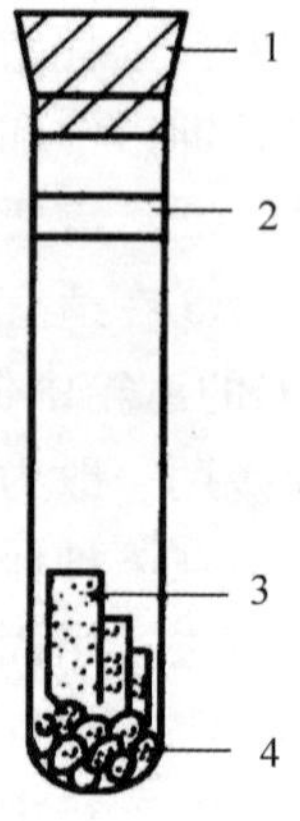

图4-17 滤纸保藏
1. 胶塞 2. 标签
3. 滤纸条 4. 硅胶
(常明昌教授，2009)

4. 自然基质保藏

就是以不含毒性、刺激性和抑菌性而又富含营养的自然生长的基质作培养基来保藏菌种的方法。自然基质很多，食用菌常用的自然基质有发酵的粪草、木屑及枝条基质等，取材方便，制作方法简便，保藏的时间也较长。使用时，只需取一块、一粒或一条培养物放在新鲜的培养基上，并在适温下培养即可。

①木屑保藏 此法适用于木腐菌。利用木屑培养基作保藏木腐菌用的培养基比使用PDA培养基为好，因为木屑培养基内菌丝生长容易而且菌丝量大，有利于菌种保藏。

具体操作方法：以78%的阔叶树木屑，20%的米糠或麸皮，1%石膏粉，1%的蔗糖为配比，用水拌料，拌匀后使培养基含水量为60%，然后装入试管中进行高压灭菌，冷却后接入所需保藏的菌种，在25℃下培养，待菌丝长满木屑培养基时，取出，在无菌操作下换上无菌的橡皮塞。最后放入冰箱冷藏室中在3～4℃下保藏，1～2年转管一次即可。

②粪草保藏法 此法适用于草菇、双孢菇等草腐性菌类的菌种保藏。即采用发酵过的粪草作培养基，培养出菌种，放于冰箱或室温下保藏即可。

具体操作方法：取发酵培养料，晒干除去粪块，剪成约2 cm大小，在清水中浸泡4～5 h，让料草被水浸透，然后取出，挤去多余的水分，使料的含水量在68%左右。装进试管，要松紧适宜。装好清洗瓶壁，塞上棉塞，进行高压灭菌2 h，冷却后，接入要保藏的菌种，在25℃下培养。菌丝长满培养基后，在无菌操作下换上无菌胶塞并蜡封，放入冰箱在2℃下保藏，两年转管一次。

③麦粒保藏 采用麦粒培养基作为保藏菌种的培养基，可保藏菌种1年以上。

具体操作方法：选择籽粒饱满、新鲜、无病虫害的小麦粒，用清水浸泡8～12 h，稍滤干后分装入试管，容量为试管长的1/4，塞好棉塞，在1.5 kg/cm^2压力下灭菌1 h；28～37℃培养24 h后，再在1.5 kg/cm^2下灭菌1 h。在无菌操作下，将要保藏的菌种接入灭好菌的麦粒培养基内。在25℃下培养菌丝长满培养基，再放入干燥器内干燥1个月，放入4℃左右的冰箱内或室温下保藏。使用时，在无菌操作下，在每去斜面培养基中央接上一粒麦粒，培养至菌丝长满斜面即可。

此外，还有许多种菌种保藏方法，如砂土保藏、菌丝球保藏、真空冷冻保藏、枝条保藏、液氮超低温保藏、风干菌种保藏等。

四、菌种退化原因及复壮

在菌种繁殖过程中，往往会发现某些原来优良性状渐渐消失或变劣，出现长势弱、生长慢、出菇迟，产量低质量差等变化。这就是“退化”。

1. 菌种退化的原因

①菌种遗传性状分离或突变；

②可能感染病毒；

③菌龄变大；

④不适的培养和保藏条件。

2. 菌种复壮

食用菌菌种长期使用、保藏，以及转管次数过多，都会导致菌丝活力下降，接种后菌丝生长缓慢、纤细、稀疏，因此必须采取措施进行菌种复壮。生产上使用的菌种要经常进行复壮，目的在于确保菌种优良性状和纯度，防止退化。

①纯种分离法；

②变化培养基复壮；

③控制传代次数，组织分离1年，孢子分离3年；

④创造良好的培养条件和有效的菌种保藏方法。

复习思考题

1. 什么是食用菌菌种？它又有哪些类型？
2. 食用菌制种需要哪些条件？
3. 什么是食用菌的培养基？它又有哪些类型？
4. 食用菌菌种的分离有哪些方法？生产中最常用的是哪种？
5. 优质的母种、原种和栽培种一般应符合哪些要求？
6. 试述食用菌菌种保藏的原理、基本手段和方法。

第五章　平菇栽培

知识目标

1. 掌握平菇的生物学特性及生活条件。

2. 熟悉平菇栽培的季节、原材料和方法。

3. 熟悉平菇栽培的工艺流程及栽培管理。

技能目标

1. 能够根据季节制定生产计划。

2. 能够进行栽培种制作。

3. 能够进行出菇管理。

4. 能识别商业化生产的平菇种类。

素质目标

培养吃苦耐劳、踏踏实实的工作作风。

第一节　概　述

平菇(*Pleurotus ostreatus* Fr.)是担子菌纲伞菌目侧耳科侧耳属中可以栽培的一些种类。过去侧耳属多被划归于口蘑科，现又归于侧耳科。侧耳属真菌的子实体成熟时，菌柄多侧生于菌盖的一侧，形似耳状，因此得名。全世界已知50余种，我国已知20多种。人们习惯把侧耳属中一些可以栽培的种或品种统称为平菇，平菇是商品名称，而不是一个分类单位。过去狭义概念的平菇一般指糙皮侧耳，目前平菇主要栽培的有糙皮侧耳、佛州侧耳(佛罗里达平菇)、环柄侧耳(凤尾菇)、紫孢侧耳(美味侧耳)、金顶侧耳(榆黄蘑)、黄白侧耳(小平菇)、盖囊侧耳(鲍鱼菇)、栎平蘑、桃红侧耳(桃红平菇)等。平菇俗称冻菌、北风菌、元蘑、青蘑、蛤蜊菌等。

平菇肉厚质嫩、味道鲜美、营养丰富，蛋白质含量占干物质的10.5%，且必需氨基酸含量高达蛋白质含量的39.3%。平菇含有大量的谷氨酸、鸟苷酸、胞苷酸等鲜味成分，这就是平菇风味鲜美的原因。

平菇含有多种维生素和较高的矿物质成分，具有改善人体新陈代谢、增强体质、调节植物神经功能等作用，故可作为体弱病人的营养品，对肝炎、慢性胃炎、胃和十二指肠溃疡、软骨病、高血压等都有疗效，对降低胆固醇和防治尿道结石也有一定效果。平菇中不含淀粉，脂肪含量极少(只占干物质的1.6%)，被誉为“安全食品”“健康食品”，尤其是糖尿病和肥胖症患者的理想食品。平菇中的侧耳菌素、侧耳多糖等各种特殊成分的生理活性物质都分别具有诱发干扰素合成、加强机体免疫的作用，对肿瘤细胞有很强抑制作用。

平菇人工栽培的历史不长，是全世界栽培最广泛的食用菌之一，2007年我国平菇鲜菇总产量达到590.18万t，是我国各种食用菌总产量中居第三的食用菌。

平菇人工栽培历史见表5-1。

表5-1　平菇人工栽培历史

栽培时期	栽培状况
20世纪初	意大利首次用木屑栽培
1936年	日本的森木彦三郎和我国的黄范希进行瓶栽
1972年	我国河南的刘纯业用棉籽壳生料栽培成功
2007年	我国平菇鲜菇总产量达590.18万t

第二节　生物学特性

一、形态特征与生态习性

平菇由菌丝体和子实体组成。

1. 菌丝体

平菇(糙皮侧耳)由孢子萌发、伸长、分枝，形成很纤细的初生菌丝，每个细胞内只有一个细胞核。两个不同性的孢子萌发成的单核菌丝相结合形成二次菌丝，同时以锁状联合的分裂方式生长繁殖而形成白色绒毛状的菌丝体。在试管内的菌丝体白色、密集、强壮有力。气生菌丝发达，爬壁力强，不分泌色素，菌丝生长速度快，抗逆性强，有时在试管中形成小的子实体。

图 5-1　平菇

2. 子实体

平菇(糙皮侧耳)子实体覆瓦状丛生(图 5-1)。菌盖初期扁半球形，后呈扇形、肾形、浅喇叭形、漏斗形，直径 5～21cm，初期颜色为蓝黑色，其后变淡，成熟时呈灰白色至白色、青灰色；肉质，表面光滑，中部下凹的部分有时有白色绒毛或纤毛。菌肉白色、肥厚。菌褶白色，延生，在菌柄交织成网络。菌柄侧生，短或无，内实，白色，长 1～3cm，粗 1～2cm，基部常有白色绒毛。

3. 孢子

孢子印白色。在显微镜下，孢子无色、光滑、近圆柱形，(3～10)μm×(2.5～5.5)μm。

4. 子实体的生长发育

(1)原基期　当平菇菌丝体长满培养料后，就进入光照敏感期。此时菌丝体受到光照刺激，在适宜的温度、湿度环境条件下，培养料表面的气生菌丝生长逐渐减弱，颜色由雪白转暗，菌丝扭结成团，即平菇原基分化的初期。当有黄色水珠出现时，分化出子实体原基，呈瘤状突起。

(2)桑葚期　原基进一步分化发育，成为小米粒的菌胚堆，形似桑葚表面，称为桑葚期。一些散生的平菇如凤尾菇等不形成桑葚期，形成原基后进入珊瑚期。

(3)珊瑚期　桑葚期经一定时间后形成珊瑚状的菌蕾群，小菌蕾逐渐伸长，变成不整齐的短杆状，并且中间膨大成为原始菌柄。继续生长之后整丛菌蕾参差不齐，变成珊瑚状。其中只有少数菌蕾能发育成为子实体，大部分萎缩。

(4)伸长期　菌盖和菌柄已有明显区别。

(5)成形期　菌柄逐渐加粗，菌盖进一步发育长大。

(6)成熟期　从成形期至成熟期，根据菌盖形态变化及成熟程度又分为几个时期。

①成熟前期　菌盖展开，菌褶开始出现，孢子也开始形成，中部隆起呈半球形。

②成熟中期　菌盖充分展开，边缘开始上卷，出现微波浪式，此期释放孢子最多，以

菌盖向上翻卷部分最多。

③成熟后期　菌盖开始萎缩，边缘有裂缝出现，孢子大量散落进入尾声。

平菇适应性很强，多在深秋至早春，甚至初夏簇生于杨、枫、榆、枸、槐、栎等阔叶树木的枯木或朽桩上，或簇生于活树的枯死部分。在我国分布极为广泛，主要分布于黑龙江、吉林、内蒙古、河北、山西、台湾、福建、新疆、四川、云南、西藏等地。

二、生长条件

(1)营养　平菇属木腐菌，分解纤维素、木质素、半纤维素的能力很强，对营养物质要求不太严格，可利用木屑、棉籽壳、玉米芯、秸秆等多种代料进行栽培。栽培时一般采用麸皮、米糠、玉米粉、豆粉等补充氮素，适当地加入磷、钾、镁、钙等矿物质和维生素 B_1、维生素 B_2、维生素 C 等，可增加产量和改进品质。

菌丝体阶段 C/N 为 20∶1，子实体生长阶段 C/N(30～40)∶1。根据当地食用菌主要原料的来源和栽培品种对料的适应性来选择适宜的原料作主料。

(2)温度　平菇为低温型变温结实性菌类。平菇孢子形成以 12～20℃为好，孢子萌发以 24～28℃为宜，高于 30℃或低于 20℃均影响萌发；菌丝在 5～35℃均能生长，最适温度为 24～28℃；形成子实体的温度范围是 5～26℃，有的更高些，甚至可达 30℃，子实体形成的最适温度因品种不同而差异较大。

通常，人们以子实体的分化和发育期的温度要求，把平菇属划分为三种类型(表 5-2)。

表 5-2　子实体的分化、发育期的温度　(℃)

温度类型	分化最高温度	最适温度	常见菌株
低温型	22	13～17	816、AX3
中温型	28	20～24	凤尾菇、紫孢菇
高温型	30	24～28	鲍鱼菇、红平菇

平菇子实体分化需要变温条件的刺激，在一定的温度范围内，昼夜温差大，能促进子实体原基的形成。在子实体发育的温度范围内，温度低时，生长较慢，菇体肥厚；温度高时，菇体成熟快，但菇体薄，易碎，品质差。栽培时应根据气候条件正确选择温型不同的平菇品种。

(3)水分与湿度　平菇属喜湿性菌类，其子实体含水量在 90% 左右，因此在生长过程中需要大量的水分。水分是指培养基质的含水量；湿度则是平菇在发菌期空气相对湿度。

平菇菌丝体生长阶段，培养料的含水量一般为 55%～65%。由于不同的培养料基质材料不同，其物理性状(吸水性、孔隙度、持水率)存在差异，故在拌料时，应依原料不同而做适当调节，如棉籽壳培养料为 65%，锯末料为 55%，稻草料为 70%。水分过大，抵制菌丝生长；水分过低，菌丝生长没力，产量下降。

平菇在发菌期空气相对湿度一般以 60%～70% 为宜，子实体分化时期为 80%～85%，子实体发育阶段为 85%～95%。湿度过低，培养料面干燥，易造成子实体分化困难，幼菇干缩，影响产量。湿度高于 95% 时，菇体易腐化变色且引发病虫害。

(4)空气　平菇是好气性真菌。

菌丝体阶段能忍受较高浓度的 CO_2，可以在半嫌气条件下正常生长。

在子实体分化及生长发育阶段，则需大量 O_2。在发菌后期应加大通风换气，促进子实体的分化。子实体生长阶段应在通风良好的条件下培育。菇房内 CO_2 含量不宜超过 0.1%，过高，轻者会造成柄长、盖小，重者原基不分化，不形成子实体，即使形成，有时菌盖上也会产生许多瘤状突起，形成畸形菇。

(5)光线　菌丝体生长阶段不需要光照，可以在完全黑暗中正常生长。过强的光线会抵制菌丝生长。

在子实体分化阶段需要一定的散射光，光线不足，分化出的原基数少，畸形菇多。光线过强抑制子实体的生长。光线的强弱也影响着子实体的颜色。同一品种在光线弱的条件下颜色浅，多为白色、浅灰白色，而在较强的光线条件下颜色深，多呈灰白色、青灰色或灰褐色。

(6)酸碱度　平菇对酸碱度的适应范围较广，pH 值在 3~10 均能生长；其中以 pH 值 5.5~7 最为适宜。不同品种的菇，最适 pH 值不同，糙皮侧耳最适 pH 值为 5.4~6.0，凤尾菇最适 pH 值为 6.5~7.0，姬菇及佛罗里达平菇最适 pH 值为 6.5~7.5，以上均指培养料的 pH 值。由于培养料在灭菌后 pH 值会下降，所以在配制培养基时应调节 pH 值为 7~8。

又由于平菇在生长发育过程中，因代谢作用会产生有机酸，使培养料的 pH 值下降，常添加 0.2% 的 K_2HPO_4、KH_2PO_4 等缓冲物质，稳定生长时的 pH 值。在大量生产中也常常用石膏或石灰水调节酸碱度。

第三节　常见栽培品种

平菇的栽培种类和品种都很多，仅在我国栽培的就有 500 多个品种，常见栽培品种的子实体特征见表 5-3 所示。

表 5-3　常见栽培品种的子实体特征

品　种	生长方式	菌盖	菌柄	菌褶
糙皮侧耳	覆瓦状丛生	扇形、肾形、浅喇叭形，直径 5~21cm，灰白色、紫白色、青灰色	短或无，白色，内实，长 1~3cm，粗 2cm	白色，扇骨状排列，不等长
凤尾菇	单生或丛生	扇形至贝壳状，直径 3~15cm，灰褐色	白色，直径 1.5~3cm，长 3~10cm	白色，不等长
榆黄蘑	丛生或簇生	扇形、半圆形、圆形或喇叭形，直径 3~12cm，草黄至金黄色	菌柄偏生，基部常相连	白色，稍密不分叉
佛州侧耳	覆瓦状丛生	扇形、浅漏斗形，直径 3~12cm，白色至黄色	白色，内实，长 3~7cm，粗 1~2cm	淡黄白色，菌褶宽，脉络状
黄白侧耳	近覆瓦状丛生	扁半球形，直径 5~13cm，灰白至近白色，有时稍带浅褐色	短，内实，光滑，常与基部相连	白色至近白色，菌褶宽，稍密
桃红侧耳	群生或叠生	贝壳状、扇形，直径 3~13cm，黄土红色至近白色	短或常无柄	桃红色，密集

平菇适应性很强，在我国分布极为广泛。多在深秋至早春，甚至初夏簇生于一些阔叶树木的枯木或朽桩上，或簇生于活树的枯死部分。

目前，主要栽培的平菇见表5-4。包括糙皮侧耳、风尾菇、榆黄蘑、佛州侧耳、黄白侧耳、桃红侧耳等。

表5-4 平菇主栽品种

品种	温度类型	常见菌株
糙皮侧耳	中低温型	平杂17、、江都88 13、双耐、天达、黑89等
凤尾菇	中高温型	平菇831、F327
榆黄蘑	高温型	东北榆黄蘑、农大榆黄96
佛州侧耳	中低温型	平菇中蔬10号、平菇AS5. 184
黄白侧耳	中低温型	姬菇9008、姬菇9811
桃红侧耳	高温型	福建桃红平菇、江西桃红平菇

第四节 栽培技术

过去人们采用短段木栽培平菇，但目前人工栽培平菇主要采用代料栽培。代料栽培是指利用农业、林业、工业生产的下脚料，如木屑、棉籽壳、稻草、废棉、酒糟等为主要物质，再加入一定的辅助原料配制成培养料，代替传统的段木或原木栽培各种食用菌的方法。

食用菌的代料栽培可以广开培养料来源，综合利用农、林业的副产品和下脚料，把不能直接食用、经济价值低的纤维性材料，经食用菌的生长利用变成营养价值高的食品，这样，不但节约原材料，充分利用资源，变废为宝，同时解决了食用菌栽培与山林抚育之间的矛盾，从而有效地扩大栽培区域，加速食用菌生产的发展。

代料栽培依其对培养料的处理情况，可分为熟料栽培、发酵料栽培和生料栽培3种。依据栽培的容器可分为瓶栽、袋栽、压块栽培、箱栽、大床栽培。依栽培场地可分为室外栽培和室内栽培。室外栽培可分为阳畦栽培、地沟栽培、露地栽培、树荫栽培等。

虽然平菇的栽培方法多种多样，但是它们之间有一定联系，只要掌握了一种方法，其他方法便可触类旁通，在这里重点介绍平菇的袋栽。袋栽是袋式栽培的简称，又称太空包栽培，是指在耐热塑料袋中栽培食用菌的方法，也是木腐性食用菌代料栽培的主要方法。根据其培养料是否经过热力灭菌分成熟料袋栽和生料袋栽。袋栽平菇能充分利用空间，减少占地面积，充分利用培育菌丝和栽培出菇的不同设施，有利于控制杂菌和病虫危害，提高栽培成功率，是目前应用最广泛的栽培方法。

一、熟料袋栽

熟料袋栽是栽培平菇的基本方法，也是栽培其他木腐性食用菌的最主要方法之一。它的优点是菌种用量小，培养料中的养分易于吸收，受外界环境影响较小，在较高的温度下也可发菌，产量高，病虫害较易控制。缺点是接种、灭菌的工作量大，生产成本大，消耗燃料多，受灭菌量的限制，短时间内较难大规模生产。

(1)确定栽培季节　平菇虽然有各种温型的品种，适宜于一年四季栽培。但是绝大部分品种还是中、低温型的。根据平菇生长发育对温度的需求，春、秋两季是平菇生产的旺季。我国各地气候差异较大，同一地区不同海拔的气温也有一定差异，因此，平菇的栽培季节必须根据平菇品种的特性和当地的气候情况确定，通常分为春栽和秋栽。秋栽出菇期长，温度变化与平菇要求一致，效果较好。周年进行生产时，人为创造条件，满足平菇生长发育各阶段对环境的要求，可不受季节限制。秋栽时间为 8～12 月份，北方早于南方。春栽为 2～4 月份，南方早于北方。

(2)培养料的选择　平菇的栽培原料非常广泛，棉籽壳、玉米芯、木屑、稻草、麦草等均可利用。应当根据当地资源情况就地取材，变废为宝。

根据当地食用菌主要原料的来源和栽培品种对料的适应性选择适宜的原料作主料。采用科学的配方，进行合理的培养料配制。

常用栽培平菇的配方如下(料水比 1∶1.5，pH 值 7～7.5)：

①棉籽壳 98%，糖 1%，石膏粉 1%。

②棉籽壳 85%，麸皮 12%，糖 1%，过磷酸钙 1%，石膏粉 1%。

③稻草 74%，麸皮或米糠 24%，石膏粉 1%，过磷酸钙 1%。

④玉米芯 76%，麸皮或米糠 20%，石灰 2%，过磷酸钙 1%，石膏粉 1%。

⑤麦草 75%，麸皮 15%，玉米粉 5%，石灰 2%，过磷酸钙 2%，石膏粉 1%。

⑥甘蔗渣 95%，过磷酸钙 2%，石灰 2%，石膏 1%。

⑦棉籽壳 40%，阔叶树木屑 40%，麸皮或米糠 18%，过磷酸钙 1%，石膏粉 1%。

⑧甘蔗渣 70%，麸皮或米糠 28%，石膏粉 2%。

⑨甘蔗渣 90%，麸皮 6%，钙镁磷肥 2%，石膏粉 2%。

⑩花生壳、向日葵秆、麻秆等用机器粉碎成屑后使用。料屑 75%～85%，麸皮11%～21%，蔗糖 1%，过磷酸钙 2%，石膏粉 1%。

(3)菌种制备　根据当地气候条件及所选用的培养料的类型，选择适合的优良品种进行栽培。按常规制种方法、播种时间、生产规模制备出所需栽培种。通常用 1 t 原料生产栽培种需要 8 瓶原种。

(4)培养料的处理　称取各原料。配制时，棉籽壳、麸皮干搅拌均匀。把溶于水的其他辅料配制成水溶液加入。必须多次翻堆翻均，使培养料充分吸水。水可提前预备好，培养料含水量以 65% 计。也可凭经验估计含水量。用棉籽壳培养料拌料时，用手抓起一把拌好的原料，紧握一下，水能从手指缝渗出，滴而不成线时，其含水量为 65% 左右；仅有水痕出现，含水量为 60% 左右。此外，料拌好后，必须堆成一堆，让水分充分渗入原料。料拌好后，用 pH 值试纸测定 pH 值，一般 pH 值在 7～7.5 为宜。如果偏碱，用柠檬酸调节；若偏酸，用石灰粉调节。

所选原料在使用前必须根据其性状做适当处理，如切段、粉碎、发酵等。依据培养料物质性状的不同，调节到合适的含水量。一般掌握“三高三低”，即基质颗粒偏大或偏干，水分应多，反之应少；夏天温度高，水分应少些，冬天则应多些；晴天水分蒸发量大，水分应略高些，阴天则应偏低；拌料场地吸水性强，水分应调高，反之应调低。

(5)装袋　一般选用宽度为22～25 cm，长度为(40～50) cm×0.05 mm的聚乙烯筒膜，每袋装料干料约1.25 kg。手工装袋时，先将一端折叠5～6 cm，然后把培养料装入，边装边压紧，压时沿袋四周压，做到外紧内松。料装至离袋口5～6cm时，停止装料，用手压平料面，再用直径2.5 cm的钝尖木棒在料中心打洞。料装好后要求两头紧中间松，沿袋壁紧内部松，外观袋面平整，无突起凹陷。

注　配好料后，应尽快装袋，否则料会发热、泛酸；料不能装得过松，培养料之间若出现空隙，易造成周身出菇，造成营养浪费；装袋时也不能装得过紧，造成袋内通风不良，灭菌时易受热胀破，而且接种后，菌丝生长慢；不能弄破袋子，易造成污染。

(6)扎口　采取两头出菇。采用套环封口，然后将袋口翻下，用一层牛皮纸或两层废报纸封口，再用绳子或橡皮筋扎紧封密。

注　扎口要紧，以免在灭菌和搬运过程中封口纸脱落；封口纸应用韧性较好的牛皮纸，如废旧报纸，一定用双层，以免破裂；袋内料装满后，应及时扎口，以免水分散失。

(7)灭菌　采用常压灭菌法。应注意码堆，不要太挤，让蒸汽在蒸仓内对流，避免形成灭菌死角。袋子装入后，立即旺火猛攻，尽快让大气上来，随后稳火，连续保持8 h灭菌，切忌大气上来后停止加热或用小火加热使温度降低。准确计时以保证灭菌效果。

注　料装好后，应及时灭菌，防止基质酸变；灭菌时防止干锅或火灭。

(8)冷却　灭菌结束后，把料袋放到冷却室冷却。锅内温度降低后取出菌袋。搬出时应轻拿轻放，防止刺破袋子或封口纸脱落。

(9)接种　待料温降到28℃以下时即可接种。提前将各种接种工具、料袋、栽培种一起放进接种室进行消毒。接种时，最好2～3人流水操作，解袋口、接种、封口连续进行。封袋口的动作要快，尽量缩短袋料暴露的时间，防止杂菌污染。用种量一般为培养料干料重的5%～8%。接种时，用消过毒的镊子将菌种搅成玉米料大小的碎块。

(10)发菌管理　接种后的菌袋搬入培养室进入发菌期。这一时期主要是调温保湿、防止杂菌污染以及发菌情况的检查。

培养室要打扫干净，并进行必要的消毒和杀虫处理。培养室尽量保持黑暗。

菌袋采用单排堆叠方式排放，菌袋可堆6～8层，各排之间相距20 cm左右即可。一般每7～10 d倒袋翻堆一次，调节袋内温度、湿度，以及各袋之间的温差，约30 d长满袋。

注　气温高时，通常堆3～4层，各排之间相距50 cm左右。夏季反季节栽培通常单层或2层排放，亦可“井”字形排放。无论何种排放方式，尽量使料内温度不要超过30℃，以20～25℃为宜，超过30℃时要及时散堆，并通风换气以降温。

在发菌期间，还应注意检查发菌情况。如发现全部菌种不萌发，即属菌种问题，应重新接种；若菌种萌动，但不吃料扩展，可能是培养料太湿或菌种衰退，要更换菌种；若菌种萌动，但不吃料，也有可能是袋内温度太高，尤其是菌种层周围温度过高，超过34℃，应立即降低温度。

通常在生产中还要检查菌袋是否被污染，并应分析其原因，及时进行处理(表5-5)。

表 5-5　污染情况

污染原因	污染特征	处理措施
栽培种	接种 3～5 d 后，菌袋大批污染，杂菌分布在菌种块周围和培养基表面	重新灭菌接种，检查菌种质量
灭菌不彻底	接种 7 d 后，菌袋开始逐渐大批量污染，霉菌的菌落分布在菌袋的上、中、下部位表面，打开菌袋，料的中部也存在杂菌污染	把污染袋重新进行灭菌、接种
操作不当	菌袋有少部分发生污染，霉菌菌落星星点点分布在培养料面	严格遵守无菌操作规程
培养期间	菌丝已生长 5～8 cm，成批出现菌袋中部杂菌污染	注意通风换气、消灭老鼠、蟑螂，防止刺破袋

(11)出菇期的管理　当菌丝长满菌袋后，移入温室，5～10 d 后就可现出菌蕾，应及时打开菌袋两头出菇。经过通风换气增大昼夜温差，同时，通过向地面喷水，加大湿度差，刺激原基形成。

此时，应给予低于20℃的温度和尽量大的温差，有利于刺激子实体原基形成。原基形成后，温度可根据品种的温型进行调控。温度低子实体生长慢，但菌盖肥厚；温度过高，虽然子实体生长快，但菌盖薄且脆，纤维较多，品质下降。空气相对湿度以 90% 左右为适宜。要给予一定的散射光，全黑暗子实体难以形成，但不能阳光直射。另外，子实体生长阶段需大量 O_2，逐渐增加通风换气的次数、时间。

(12)采收　平菇长至八成熟时，要及时采收。一般最好掌握在菇体发育到成熟，菌盖边缘尚未完全展开，孢子未弹射时采收。一般按潮采收，每潮菇采收完都要将菌袋口残留的死菇、菌柄清理干净，以防腐烂，为下一潮出菇做好准备。一般采 5～6 潮菇。采收时一手按住菇柄基部的培养料，一手捏住菌柄轻轻拧下，切不可硬扳，以免将培养料带起。

二、发酵料袋栽

指培养料不经高温灭菌，靠堆积发酵，用巴氏消毒法杀死其中大部分不耐高温的杂菌和害虫，再接种培养的方法。

发酵料袋栽的主要生产过程为：菌种准备→确定栽培季节→培养料选择、处理→配制及调制 pH 值→培养料堆制发酵→装袋与接种→发菌→出菇管理→转潮管理→后期管理。

(1)制备菌种　一般 1 t 原料需购买 15～20 瓶菌种，制成栽培种后用于栽培。发酵料栽培用菌种量大于熟料栽培。

(2)确定栽培期　一般从早春 2 月份开始，秋季从 9 月份开始。发酵料栽培要避开高温期，宜在早春和秋末进行栽培，以秋末栽培最好。

(3)培养料配制　选择新鲜、无霉变的培养料。配制时，需在配方中加入 3% 的石灰粉，使 pH 值在 7.5～8.5。

(4)堆积发酵　应注意两个问题：一是升温要快，温度要高；二是翻堆时要认真，不夹带生料，要保证发酵质量。具体步骤包括：建堆、翻堆、质量检查。

①建堆　按配料比例混合后，调好水分建堆。料堆高 1 m，宽 1.5～2 m，长不限定，

四边宜陡。堆毕后用铁铲轻拍堆表面，然后用较粗的木棒在堆上自上而下、斜面均匀地打透气孔，直通堆底。为防日晒风吹雨淋，堆上应盖薄膜或草帘，但不要覆盖过紧密，并定期掀动，通风换气。

②翻堆　建堆后一般 2 ~ 3 d 应进行第一次翻堆，这时料温上升到 60 ~ 80℃。翻堆时需将料抖松，以增加料中含氧量。同时，将上下、里外的培养料互换位置，以 4 次即可。时间过长，会大量消耗养分；时间太短，可能发酵不充分，达不到堆料发酵杀灭害虫、害菌的目的。

③发酵料质量检查　在预定时间内(建堆 48 h 左右)若能正常升温至 60℃以上，开堆时可见适量白色菌丝(嗜热放线菌)，表示堆料含水适中，发酵正常。如果建堆后迟迟达不到 60℃，说明不好。可能培养料加水过多，或堆料过紧、过实，或因未插孔造成通气不良，不利于放线菌繁殖，堆料不能发酵升温。此时应及时翻堆，将料摊开晾晒，如果堆料升温正常，但开堆时培养料呈白色现象，表示料含水太少。可在第一次翻堆时适当添加水分。

(5)装袋与播种　发酵料栽培所用的塑料袋规格为宽 20 ~ 23 cm，长 40 ~ 45 cm。秋栽可略长些，封口方式与熟料栽培基本相同，播种方式差异较大，一般采用分层播种。

先将料筒一端扎紧，装入一层菌种，再往袋中填料，每填料 6 ~ 8 cm 播一层菌种，装满料之后，在料面再撒播一层菌种，每袋共装三层料、播四层种。然后用绳扎牢，最后用直径 1 ~ 1.5 cm 的粗的尖头钢筋在料中心部位纵向打 2 ~ 3 个孔，以利通气。接种量一般为 10% ~ 12%。

(6)发菌　排袋发菌的方法依季节不同而异。温度低可堆得高些、紧些。若气温超过 25℃，应将菇袋散置或以井字形堆放 3 ~ 4 层，各堆之间要留出 35 ~ 40 cm 的距离(兼做人行道)，以利散热。接种以后防止菌袋烧菌是早秋平菇袋装成功与否的关键。

一般播种后 2 ~ 3 d 就可以明显的看到接种菌块的菌丝恢复生长，色泽逐渐浓白，并向两侧蔓延。袋内温度逐渐上升，并超过环境温度，特别是超过 30℃时就应采取强制通风措施，使其温度迅速下降。一般播种后 10 d 左右菌袋内料温基本能稳定下来。

翻堆是菌丝培养期间的一项重要管理工作，一般每隔 5 ~ 7 d 翻 1 次堆，使堆内菌袋受温均匀，发菌整齐，出菇一致。在第一次翻堆时应用缝纫机针在接种层部位扎通气孔，横向每隔 5 cm 扎一针，针深 3 ~ 5 cm，以利通风换气。若发现菌丝不吃料，应查明原因，采取相应措施，妥善处理。若发现有杂菌污染，可单独放置或单独处理，不得随意乱放。

装袋接种后如果气温低，在管理上就要以保温发菌为重点，将接种后的菌袋以井字形堆成 8 ~ 10 层高，1 ~ 1.2 m 宽，长度视栽培量而定，并在上面覆盖薄膜保温。

(7)出菇阶段的管理　管理方法和熟料方法基本相同。

复习思考题

1. 简述平菇的形态特征和生态习性。
2. 简述平菇熟料栽培的技术要点。
3. 比较熟料袋栽、生料栽培及发酵料栽培的异同。

第六章　香菇栽培

知识目标

1. 掌握香菇的生物学特性及生活条件。

2. 熟悉香菇栽培的季节、原材料和方法。

3. 熟悉香菇栽培的工艺流程及栽培管理。

技能目标

1. 能够根据季节制定生产计划。

2. 能够进行栽培种制作。

3. 能够进行出菇管理。

4. 能识别商业化生产的香菇种类。

素质目标

培养吃苦耐劳、踏踏实实的工作作风。

第一节 概 述

香菇[*Lentinula edodes*（Berk.）Sing]是世界上最著名的食药用菌之一，也是我国重要的出口食用菌产品。香菇又名香菌、香蕈、香信、冬菇、花菇、栎菌、椎茸以及香皮褶菌等。在分类上隶属于真菌门担子菌纲担子菌亚纲伞菌目侧耳科香菇属。

香菇肉质肥厚细嫩、味道鲜美、香气独特、营养丰富（表6-1），还含有十分丰富的维生素和矿质营养。香菇中含有18种氨基酸，其中有7种人体必需氨基酸，并含有大量的赖氨酸、精氨酸和谷氨酸以及30多种酶。还有一定的药用价值，因此深受国内外人们的喜爱，是不可多得的理想健康食品。香菇中含有一般蔬菜较为缺乏的维生素D原（即麦角甾醇），并且在食用菌中含量最高。每克干香菇中维生素D原的含量为128个国际单位（一个国际单位含维生素D标准品0.005 mg），其含量大约是大豆的21倍，紫菜、海带的8倍，甘薯的7倍。

表6-1 干香菇中营养物质含量 （g/100g）

蛋白质	脂肪	碳水化合物	粗纤维	灰分
18.64	4.8	71	9.6	5.56

香菇也是一种著名的药用菌，具有促进钙吸收、降低胆固醇、抗病毒、抗肿瘤等功效。香菇中的多糖能提高人体的免疫机能，对癌细胞有强烈的抑制作用；双链核糖核酸能诱导产生干扰素，具有抗病素的作用；酪氨酸氧化酶有降低血压的作用；维生素D可增强人体抵抗疾病和预防感冒的功效，对预防软骨病和人体钙质代谢有重要作用。我国药学早就认为，香菇具有扶正固本之功效，是一种非常好的保健食品。

我国是最早栽培香菇的国家，距今有800多年的历史，经历了古代砍花栽培、近代段木接种栽培和现代化料栽培三个阶段。中华人民共和国成立以后，栽培香菇的研究取得了重大进展。1958年，上海科学院陈梅朋研究出纯菌种木屑栽培，进而有了孢子分离培育纯菌丝制纯菌种，纯菌种接种段木栽培法和木屑菌砖栽培法；1979年，福建古田彭兆旺等人研究成功了塑料袋装木屑等代料栽培香菇新技术，从而推动了我国香菇产业的发展；1995年之后，河南泌阳、西峡发明了立体小棚栽培花菇新技术，从而大大提高了我国的花菇率和香菇的品质。近年来我国的香菇业发展很快，目前总产量位居世界第一位，是世界上最大的出口国。2015年，我国香菇鲜菇总产量达766.66万t，在我国各种食用菌中位居第一。

第二节 生物学特性

一、形态特征与生态习性

香菇由菌丝体、子实体和孢子组成。

(1)菌丝体　菌丝体分为初生菌丝、次生菌丝和三生菌丝。菌丝呈白色绒毛状，有横隔和分枝，薄壁或厚壁，有锁状联合。担孢子萌发后可形成四种不同交配型的单核菌丝，可亲合的单核菌丝经异宗配合形成双核菌丝。双核菌丝经一段时间发育，便扭结成三生菌丝。双核菌丝在适宜的条件下可形成大量的子实体。

(2)子实体　香菇子实体单生、丛生至群生。菌盖直径为4～15 cm，前期呈扁半球形，后逐渐平展，淡褐色、茶褐色至深褐色，常有淡褐色或褐色的鳞片，呈辐射状排列，有时有菊花状龟裂露出菌肉。菌盖边缘初期内卷，后渐伸展，幼时菌盖边缘有白色至淡褐色的菌膜，后期渐消失，以小破片残留于盖缘。菌肉白色，厚至稍厚，质韧，干后有特殊的香味。菌褶弯生至直生，白色，受伤后菌褶产生斑点，生长后期变为红褐色。菌柄中生或偏生，粗0.5～1.5 cm，长3～8 cm，菌环白色易消失，菌环以下有纤维毛状白色鳞片，菌环以下部分带褐色，菌柄内部结实，纤维质(图6-1)。

图6-1　香菇

(3)孢子　孢子印白色，担孢子在显微镜下无色，椭圆形至卵圆形，(4.5～7) μm×(3～4) μm，担孢子萌发时不产生典型的芽管，而是先膨大，然后沿长轴方向伸长。担孢子萌发后形成单核菌丝。

香菇春、秋、冬三季常群生或丛生于山毛榉、麻栎、栓皮栎、米槠、栲树、青冈、桦树、赤杨、枫香、山杜英、水冬瓜等200多种阔叶树的倒木，偶尔也发生于杉木、马尾松、马桑等树。主要分布于北半球的温带到亚热带地区，包括我国及日本、朝鲜、俄罗斯、菲律宾、印度尼西亚、马来西亚、尼泊尔和新西兰等国家。在我国主要分布在浙江、福建、台湾、湖南、湖北、四川、云南、广东、广西、海南、贵州、安徽、江西、陕西、甘肃、吉林、辽宁等地。

二、生长条件

(1)营养　香菇是木腐性菌类。在段木栽培中，香菇菌丝主要从树木的韧皮部和木质部中吸收碳源、氮源和矿质元素，因此边材越发达，越有利于香菇菌丝的生长和子实体的产生。在代料培养中，培养料中的营养越丰富，子实体原基就越分化得快并且多，质量也好。因此，在配料时一定要加入20%左右的麸皮或米糠。为了促进菌丝快速生长，常在配料时加入1%的糖。

在菌丝体阶段，C/N为(25～40)∶1，子实体生长阶段C/N为(63～73)∶1。

(2)温度　香菇是一种低温型变温结实性食用菌。温度是影响香菇生长发育的一个最活跃、最重要的因子。香菇在不同的生长阶段，对温度的需求也不同(表6-2)。

表6-2　不同生长阶段对温度的要求　(℃)

不同生长阶段	温度范围	最适温度
菌丝体	5～32	24～27
子实体分化	8～21	10～15
子实体生长	5～26	10～20

在10℃以下和32℃以上香菇菌丝生长不良。在5℃以下和35℃以上停止生长。在38℃以上就会死亡。但香菇菌丝在－5℃经2个月，一般不会冻死，非常耐低温。生于木材内的菌丝能忍受更低或更高的温度。根据子实体生长发育所需温度分为：低温品系和高温品系。低温品系子实体分化所需昼夜温差较大，子实体生长发育所需温度也较低；高温品系则相反（表6-3）。在恒温条件下，不能产生子实体的分化。香菇的子实体原基是在高温刺激条件下，由双核菌丝发育而来，因此当发好菌后，要想尽快出菇，就必须经过一段时间的高温刺激。在北方栽培香菇一定要注意这个特点。

表6-3　不同品系对温度的要求　（℃）

品　系	子实体分化所需温差	子实体生长发育
低温品系	5～10	8～15
高温品系	3～5	20～24

一般低温品系在低温下生长得好，高温品系在高温下才生长得好。同一品种，在其适宜的温度范围内，较低的温度，子实体生长和发育虽慢些，但不易开伞，厚菇不多，质量好；较高温度下，如20℃以上子实体发育快，但质量差，质地柔软，易开伞，厚菇多，多出高脚薄盖菇。在菇蕾形成初期，遇到打霜结冰的低温，则容易产生菇丁。可见选择适合本地区栽培的香菇品系以及确定适合的栽培播种季节，对香菇生产有着十分重要的意义。

（3）水分和湿度　香菇菌丝只有在培养基质中含有适宜的水分时，才能良好地生长。料中含水量过多时，其菌丝常因缺O_2而生长十分缓慢或停止生长，甚至菌丝萎缩、腐烂死亡；料中的含水量太少时，菌丝分泌的各种酶就不能通过自由扩散接触培养料进行分解活动，从而营养物质也就不能运输和转换，菌丝也就不能正常生长。代料栽培时，培养料含水量菌丝生长阶段为55%～60%，子实体阶段为60%～65%；空气相对湿度菌丝生长阶段为65%～70%，子实体阶段为85%～90%。一定的干湿差，干湿交替有利于子实体的分化，厚菇、花菇的产生。

（4）空气　香菇是好气性菌。通风良好的环境，有利于菌丝的健壮生长、子实体的分化和生长发育。通风好，则菇形好、盖大柄短、商品价值高。反之，则常形成盖小柄长、柄大的畸形菇，其商品价值低。通风好，有利于降低空气相对湿度，从而易形成花菇。

（5）光照　香菇是喜光性菌。菌丝生长阶段不需要光线，过强的光线反而会抑制菌丝的生长。在弱光或黑暗的条件下香菇菌丝生长最快。

当菌丝长满菌袋或菌瓶时，再经过一定时间的光照，香菇菌丝就会产生特殊的反应，菌丝表面会产生褐色的被膜即菌被，俗称转色。香菇只有转色好，子实体原基才能分化得好，产量才能高。因此，转色是香菇代料栽培的重要管理环节。

子实体分化和生长发育阶段需要一定的散射光。一定量的散射光有利于子实体的分化，并能促进菌盖的生长和着色。在菌丝培养30d后，光线应逐渐加强，培养至中后期，光线一般达到200～600Lux。光线过暗，子实体分化少，易形成盖小柄长的高脚菇，菇体的颜色也变浅；光线太强，子实体的分化也不太好。

在香菇实际生产中，为了防止过强的直射光照射，在选择菇场时，常使菇场上有一定的遮阳物，荫蔽度要达65%～80%。目前人们常采用遮阳黑网。

(6)酸碱度　香菇是喜酸性菌，其菌丝在偏酸的环境下能良好地生长。其适宜 pH 值一般为 3～7，最适 pH 值在 5 左右。当培养料呈碱性时，其菌丝很难生长。为了使料中的 pH 值不要变化太大，配料时常加入 1% 的石膏粉。

第三节　常见栽培品种

随着香菇育种技术的不断提高，在国内已开始应用一大批优良香菇品种，有的适合于段木栽培，有的则更适合于代料栽培，还有的两者皆适合。

香菇常见栽培品种包括：7402、7420、7401、L8、L9、L380、Cr01、Cr04、L241、沪香、常香、豫香、闽优 1 号、古优 1 号、闽优 2 号、农安 1 号、农安 2 号、辽香 8 号、花菇 99、香菇 66、香 9、广香 51、香浓 7 号、香菇 9207、香菇 856、广香 8003、菇皇 1 号等。这些优良品种有的适合于春栽，如香菇 9608、香菇 135、花菇 939、香菇 9015；有的适合于秋栽，如 L26、泌阳香菇、087、苏香 2 号；还有的适合于夏栽。有的适合段木栽培，有的适合于代料栽培，还有的两者皆适合，可根据实际情况选择适合的品种。

根据子实体分化发育温度划分，又可分为：

①高温型品种　温度范围 15～25℃，常见品种有武香 1 号、香高 1 号、931 等。

②中温型品种　温度范围 10～20℃，常见品种有 867、937、939、L26、L42、L868、Cr04、Cr 20、Cr66、苏香 1 号、中香 1 号、西峡 1 号、中香 2 号、申香 2 号、泌阳 3 号、沈农 63 等。

③低温型品种　温度范围 5～15℃，常见品种有 101、135、241－4、7401、7402、908 等。

我国的香菇栽培形成了五大香菇产区，即浙江庆元、广东北江、江西赣州、福建漳州、安徽徽州。

第四节　栽培技术

香菇常用的栽培方法有段木栽培和代料栽培。段木栽培分为长段木栽培法、短段木栽培法、埋木栽培法等；代料栽培可分为袋栽、压块栽培等。为了退耕还林，保护森林资源，目前主要采用代料栽培。

一、代料栽培

(1)栽培季节的确定　香菇过去一直在我国南方栽培，近十几年，香菇在北方也开始大规模栽培。香菇属于中温条件下发菌，24～27℃最适于菌丝生长；低温条件下出菇，15℃左右最适于出菇。同时香菇出菇需要变温刺激，一定的温差有利于子实体分化。因此，在自然栽培条件下一般选择秋季，立秋之后，8～9 月即可接种。

确定香菇栽培接种期必须以香菇发菌和出菇这两个不同阶段的生理特点和生态条件的要求为依据，因地制宜地掌握“两个杠杆”：一是栽培接种期当地每旬平均气温不超过 26℃；二是从接种日算起往后推 60d 为脱袋期，当地旬平均气温不低于 12℃。只有把握住这“两个杠杆”，才能使接种后的菌丝在最适条件下生长、出菇，子实体能在十分适宜的温度下发育。

在北方条件好的大棚温室里，可以人为地控制生活条件，一年四季栽培香菇。一般条件下，春节过后还可以再种一批香菇。在中原地区也可采用立体小棚栽培香菇。

(2)菌种制备　选择适合于当地栽培的优良代料栽培香菇品种。引种时一定要考虑菌种的出菇特性以及对培养料的适应性，还必须根据市场的需要和当地的气候等自然条件而定。按照常规方法用小袋子或瓶子制成栽培种。播种时菌龄一定要适宜。一般1t原料需购买8~10瓶原种。

(3)培养料的选择　可用于栽培香菇的代料有很多，如棉籽壳、玉米芯、阔叶树木屑、豆秸粉、麦秸粉、花生壳、多种杂草等，但其中仍以棉籽壳、木屑培养料栽培香菇产量高。辅料主要是麦麸、米糠、石膏粉、过磷酸钙、蔗糖、尿素等。培养料常见的配方包括：

①阔叶树的木屑78%，麸皮或米糠20%，石膏粉1%，蔗糖1%。料与水之比为1:(0.90~1.10)。

②阔叶树木屑76%，麸皮18%，玉米粉2%，石膏粉2%，过磷酸钙0.5%，蔗糖1.2%，尿素0.3%。料与水之比为1:(0.90~1.10)。

③阔叶树木屑63%，棉籽壳20%，麸皮15%，石膏粉1%，蔗糖1%。料与水之比为1:(0.90~1.20)。

④棉籽壳76%，麸皮20%，石膏粉1.5%，过磷酸钙1.5%，糖1%。料与水之比为1:(1.10~1.30)。

⑤棉籽壳40%，木屑35%，麸皮20%，玉米粉2%，石膏粉1%，过磷酸钙1%，糖1%。料与水之比为1:(1.22~1.28)。

⑥碎玉米芯78%，麸皮20%，石膏粉1%，糖1%。料水比为1:(1.25~1.30)。

此外，以上配方中的水分还可根据当地的气候条件(如天气晴雨变化)、生产情况(如料的持水性、透气性，拌料、装袋场所等)、栽培模式(如压块出菇、脱袋出菇、割袋出菇、大袋出菇、小袋出菇、大棚出菇、立体小棚出菇及抹泥墙出菇等)和出菇要求(花菇、板菇)等做适当调整。如专门培养花菇时，水分应适当再减少些，则花菇率更高，品质更好。

(4)培养料配制　根据选定的培养料配方，按比例称取各种原料。然后剔除料中的小木片、小枝条以及其他有棱角的尖硬物，以防装料时刺破塑料袋，引起杂菌污染。拌木屑时，最好用2~3目的铁丝筛过筛。拌料时，切记尽可能拌匀，水分一定要适宜。为了防止天气热，培养料易发生酸变，接种后菌袋成品率低的问题，拌料所需的时间一定要少，因此拌料操作要尽可能地快。大规模拌料生产时可采用原料搅拌机即拌料机。

拌料时，为了防止天气热或料温过高引起培养料变酸、杂菌污染，常在料中加入0.1%的多菌灵或克霉灵。尤其是克霉灵Ⅱ型，其效果十分明显。有条件时，尽可能当天拌料，当天及时装袋灭菌。拌料时还应注意培养料的pH值。一般多把pH值调到7以下，即6.5左右。在生产实践中，为防止培养料酸性增加，多用适量的石灰水调节。

(5)装袋　拌好料后应立即装袋。一般用规格为15 cm×55 cm×(0.045~0.050) cm

的塑料袋，每袋装干料 0.9～1.0 kg，湿重 2.1～2.3 kg。装袋方法有机械装和手工装两种方法。

手工装料是用手一把一把地把料塞进袋内。当装料 1/3 时，提起袋子，在地面小心地震动几下，让料落实，再用大小相应的啤酒瓶或木棒将袋内的料压实，装至满袋时用手在袋面旋转下压或在袋口拳击几下，使料或袋紧实无空隙，然后再填充足量，袋口留薄膜 6 cm，直接“双层”扎紧袋口，即在离封口 2 cm 处再用棉线回折扎紧。而不必用口圈扎口。

大规模生产时，最好采用装袋机。这样既能大大提高工作效率，又能保证装袋的质量。一台装袋机每小时一般可装香菇菌袋 300～500 袋。

无论手工装袋还是机械装料，都要松紧度适宜。装料不能太紧，也不能太松，以空隙度为 12.5% 最佳。其检验方法：五指握住料袋稍用力才出现凹陷；用手指托起料袋中部，两端不向下弯曲。装料过紧，容易灭菌后胀破袋子；装料过松，袋膜与料不紧实，接种、搬动操作时，袋子必然上下鼓动，杂菌随气流进入接种穴，从而引起杂菌污染。

装袋时为防止杂菌污染，必须轻拿轻放，不可硬拉乱扔；还须扎紧袋口和及时装袋灭菌，做到当日拌的料，当日灭菌。

(6)灭菌　及时装锅灭菌。装锅时，要把料袋井字形叠放或用周转筐装袋。一点着火后，要立即用旺火猛烧，要使温度在 5 h 内达到 100℃，称为“上马温”。如果长时间不能达到 100℃，那么一些高温杂菌就会迅速繁殖，从而使养分受到破坏，影响培养料的品质。达到 100℃后要保持温度，应不停地供火 14～16 h，才能达到彻底灭菌的目的。

(7)冷却接种　接种环境在接种前，必须经过严格的消毒。用气雾消毒剂消毒。

菌袋冷却至 28℃以下时，接种。采用的是长袋侧面打穴接种方法(图 6-2)。

在温度较低的时间内进行。一般用 75% 酒精，配 50% 多菌灵，按 20∶1 的比例混合成药液，或采用克霉灵拌酒精制成药液。用纱布蘸上少许药液，在料袋将要打穴处迅速擦洗一遍。采用木棍制成的尖形打穴钻或空心打孔器，在料袋正面消过毒的袋面上，按等距离打上 3 个接种穴，穴口直径为 1.5 cm，深 2 cm，再翻过另一面，错开对面孔穴位置再打上 2 个接种穴。边打穴，边马上接种，用接种枪把菌种迅速在无菌操作下接入接种穴内。尽量接满接种穴，最好菌种略高出料面 1～2 mm。随即用食用菌专用胶布或胶片封口，再把胶布封口顺手向下压一下，使之黏牢穴口，从而减少杂菌污染。过去用普通胶布封口，后来用纸胶带或胶片封口，现在最先进的方法是采用食用菌专用胶片封口，特别是透气性香菇专用胶片，一般胶片规格为 3.25 cm×3.6 cm 或 3.6 cm×4.0 cm。整个接种过程要动作迅速敏捷，尽可能减少“病从口入”的机会。每接完一批料袋，应打开门窗通风换气 30 min 左右，然后关闭门窗，再重新进袋、消毒，继续接种。接种时切忌高温高湿。

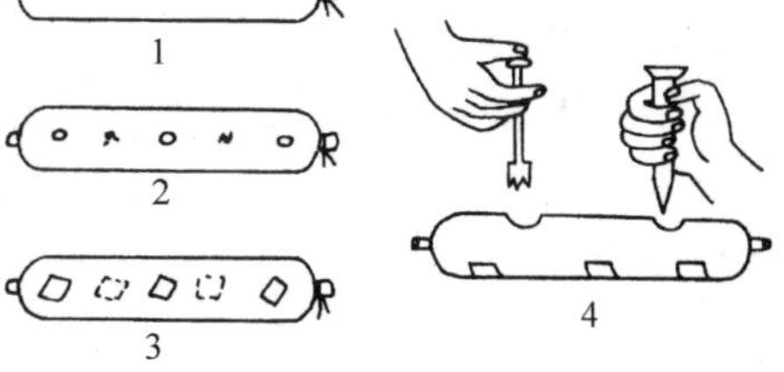

图 6-2　接种

1. 消毒　2. 打穴　3. 胶片封口　4. 打穴接

(引自常明昌《食用菌栽培》第二版)

(8)发菌　接种后，料袋在培养室内控温发菌。菌袋发菌时多采用井字形堆放，每层堆 4 袋，依次堆叠 4～10 层，堆高 1 m 左右，最多 40 袋为一堆。注意堆放时，不要压到接种穴上。发菌时一定要注意防湿遮阳、通风换气和及时翻堆检查。第一次翻堆在接种后6～7 d，以后每隔7～10 d翻堆一次。发菌时间为60 d左右，要翻堆4～5次。

注　一般刚接种5 d内不要搬动，利于菌丝定植。翻堆时尽量做到上下、内外、左右翻匀，并且轻拿轻放，不要擦掉封口胶布或胶片。翻袋时要认真检查有无杂菌污染。

(9)脱袋排场　菌袋经过约60 d的培养，菌丝长满袋，应脱袋排场。

脱袋时期的确定：一般人们从菌龄、菌丝形态、色泽和基质四个方面判断是否该脱袋。当菌龄达到60 d左右，菌丝表面起菌发泡，接种穴周围出现不规则小泡隆起；菌袋内长满浓白菌丝，接种穴和袋壁部分出现红褐色斑点；用手抓起菌袋富有弹性感时，就表明菌丝已生理成熟，适于脱袋。

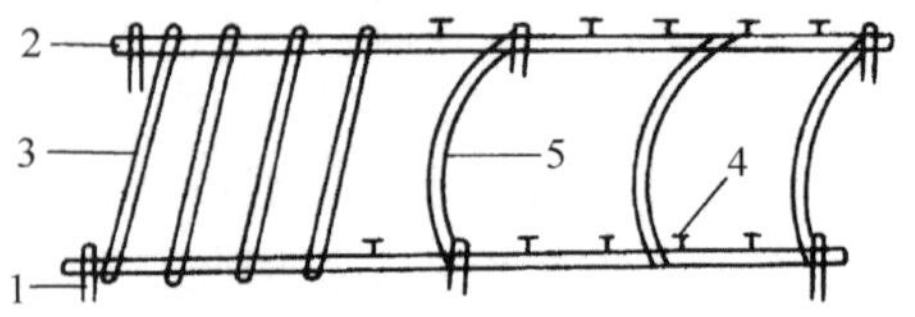

图6-3　梯形菌筒架

1. 架脚　2. 直杆　3. 横杆　4. 铁钉　5. 拱形竹片

(引自常明昌《食用菌栽培》第二版)

具体操作：脱袋应在晴天或阴天上午进行。脱袋的最适气温为16～23℃。用刀片沿袋面割破，剥掉塑料袋。脱袋后的菌袋为菌筒、菌棒或菌柱。要边脱袋、边排筒、边盖膜。脱袋后要及时起架排筒。常采用梯形菌筒架(图6-3)为依托。脱袋后的菌筒在畦面上呈鱼鳞式排列。架子的长和宽与畦面尺寸相同，横杆间相距20 cm，离地面25 cm。为了便于覆盖塑料薄膜保湿，还必须用长2～2.5 m的竹片弯成拱形，固定在菌筒架上，拱形竹片间相距1.5 m左右。菌筒放于排筒架的横条上，立筒斜靠，与畦面成60°～70°夹角。排筒后，应立即用塑料薄膜罩住。

注　脱袋要适时，这样菌筒才能转色好。脱袋太早，菌丝生理没成熟，菌筒不转色。脱袋太迟，菌丝早已生理成熟，袋内黄水积累，渗透到培养料中，会引起绿霉污染；同时造成菌膜增厚，影响子实体分化和长菇。

(10)转色　脱袋排场后，3～5 d内，尽量不掀动塑料薄膜，保温保湿。每5～6d后，菌柱表面长出一层浓白的香菇绒毛状的菌丝，开始每天通风1～2次，每次20 min，促使菌丝逐渐倒伏形成一层薄薄的菌膜，同时开始分泌色素，吐出黄水。此时应掀膜，往菌筒上喷水，每天1～2次，连续2 d，冲洗菌柱上的黄水。喷完水后再覆膜。菌筒开始由白色转为粉色，通过人工管理，逐步变成棕褐色。正常情况下，脱袋后12 d左右，菌筒表面形成棕褐色的像树皮状的菌被，即转色，也就是“人造树皮”的形成。

(11)出菇管理　脱袋转色后的菌筒，通过温差、干湿差、光暗差及通风的刺激，就会产生子实体原基和菇蕾。从菇蕾生长到子实体成熟，一般只需3～5 d，气温低时需6～7 d。这一时期的管理主要从温、湿、气、光4个方面进行。子实体生长发育最佳温度为15℃左右。长菇阶段，菌筒前期以喷水保湿为主，后期则以浸水、注水和喷水相结合。长菇阶段，要加强通风换气，保持空气新鲜。菇场的光照以“三分阳七分阴”为好。

(12)采收　当香菇子实体长至七八成熟时，菌盖尚未完全张开，边缘稍内卷呈铜锣边状，菌幕刚刚破裂，菌褶已全部伸直时，就应适时采摘。用手指捏住菇柄基部，轻轻旋转拧下来即可。注意不要碰伤未成熟的菇蕾。菇柄最好要完整地摘下来，以免残留部分在菇木上腐烂，引发病菌和虫害，影响今后出菇。如果采收过早，就会影响产量，过迟采摘又会影响品质。

二、花菇培育

花菇是香菇中的上品，其菌盖肥厚、质嫩、柄短，菌盖有不规则开裂的花纹，露出白色菌肉组织，故称为花菇。

(1)花菇的培育条件　花菇并不是某一香菇菌株固有的特性，它是子实体在生长过程中，处于不良的环境条件下，所产生的优质畸形菇，任何香菇菌株都能形成花菇。形成花菇的条件是干燥、强光、通风、温差大。

(2)湿度　湿度是影响花菇形成的主要因子。菇场内花菇形成的最高空气相对温度为75%以下，最佳相对湿度为55%~65%，湿度过高，不形成或不易形成花菇。湿度过低，菇易干死。菌盖直径在1.5 cm以下时，适宜的湿度为70%~75%。随着菌盖的长大，相对湿度要逐渐减小。菌盖在2 cm左右开始裂开，在正常生长条件下，如空气相对湿度在55%~65%时，裂纹的增大与菌盖的增大成正比、即菌盖生长愈快，裂纹增粗也愈快，此时若气温在8~15℃时，可得到最佳花菇，出菇场所地面的干湿，会直接影响菌盖纹理的出现和开裂深度。所以，出菇场所应保持干燥通风，地面绝对不能潮湿，地面潮湿，不形成花菇。另外，在代料栽培时培养基的含水量为60%~65%时，易形成花菇。段木栽培时，只有当菇木自身已呈缺水状态，但又能维持最低的出菇水分时，才能成长为花菇。

(3)温度　温度和温差对花菇的形成和质量的优劣起着重要作用。一般低温(8~15℃)易形成优质花菇，低温可使菇体生长缓慢，组织致密，菇肉厚实。较大温差(8~10℃)有利于香菇原基的形成，也有利于在一定的低温、低湿条件下，加速菌盖开裂和加深裂纹，加速形成优质花菇。

(4)光照　培育花菇，要给予充足的直射光，遮荫过暗，不易形成花菇。光照不足，花菇颜色不佳，白度不够。在花菇生长的不同阶段，对光照强度的要求也有差异，幼蕾初现(菌盖2 cm以下)经不起强光，否则会晒裂而死亡。在花菇生长期，要有较强的直射光(光照强度要达到1500~2000 Lux)。冬季和早春，阳光辐射强度弱，菇场可让阳光直接照射，可有效提高花菇质量。

(5)通风　在花菇形成期间，轻微的风速流动，对花菇的形成有促进作用，微风可使菇场内湿度降低，风力1~3级为宜，风速过大菇体表面水分蒸发过快，易使还未成熟的幼菇干枯萎缩。因此，菇场既要通风又要防风。菇场应选择在通风良好的地方，且菇棚与菇棚之间要有一定的距离，不应相互影响通风。

三、段木栽培

段木栽培，是指利用一定长度的阔叶树木段木进行人工接种、栽培食用菌的方法。一般要经过选树→砍树→截段→打孔→接种→发菌→出菇管理→收获等过程。段木栽培又常分为长段木栽培法、短段木栽培法、埋木栽培法等。具体生产过程如下：

(1)确定栽培季节　香菇在自然条件下进行人工栽培时，除了炎热的酷暑和寒冷的冬季外，一般在5~25℃的气温下都可播种。段木栽培多在2月至5月完成接种。

(2)菌种制备　选择适合本地段木栽培的香菇优良品种，按常规制种方法培养出大批栽培种。栽培种采用木屑培养基培养的木屑菌种。

(3)选择菇场　菇场周围应有水源、菇木资源以及高大树木遮阳。菇场应坐北朝南或东南方向，或是冬暖夏凉的缓坡地带。应对场地进行彻底的清理，主要工作有常清除杂草、平整土地、挖排水沟、修筑浇灌和喷灌设施以及搭荫棚等。

(4)段木准备

①适时砍树　砍树多在树叶发黄之后一直到立春发芽之前进行。选择适合香菇生长的树种如栎树、桦树等，胸径为10~20 cm粗的树木进行砍伐。

②适当干燥　通常将砍伐后的菇树称为原木，将去枝截段后的原木称为段木。进行原木干燥，段木含水量在40%~50%时接种较易成活。

③剃枝截段　原木干燥后，应及时剃枝截段。这项工作应在晴天进行。把原木截成1~1.2 m长的段木。剃枝时不要齐树身砍平，须留枝杈3~5 cm，以缩小砍口，减少杂菌侵入段木，但也不宜留得太长，以免难以摆放。截成段木后，应立即把所有的伤口、断面、砍口用0.5%的波尔多液、5%的石灰水或多菌灵、克霉灵等消毒液涂抹，防止杂菌侵入。然后按段木的粗细和质地的软硬分开堆放，以便接种后分别管理。

(5)接种　按长1 m，粗10~12 cm的段木100根，需准备500 mL普通罐头瓶木屑种15瓶，或750 mL的菌种瓶木屑种8瓶。通常采用钻头为1.2~1.3 cm的电钻、打孔器或皮带冲子、空心冲子打孔接种。接种穴多呈梅花形排列，行距5~6 cm，穴距10~15 cm，穴深1.5~1.8 cm(图6-4)。打接种穴、放入菌种、盖上盖子封口，接木屑菌种一般要经过这三个工序。

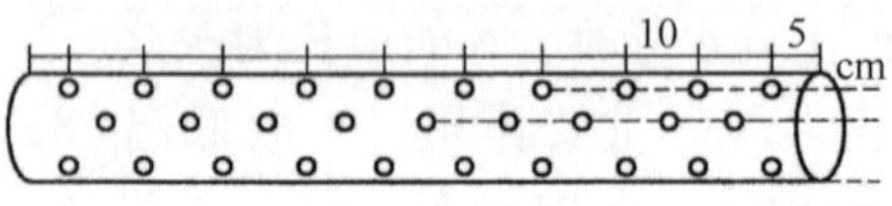

图6-4　接种穴排列方式

(引自常明昌《食用菌栽培》第二版)

(6)发菌期的管理　接种后的段木称为菇木或菌材。香菇段木栽培的发菌期长达8~10个月，一般可将其分为假困山和困山两个阶段。

①假困山　因接种时，菌丝受到一定的损伤，生活力下降，为使其恢复生长，在一定时间内把菇木堆放在温湿度适宜的场所，称为假困山。假困山重在保温、保湿发菌。

一般以井字形堆放堆放为好。井字形堆放有利于通风排湿，适合雨水较多，场地较湿的菇场，或采菇后短期养菌时堆放菇木。一般底层用砖石垫起，离地10 cm以上，一层层井字形交错堆放，堆高1.2~1.5 m为宜。然后覆盖塑料薄膜，防雨、保温、保湿，即为假困山。经过7~10 d，菌种已定植，以后每隔3~5 d，掀膜通风一次，同时适量喷水，以菇木表面均匀喷湿为宜。当气温在10~15℃，通风、保湿，经15~20 d后，接种口就可看到白色的菌丝圈。若1个月后不见菌丝圈，则应及时补种。假困山大约需30 d的时间。

②困山　经过一段假困山后，菌丝就已在菇木中生长蔓延，因气温回升，如再继续假困山，会使堆内温湿度太高，有利于杂菌繁殖。此时一般把假困山的菇木堆拆散，将菇木移至更通风、更适于菌丝生长的场所，进行重新堆放，继续培养，这一过程称为困山。

困山阶段重在以遮阳、通风、防杂菌，促进菌丝进一步良好生长为主。当气温稳定通过15℃时，就进入困山阶段。即去掉菇木堆上的塑料薄膜，搭棚遮阳或用遮阳黑网在菇木上遮阳。困山场地以三分阳、七分阴为宜，或采用70%~85%的遮阳黑网搭棚。每个月翻堆一次，把菇木上下左右的位置调头换位、相互调整，从而使菌丝生长均匀一致。雨后天晴时要及时翻堆。旱季或高温季节必须进行喷水保湿。应根据菇木的干燥程度，趁早晚凉爽时给菇木喷水保湿。在困山过程中还要防止病虫害的发生。直径为 10 cm 左右的菇木，大约经过 8～10 个月的培养就逐步发育成熟，甚至已开始出菇。

成熟的菇木树皮上有光泽，有瘤状突起，柔软而有弹性，剥开树皮能闻到菇的香味。如把菇木截断，断面呈淡黄色，木质部的年轮已难分辨清楚，菌丝已长透树心，截断时不费力，菇木吸水性强等。成熟的菇木在适宜条件下即可出菇。

（7）出菇管理

①补水催蕾　成熟的菇木，经过数个月的困山管理，往往大量失水，同时菇木上子实体原基开始形成，并进入出菇阶段，这对水分和湿度的需求随之增大。菇木中水分要是不足，就很难出菇或少出菇，因此一定要先补水，再架木出菇。补水的方法主要有浸水和喷水两种。浸水就是将菇水浸于水中 12～24 h，一次补足水分。喷水则首先将菇木倒地集中在一起，然后连续 4～5 d 内，勤喷、轻喷、细喷，要喷洒均匀。补水之后，将菇木井字形堆放，一般在 12～18℃温度下，2～5 d 后就可陆续看到“爆蕾”。

②架木出菇　补水后，菇木内菌丝活动达到高峰，在适宜的温差刺激下，菌丝很快转向生殖生长，菌丝体在菇木表层相互扭结，形成菇蕾。为了有利于子实体的生长，多出菇，出好菇，并便于采收，菇木就应及时地摆放在适宜出菇的场地，并摆放为一寂静的形式，即架木出菇。架木出菇主要有人字形架木（图 6-5）和覆瓦状架木（图 6-6）出菇两种方式。

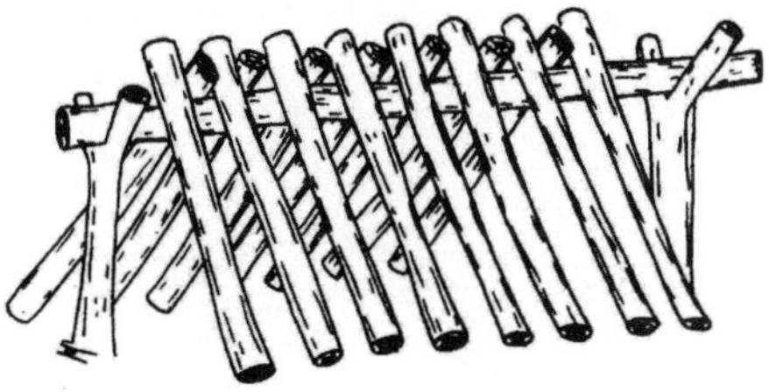

图 6-5　人字形架木

（引自常明昌《食用菌栽培》第二版）

图 6-6　覆瓦式堆放

（引自常明昌《食用菌栽培》第二版）

③人字形架木方式　即在出菇场地，先栽上一排排木杈，一般高 60～70 cm，两根木杈之间距离为 5～10 m，架上横木，横木离地面 60～65 cm，比较湿的菇场可稍稍架高些，较干燥的菇场可架低些。然后将菇木一根根地交错排列斜靠在横木两侧，大头朝上，小头着地，每根菇木之间有 10 cm 左右的空隙，以利于子实体接受一定的光照，正常生长，方便采摘。架与架之间留下作业道，一般宽 30～60 cm。

④覆瓦式架木出菇方式　即在菇场架木垫石或木桩高 30 cm，架上枕木，排放上菇木，大头搁在枕木上，小头着地，每根菇木之间距离 10～15 cm。菇木上端距离地面 50 cm 左右。比较干燥的菇场，菇木要架得低些，以利于菇木吸收水分；较潮湿的菇场，架木要高些，以利通风排湿。各架之间也要留下作业道。

人字形架木方式采菇方便，但占地面积大，菇木水分散失多，不利于保湿，是潮湿地区菇场常采用的方式。覆瓦状架木出菇方式，占地面积小，排放同样数量的菇木，只占人字架方式一半的场地。生产时应因地制宜，选择适宜的架木出菇方式。

段木栽培香菇在北方自然条件下，一般春秋产量不多，只有夏季才是香菇的盛产期。在南方则是春秋季产量高。特别是在北方，在春秋季的出菇管理上要注重保温保湿，尽可能延长产菇期。出菇期要多喷水保湿，防止干热风对菇木的侵袭。在秋末冬初还要加强保温措施，严防寒潮的危害。

在出菇过程中，最好能多出花菇。花菇是香菇中的珍品和极品，具有很高的价位。花菇一般柄短肉厚，菌盖半球形，表面龟裂成明显的白色花纹，吃起来细嫩鲜美，有浓郁的香味。

要想在段木栽培中形成的花菇率高，一般应具备以下条件。首先，选择花菇率高的优良品种；其次，段木中的菌丝要发育健壮，含水量要适宜；第三，菇蕾形成后，培养环境较干燥。天气晴朗，昼夜温差要大。

(8)采收　方法同代料栽培。

(9)越冬管理　在较温暖的地区，段木栽培香菇的越冬管理较简单，即采完最后一潮菇后，将菇木倒地，吸湿、保温越冬，待来年春季之后再进行出菇管理。在北方寒冷的地区，一般都要把菇木井字形堆放，再加盖塑料薄膜、草帘等保温保湿安全过冬。

香菇的栽培还有许多方法，如香菇压块菌砖栽培、香菇覆土栽培、香菇长袋吊栽、香菇长袋卧式床架栽培、香菇床栽、香菇太空包栽培、香菇小袋床栽、香菇阳畦栽培以及抹泥墙栽培法等。

复习思考题

1. 简述香菇的形态特征和生态习性。
2. 试述香菇袋栽的技术要点。
3. 出花菇的管理主要措施是什么？

第七章　蘑菇栽培

知识目标

1. 掌握蘑菇的生物学特性及生活条件。

2. 熟悉蘑菇栽培的季节、原材料和方法。

3. 熟悉蘑菇栽培的工艺流程及栽培管理。

技能目标

1. 能够根据季节制定生产计划。

2. 能够进行栽培种制作。

3. 能够进行出菇管理。

素质目标

培养吃苦耐劳、踏踏实实的工作作风。

第一节　概　述

蘑菇是双孢菇、四孢菇和大肥菇等几个不同种类的总称。其中四孢菇、大肥菇尚未形成商品化生产，故狭义概念的蘑菇是指双孢菇[*Agaricus bisporus*（Lange）sing]，又称洋蘑菇、蘑菇、口菇、白蘑菇、钮扣菇等。属担子菌亚门伞菌目伞菌科蘑菇属。双孢菇因其担子上大多数着生 2 个孢子而得名，是世界栽培规模最大、栽培范围最广的食用菌。

蘑菇是一种高蛋白、低脂肪、低热能的健康食品。双孢蘑菇肉质肥嫩，鲜美爽口，营养丰富(表 7-1)。蛋白质含量几乎是菠菜、白菜、马铃薯等蔬菜的 2 倍，与牛奶相当。蛋白质的可消化率高达 70%~90%，是有名的植物肉。脂肪含量仅为牛奶的 1/10，比一般蔬菜含量还低。蘑菇所含的热量低于苹果、香蕉、水稻、啤酒，其不饱和脂肪酸占总脂肪酸的 74%~83%。双孢蘑菇中还含有丰富的氨基酸，尤其是赖氨酸、亮氨酸含量丰富，可以弥补大多数谷物中营养物质的缺乏。

蘑菇具有一定药用价值。鲜品中的胰蛋白酶、麦芽糖酶可以帮助消化，所含的大量络氨酸酶可降血压。其浸出液制成的“健肝片”“肝血灵”等对白细胞减少、肝炎、肝肿大、早期肝炎有明显疗效。核糖酸可诱导机体产生能抑制冰毒增殖的干扰素，且又是低热量碱性食品，不饱和脂肪酸含量高，具有一定的防癌、防动脉硬化、心脏病及肥胖症等药效。

表 7-1　干双孢蘑菇中营养物质含量　　(/100g)

蛋白质	脂肪	糖	纤维素	磷	锌	铁	灰分	VC	VB_1	VB_2	烟酸
3.7g	0.2g	30g	0.8g	110mg	9mg	0.6mg	0.8mg	3mg	0.1mg	0.35mg	149mg

蘑菇的人工栽培始于法国，距今约有 300 多年的历史。双孢蘑菇人工栽培历史见表 7-2。由于栽培技术不断改进，一跃成为世界上栽培最广泛的菇类之一，现在有 100 多个国家在进行蘑菇生产，英国、荷兰、法国、美国、意大利是世界栽培技术最先进的国家，美国、中国、法国、印度是栽培大国。在发达国家蘑菇生产已同现代高新技术接轨，整个生产过程按可控制的工厂化生产程序进行，不受自然气候的影响，有效地控制了病虫危害和稳定了产量。

我国蘑菇栽培，现已遍及全国各地，主产区是福建、广东、上海、浙江、江苏、四川、台湾等地，北方生产很少。2015 年，我国双孢蘑菇总产量达 337.96 万 t。福建省是双孢蘑菇生产的大省，占全国生产量的 50% 以上。我国栽培规模已超过起始国，仅次于美国，名列世界第二。

表 7-2　双孢蘑菇人工栽培历史

栽培时期	栽培状况
1707 年	法国 Tournefort 首次记载和描述了栽培方法
1934 年	美国的 Lambert 证实二次发酵技术能提高双孢蘑菇产量
1950 年	丹麦发展了塑料袋式栽培
20 世纪 20～30 年代	我国在上海、福州等地开始栽培
1958 年后	由于用猪粪、牛粪代替马粪栽培成功，栽培面积迅速扩大

第二节　生物学特性

一、形态特征与生态习性

蘑菇由菌丝体、子实体和孢子组成。

(1)菌丝体　蘑菇菌丝体形态因母种的表现型而异。气生型品种的菌丝体洁白、粗密、发达，爬壁力强，生长较快，易倒伏。匍匐型品种的菌丝体灰白色，细而稀疏，紧贴培养基生长，无爬壁力，生长慢。半气生型品种的菌丝体介于两者之间，分支短而浓密。

由无数纤细的单根管状管菌丝细胞组成。在显微镜下，菌丝透明，多细胞，有似竹节状横隔，各节相通，粗 1～10 μm，无锁状联合。菌丝依靠尖端细胞不断分裂和产生分支而伸长、壮大。在菌床上，菌丝体因生长期不同，可分为绒毛状、线状和索状菌丝。各级菌种和发菌期的菌丝都是绒毛状菌丝，绒毛状菌丝不能结菇，必须经覆土调水后形成线状菌丝，在适宜条件下才能结菇。当气温低时，土层中的菌丝多变成索状菌丝，条件适宜时，索状菌丝萌发出绒毛状菌丝，再形成有结菇能力的线状菌丝。

(2)子实体　双孢菇子实体呈白色伞状，由菌盖、菌柄、菌褶、菌膜和菌环组成。菌盖初呈球形，后发育呈半球形，老熟时展开成伞形。菌柄中生，白色圆柱状，中实。菌膜包裹着菌盖、菌柄。由于菌盖逐渐展开扁平，菌膜被拉大变薄，并逐渐裂开，露出菌褶。菌褶离生，初为白色，逐渐变成深褐色。菌膜破裂后残留于菌柄中上部的一圈环状膜为菌环，白色，易脱落(图 7-1)。

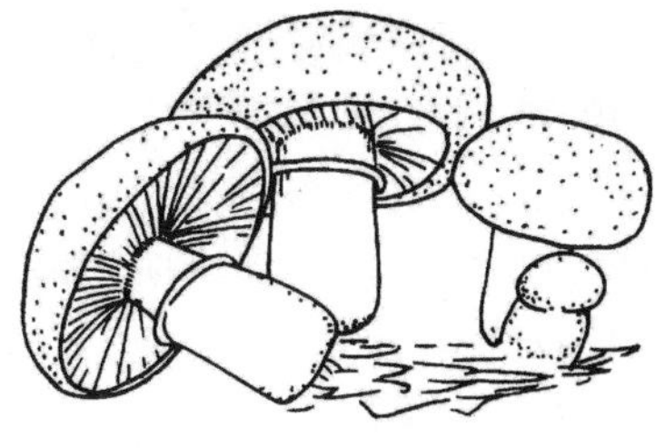

图 7-1　双孢菇

（引自常明昌《食用菌栽培》第二版）

(3)孢子　孢子印深褪色，一个担子多生两个担孢子，罕生一个担孢子。椭圆形，光滑。

野生条件下，蘑菇多在春、夏、秋三季生于草地、牧场和堆肥处。原产欧洲，在我国分布于四川和新疆，目前已被 80 多个国家引种栽培。

二、生长条件

(1)营养　双孢蘑菇属粪草腐生菌类，需从粪草中吸取所需的碳源、氮源、无机盐和生长因子等营养物质。栽培原料主要是农作物下脚料、粪肥和添加料。稻草、麦秸、玉米秸、豆秸、甘蔗渣、玉米芯、棉籽等是常用的碳源。各种禽畜粪肥是常用的主要氮源。饼肥、尿素、硫酸铵、石膏粉、石灰等是常用的添加料。

蘑菇只能吸收利用化学氮肥中的铵态氮，不能同化硝态氮。所以补充氮源的化肥是尿素、硫酸铵、碳酸铵等。蘑菇不能利用未经发酵腐熟的培养料，上述原料必须合理搭配和堆制发酵，才能成为蘑菇的营养物质。菌丝体阶段 C/N（15～20）∶1，子实体阶段 C/N（30～40）∶1。在发酵前的适宜 C/N（30～33）∶1。粪肥与草料占培养料的90%～95%。粪草比例有 5∶5、6∶4 和 4∶6 三种，粪肥不足应添加饼肥及化学氮肥，以保证培养料的 C/N 在发酵前达到(30～33)∶1。目前生产上多采用 5∶5 的粪草比例。

①发酵意义　双孢蘑菇是一种草腐菌，分解纤维素、木质素的能力很差，培养料必须进行堆制发酵，经过物理、化学作用及微生物的分解转化作用，才能成为双孢蘑菇的培养料。培养料经堆制发酵，在各种有益微生物的作用下，将复杂的大分子物质分解转化为简单的易被蘑菇吸收的可融性物质。同时，这些参与发酵的微生物死亡后的菌体及其生产的代谢物，对蘑菇生长有活化和促进作用。发酵后的培养料，消除了粪臭和氨味，变得疏松柔软，透气性、吸水性、保湿性得到了改善。堆制发酵的高温，杀死了有害微生物及虫卵。培养料的堆制发酵是蘑菇栽培中最为重要的技术环节。

②发酵类型　一次发酵、二次发酵和增温剂发酵。

一次发酵法：在室外一次完成培养料的发酵。发酵时间，稻草培养料约需 26d，麦草约需 30 d。在整个堆制发酵过程中，需翻堆 4～5 次。该发酵是传统的堆制发酵法，所需设备简单，对蘑菇密闭度要求不高，成本低，发酵技术易掌握。但因在室外进行发酵，受自然条件影响大，发酵质量较差，发酵时间长，劳动强度大。

二次发酵法：分两个阶段完成培养料的堆制发酵。第一个阶段堆制时间一般是 12d 左右，需翻堆 2～3 次。第二次发酵阶段是在温室内进行，人工控制温度，使培养料完成升温、控温和降温变化的三个过程。先使培养料快速升至 60℃左右，维持 8～10 h；然后适当通风，使料温慢慢降至 50℃左右，保持 4～6 h；最后再加强通风，使料温降到 30℃左右就可结束发酵过程。比一次发酵技术缩短 7～10 d 的发酵期，减少了翻堆次数，降低了劳动强度；进一步杀灭了培养料及菇房中的病虫害；不但减少了培养料因长时间堆制而造成的营养物质的耗损，还使培养料增加了大量有益于蘑菇生长的物质；改善和优化了培养料的理化综合指标，增产幅度约达 20%。

增温剂发酵：用增温发酵剂堆制发酵培养料的方法。是继二次发酵后的蘑菇培养料堆制发酵新方法。增温剂是一种活性高、升温快、由多种分解培养料和固铵性能优良的高温型放线菌制成的活菌制剂。具有省工、节能，不减少培养料养分，缩短发酵周期 5～10 d，优质高产等优点。约比二次发酵增产 20% 左右。

常用栽培双孢蘑菇的配方如下：

①干猪、牛粪 460 kg，麦草 460 kg，饼肥 30 kg，化学氮肥 10 kg，石膏粉 10 kg，过磷酸钙 10 kg，石灰 20 kg。

②干牛粪 3250 kg，干稻草 1850 kg，菜籽饼 400 kg，石膏粉 100 kg，石灰 10 kg。

③稻草 2500 kg，马粪 1000 kg，鸡粪 500 kg，碳酸钙 2. 5 kg，尿素 10 kg，石膏粉 50 kg，硫酸铵 2. 5 kg。

④麦秸 500 kg，禽粪 100 kg，牛马粪 400 kg，尿素 4 kg，过磷酸钙 15 kg，石膏粉 10 kg。

⑤麦秸 500 kg，豆秸秆 150 kg，牛马粪 350 kg，豆饼粉 20 kg，尿素 7 kg，过磷酸钙 15 kg，石灰 25 kg。

⑥稻草 3000 kg，鸡粪 250 kg，干猪粪 250 kg，尿素 12.5 kg，石膏粉 25 kg，过磷酸钙 12.5 kg。

(2)温度　双孢蘑菇不同的菌株和在不同的生长阶段对温度的要求有差异。目前国内大面积栽培的菌株基本属于中温偏低型。

菌丝体生长阶段的温度范围是 5～30℃，最适生长温度是 22～24℃。低于 5℃生长缓慢，超过 30℃衰老快，超过 33℃易停止生长或死亡。

子实体生长的温度范围是 5～22℃，在 13～16℃的最适温度下，菌柄粗短，菌盖厚实，产量高；当温室持续高于 22℃时，容易导致菇蕾死亡；低于 12℃时，生长缓慢；室温低于 5℃时，子实体停止生长；若温度突然回升，菌丝体又会把供应菇蕾生长的营养物质倒运送给四周的菌丝，供其蔓延生长，结果已形成的菇蕾则会因失去营养供给而先后枯萎死亡。

蘑菇在菌丝体生长和子实体发育阶段，需要较稳定的适宜温度，而在子实体分化阶段则需较小的温差刺激，昼夜温差在 35℃可促进原基分化。

(3)水分与湿度　双孢蘑菇所需的水分主要来自培养料、覆土层和空气湿度。在不同生长阶段对水分和空气湿度有不同需求。

在菌丝体生长阶段，培养料的含水量一般保持在 60% 左右，覆土层湿度为 17%～18%，空气相对湿度在 70% 左右。

在子实体阶段，尤其是菇蕾长至黄豆大时，土层应偏湿，其含水量应在 20% 左右，此时的土层湿度应能捏扁或搓圆，但不黏手。空气相对湿度为 85%～90%。

(4)空气　双孢蘑菇属好气性真菌。对 CO_2 十分敏感，通气差，CO_2 及其他有害气体积累过多，影响菌丝和子实体的生长。一般在菌丝生长阶段，菇房内的 CO_2 浓度不能超过 0.5%；在子实体分化及生长阶段，CO_2 浓度不能超过 0.1%。如果在 CO_2 浓度超过 0.1% 的环境中，子实体易菌盖小，菌柄细长，容易开伞，畸形菇和死菇多。在栽培管理中，应根据菇房、天气和蘑菇的生长情况，采取适当通风措施，以及时排除菇房中有害气体。

(5)光照　双孢蘑菇属喜暗性菌类。菌丝体和子实体可在完全黑暗处生长。子实体在阴暗处生长洁白，菇肉肥厚，菇型圆整，品质优良。光线过亮，菌盖表面变得黄而干燥，可充分利用地下室、洞穴等场所栽培蘑菇，若利用地上大棚生产蘑菇，应罩盖黑膜、遮阳网或草帘等闭光物。

(6)酸碱度　双孢蘑菇属喜偏碱性菌类。菌丝生长的 pH 值范围是 5.0～8.5，最适 pH 值 7.0～7.5。子实体生长的最适 pH 值 6.5～6.8。播种时培养料的 pH 值应调至 7.5～8.0，覆土材料的 pH 值为 8.0～8.5。栽培管理中，还需经常向菌床喷洒 1% 石灰水的上清液，以防 pH 值下降而影响蘑菇生长诱发杂菌滋生。

(7)覆土　蘑菇菌丝生长到一定阶段需要覆土，土壤有刺激出菇、保温、保湿等作用。覆土是双孢菇大量产生子实体的必要条件，如果不覆土，双孢菇一般不产生子实体。覆土材料的品质也与双孢菇的产量具有较大的相关性。覆土具有能为菌丝和子实体的生长发育提供丰富的水分，能防止培养料失水干燥，能为子实体的发育提供支撑，能为子实体的形成提供所需的环境条件（物理条件和化学条件以及生物条件），能防止浇水对培养料的损伤等作用。

理想的覆土材料是经过调配的泥炭土。现在世界上许多国家都用泥炭土作为覆土的主材料，获得较高的产量，其他如壤土、黏土、河泥、地表深层的生土等都可作为双孢菇的覆土材料，吸水量越大的土壤越好。

第三节 常见栽培品种

我国栽培的蘑菇，一般是按照菌丝的琼脂培养基上的生长形状而将其分为气生型、贴生型、半气生型菌株。目前国内推广使用的是杂交型菌株。

（1）贴生型菌株 贴生型菌株的菌丝在 PDA 培养基上生长稀疏，灰白色，紧贴培养基表面呈扇形放射状生长，菌丝尖端稍有气生性，易聚集成线束状，基内菌丝较多而深。从播种到出菇一般需 35～40 d。子实体菌盖顶部扁平，略有下凹，肥水不足时下凹较明显，有鳞片，风味较淡。耐肥、耐温、耐水性及抗病力较强，出菇整齐，转潮快，单产较高。但畸形菇多，易开伞，菇质欠佳，加工后风味淡，适宜于盐渍加工和鲜销。如 176、111、101-1 等都是国内大面积栽培的高产稳产菌株。

（2）气生型菌株 气生型菌株的菌丝初期洁白，浓密粗壮，生长旺盛，爬壁力强，菌丝易徒长形成菌株，基内菌丝少。从播种到出菇一般需 40～50 d。该菌株耐肥、耐温、耐水性及抗病力较贴生型差，出菇较迟而稀，转潮较慢，单产较低，但菇质优良，菇味浓香，商品性状好，适宜于制罐或鲜销。如闽 1 号、102-1 等是国内广泛推广使用的气生型菌株。

（3）半气生型菌株 半气生型菌株是通过人工诱变、单孢分离、杂交育种等方法选育出的介于贴生型和气生型之间的类型。菌丝在 PDA 培养基上呈半贴生、半气生状态，线束状菌丝比贴生型少，比气生型多，基内菌丝较粗壮。该菌株兼有贴生型和气生型两者的优点，既有耐肥、耐水、耐湿、抗逆性强、产量高的特性，又有菇体组织细密、色泽白、无鳞片、菇形圆整、整菇率高的品质。如 As2796、As3003、浙农 1 号、苏锡 1 号、As1671（闽 2 号）等都是我国栽培最广的半气生型菌株。

按子实体发生温度可分为高温型、中温型和低温型（表 7-3）。

表 7-3 常见品种简介

菌种名称	温度型	出菇温度（℃）	生物学特性
As2796	中温	10～25	杂交种，半气生型，耐高温，结菇力强，个体大，菇形圆正，色洁白，适于制罐
176	中低温	8～23	匍匐型，抗杂力强，潮次明显，适于腌制和鲜销
U3	中温	8～23	从荷兰引进的杂交种，抗逆性强，优质高产

（续）

菌种名称	温度型	出菇温度（℃）	生物学特性
新登 96	高温	18～28	耐高温，抗杂力强
F56	中温	10～25	从意大利引进，出菇密，菇体中等，柄短，色白，菇形好
156	中温	8～23	杂交种，半气生型，菇体中等，适于大田和大棚栽培，适于制罐和腌制

第四节　栽培技术

1. 栽培季节

利用自然温度栽培蘑菇，选择最佳栽培期是保证栽培成功和获得高效益的关键。播种期应选择平均气温能稳定在 20～24℃，约 35 d 后下降到 15～20℃为好。

我国蘑菇播种时间的一般规律是自北向南逐渐推迟。播种期多安排在秋季，大部分产区一般在 8 月中旬至 9 月上旬播种；江苏、浙江、上海及长江流域一带多在 9 月上中旬播种；福建在 10 月上中旬播种；广东、广西等约在 11 月上旬播种。具体的播种时间还需结合当地、当时的天气预报，培养料质量，菌株特性，铺料厚度及用种量等因素综合考虑。

2. 菌种准备

要依据播种时间推算出适宜的制种时间，以保证栽培使用的菌种有适宜的菌龄。菌龄长，菌丝老化，生活力、生长速度和抗逆性都随之下降；而幼龄菌种菌丝量少，不够健壮，使用价值低。蘑菇母种一般 15 d 左右长满斜面；原种约 40～50 d 长满；栽培种约 30～40 d长满。为使菌丝健壮及在基质内部长透，母种以长满斜面再延长 5 d 使用为好；原种、栽培种以长满培养料再延长 7～10 d 使用为宜。播种期向前推近 5 个月是制母种的大致时间，播种期向前推近 4 个月是制原种的大致时间，播种期向前推近 2 个月是制栽培种的大致时间。

蘑菇的播种量，以每 111m^2 栽培面积需 750mL 瓶装粪草菌种 350 瓶左右，麦粒菌种 150 瓶左右，棉籽壳菌种约 200 瓶。播种量太大，虽发菌快，不易污染，出菇早，但易出现密菇、球菇、小菇等；播种量太小，虽降低成本，但发菌慢，易污染，出菇迟。

3. 菇房

菇房是蘑菇生长的场所，能否为蘑菇生长创造良好的环境，取决于菇房结构是否合理。

菇房应设置在地势高、近水源、利于排水、周围无污染源、场地开阔的地方。菇房最好坐北朝南，以利于通风换气。菇房大小以栽培面积在 150～200m^2 为宜，过小利用率不高，过大则不利于环境条件的控制。菇房应具有保温、保湿、通风性能好和易于病虫害防治等特点。因此，菇房顶部及上、中、下都要设有通风口，地面、墙壁要光滑，便于消毒冲洗。所有进出口需装防虫、鼠的纱网。

国内最常用的是床架式菇房，分为地上式、地下式和半地下式 3 种类型。长江中下游地区以及东南各省，由于气候温暖潮湿，宜采用地上式菇房；西北各地因气候寒冷干燥，宜选用半地下或地下式菇房。目前随着北方种植规模的扩大，日光温室、塑料大棚和简易拱棚的使用也很普遍。

4. 菇床准备

菇床选用三层床架，床架必须坚固、平稳安全、能承受培养料及覆土层的重压，每平方米承受力为1470～1960 N，还要便于拆拼、冲洗、消毒、不易受霉腐的竹木结构或钢筋水泥结构。菇床排放于温室中间，四周留有50～70 cm的过道，通风口设在床架的行间。床宽一般在1.5 m左右，底层距地面20 cm以上，层距60～70 cm。

在进料3～4 d，采用熏蒸法进行温室消毒。关闭门窗及堵塞所有缝隙。每立方米用10 mL甲醛、硫黄10g、敌敌畏2～3mL、高锰酸钾5g。硫黄、敌敌畏可用燃烧法使其挥发，甲醛可倒入高锰酸钾中使其自动氧化。放药点可采取上、中、下均匀放置，不同药剂要错开放置，边放药边退出，密闭熏蒸1～2 d。密闭性差的菇房，可用波尔多液、石硫合剂、敌敌畏等喷洒，喷洒时应注意人身安全。

5. 培养料的配制

蘑菇的产量取决于培养料的质量及数量。因此，培养料的配比及发酵是蘑菇栽培的一个重要环节。草料与粪肥是栽培蘑菇的主要原料，粪草比例有5∶5、6∶4、4∶6三种，粪肥不足应添加饼肥及化学氮肥，以保证培养料的C/N在发酵前达到(30～33)∶1。目前生产上多采用5∶5的粪草比例。一般把配方中不含化肥的称粪草培养料，不含任何粪肥的称为合成培养料，用粪肥又补充少量化肥的为半合成培养料。

各种禽畜粪便是常用的粪肥，多种粪肥混合使用比单一粪肥的效果好。粪肥可晒至半干时将其打碎，待完全晒干后收藏备用；也可将湿粪堆积、拍紧后覆盖收藏，不要日晒雨淋以防养分流失。湿粪在用前应调成稀糊状。草料应新鲜、干透，不要长期日晒雨淋或霉烂变质。多种草料混合比单一草料的养分高。因各种草料腐熟的难易程度不同，所以多种草料不能同时堆制发酵。培养料的配方各地有所不同，通常用粪草比为1∶1的配方，如干猪、牛粪46%，稻、麦草46%，饼肥3%，化学氮肥1%（尿素0.8%、硫酸铵0.2%），石膏粉1%，过磷酸钙1%，石灰2%。用干料35～40 kg/m^2。

6. 培养料的堆制发酵

蘑菇是一种草腐菌，分解纤维素、木质素的能力很差，培养料中的复杂物质不易被蘑菇分解吸收，所以用未腐熟的培养料栽培蘑菇很难成功。必须堆制发酵，经过物理、化学作用及微生物的分解转化作用，才能成为蘑菇的培养料。

培养料经堆制发酵，在各种有益微生物的作用下，将复杂的大分子物质分解转化为简单的易被蘑菇吸收的可溶性物质。同时，这些参与发酵的微生物死亡后的菌体及其产生的代谢物，对蘑菇生长有活化和促进作用。发酵后的培养料，消除了粪臭和氨味，变得疏松柔软，透气性、吸水性、保温性得到了改善，堆制发酵的高温杀死了有害微生物及虫卵。培养料的堆制发酵是蘑菇栽培中最为重要的技术环节。

(1)发酵类型　培养料的堆制发酵可分为一次发酵、二次发酵和增温剂发酵。

①一次发酵法　在室外一次完成培养料的发酵称为一次发酵法。该法所需设备简单，对菇房密闭度要求不高，成本低，发酵技术易掌握。但因在室外进行发酵，受自然条件影响大，发酵质量较差，发酵时间长，劳动强度大。发酵时间因草料质地而异，稻草培养料

约需 26d，麦草约需 30d。在整个堆制发酵过程中，需翻堆 4～5 次。

②二次发酵法　分两个阶段完成培养料的堆制发酵称为二次发酵。与一次发酵技术比较，缩短 7～10d 的发酵期，减少了翻堆次数，降低了劳动强度；进一步杀灭了培养料及菇房中的病虫害；不但减少了培养料因长时间堆制而造成的营养物质的耗损，还使培养料增加了大量有益于蘑菇生长的物质。二次发酵的第一个阶段与一次发酵法基本相同，是在室外进行的，堆制时间一般是 12d 左右，需翻堆 2～3 次。第二个发酵阶段是在菇房内进行的，也称后发酵或巴氏消毒法。后发酵是人工控制温度，使培养料完成升温、控温和降温三个过程。使培养料快速升温至 60℃左右，维持 8～10h，以进一步杀死培养料及菇房中的病虫害。然后适当通风，使料温慢慢降至 50℃左右，保持 4～6d，以促进有益菌大量生长，并产生有益代谢物。最后再加强通风，使料温降到 30℃左右就可结束发酵过程。

③增温剂发酵法　用增温发酵剂堆制发酵培养料的方法为增温剂发酵法，是继二次发酵后的蘑菇培养料堆制发酵新技术。增温剂是一种活性高、升温快、由多种分解培养料和固氮性能优良的高温型放线菌制成的活菌制剂。具有省工、节能，不减少培养料养分，缩短发酵周期 5～10d，优质高产等优点，约比二次发酵法增产 20%。

（2）建堆时间的确定　培养料腐熟之日应正好是播种之时。采用一次发酵法，一般在播种前 30d 左右进行建堆；采用二次发酵法可在播种前 20d 左右进行建堆；用增温剂发酵法约在播种前 16d 进行建堆。

（3）发酵培养料应掌握的原则　培养料的含水量应逐渐降低，使其发酵后的含水量正好达到栽培要求；堆形逐渐缩小，料堆前紧后松，随培养料的细碎程度不断提高料堆的透气性；每次翻堆间隔的时间逐渐缩短；后一次翻堆所需的天数比前一次翻堆所需的天数缩短 1～2d。一次发酵需翻堆 4～5 次，翻堆间隔天数一般是 7、5、4、3、2；二次发酵约翻堆 3 次，间隔天数是 4、3、3。一次发酵在最后一次翻堆时，要均匀喷入杀菌、杀虫药液，并控制料温在 55℃左右。料堆严防日晒雨淋。

（4）建堆发酵过程　建堆发酵需要经过培养料的预湿、建堆和多次翻堆才能完成。

①一次发酵　一是培养料预湿，干的粪肥及草料因吸水性和保水性差，建堆时不易浇湿浇透。草料可提前 2～3d 用 1% 石灰水浇透预堆；粪肥、饼肥应打碎、混匀，用水调成手握成团，落地可散的湿度，含水量约达 60%，覆膜堆闷 1d，以杀灭螨虫。

二是建堆，建堆前 1d 用石灰水泼浇地面。料堆最好南北向，以利于升温一致。堆宽一般约 2m，长 8～10m，高 1.5m 左右。料堆四周要徒直，顶部呈龟背形。建堆时，先铺一层约 20cm 厚的草料，撒一层粪肥，厚度以均匀覆盖草层为准，按照此顺序建堆。为防氮素流失，尿素分层撒入料堆中部，顶部及四周不要撒入。从料堆中部开始补浇水分，以料堆底部有少量水溢出为宜。料堆顶部必须撒一层较厚的粪肥后，再用草被覆盖，料堆四周围罩薄膜，以利于保温、保湿。

三是翻堆，通过翻堆，可以改善培养料的通气状况，既补充氧气，又散除发酵产生的废气；调节培养料的含水量及 pH 值；便于辅料的加入，促进微生物的进一步生长繁殖；利于继续升温，使培养料腐熟均匀。

翻堆时间：一般当堆温升到 70℃左右，维持 1～2d 就要翻堆。翻堆时间要灵活掌握，若堆温持续低于 60℃或高于 80℃时，也要及时翻堆。堆温低往往是缺水少粪的缘故，通过翻堆进行补充；堆温长时间处于80℃，易造成养分的大量耗损，影响培养料的质量和蘑菇产量，通过翻堆达到控温的目的。

翻堆方法：翻堆是将上下、内外各部位的料调换位置。先将上层及外周的料取下放置一边，重新建堆时再逐渐将其混入料堆中间，原来料堆中部的料应翻到下部，下部料翻至上部。边翻拌边分层加入辅料，并调整水分和 pH 值。第一次翻堆，尿素加入总需量的30%，磷肥加入总需量的50%，石膏全部加入。培养料含水量调至能用手拧挤出 6~7 滴水；第二次翻堆，加入剩余尿素和过磷酸钙，培养料含水量调至能挤出 4~5 滴水，料堆可打透气孔，以提高透气性；第三次翻堆，加入硫酸铵，视培养料干湿度加入石灰粉或石灰水，调 pH 值 9.0 左右，培养料含水量调至能挤出 2~3 滴水；第四次翻堆，若培养料已基本腐熟，可边翻拌边喷洒杀菌、杀虫药剂，含水量以紧握料的指缝中有水渗出或滴下 1 滴水，调 pH 值 8.5 左右。料温保持 55℃，再维持 2~3d 就可拆堆进房。若培养料偏生，需继续进行第五次翻堆。

四是培养料腐熟适度的标准，蘑菇培养料以 6~7 成腐熟为宜。优质腐熟料的颜色应为棕褐色，略有面包香味，无氨、臭、酸和霉味；质地松软，有弹性，拉之易断，捏得拢，抖得散，无黏滑感；指缝有水渗出，欲滴不滴，手掌留有水印；pH 值 7.5 左右。

②二次发酵　培养料的堆制采用二次发酵法，可在播种前 20 d 左右进行建堆，堆制期间约翻 3 次堆，间隔天数是 4、3、3。料堆严防日晒雨淋。

前发酵：由于草料、干粪肥吸水性、保水性差，在建堆之前需预湿。草料提前 2~3 d 用 1% 的石灰水浇透预堆；粪肥、饼肥应打碎、混匀，用水调成手握成团，落地可散的湿度，含水量约达 60%，覆膜堆闷 1 d，以杀灭螨虫。建堆前一天用石灰水泼浇地面。

建堆时，料堆南北走向。堆长 8~10 m，宽 2 m，高 1.5 m 左右。料堆四周要陡直，顶部呈龟背型。建堆时，先铺一层约 20 cm 厚的草料，撒一层粪肥，厚度以均匀覆盖草层为准，按照此顺序建堆。为防氮肥流失，饼肥与部分尿素混匀后分层撒入料堆中部，顶部及四周不要撒入。从料堆中部开始补浇水分，以料堆底部有少量水溢出为宜。料堆顶部必须撒一层较厚的粪肥后，再用草料覆盖，料堆四周围罩薄膜，以利于保温、保湿。化学氮肥在建堆时可全部加入。

堆期约 12 d，需翻堆 3 次，间隔天数是 4、3、3。建堆时就应把化肥全部加入。第一次翻堆；建堆后约 4 d，当堆温升到 70℃左右，维持 1~2 d，就要翻堆。翻堆时间要灵活掌握，若堆温持续低于 60℃或高于 80℃时，也要及时翻堆；第一次翻堆后约 3 d 可进行第二次翻堆，此时要加入石膏；之后约 3 d 进行第三次翻堆，要加入石灰调 pH 值在 7.5。在翻堆过程中要注意水分的调节，第一次翻堆要加足水分，第二次翻堆要适当加水，第三次翻堆要看是不是要加水，水分要调节在 70%。

最后一次翻堆后，维持 2 d，当料温升到 70℃左右时，拆堆进房，转入后发酵。前发酵结束的培养料呈浅咖啡色，草料不易拉断，但不刺手，略有氨味，pH 值 8.0~8.5，含水量约 70%，约能挤出 4 滴水。

后发酵：温度控制可分为升温、控温、降温三个阶段。把料堆成垄式，厚度约 50 cm，让培养料自然升温至 60℃，维持 6~10 h；温室适当通风，使料温缓缓降温至 50~55℃，维持 4~6 d；让料温在 12 h 内，缓缓降至 45℃左右，打开所有通风孔，加大通风，料温降至30℃左右时，后发酵结束。

③增温剂发酵 增温剂发酵法可分为床式发酵法和堆式发酵法。床式发酵法要求菇房有良好的密闭性和通风性，又有坚固的菇床。堆式发酵法适于密封条件较差的菇房。增温剂的用量为每 $111m^2$ 栽培面积的培养料加入1kg。

增温剂订式发酵法：草料铡切成10~20cm工，预湿2~3d，使其含水量约达70%，按照每铺一层20cm厚的培养料，撒一层化学氮肥，再铺一层培养料，撒一层石灰的办法，将草料建成宽约2m，高1.3~1.5m，长度不限的料堆 。用薄膜把料堆全部覆盖，堆两端可留 $1m^2$ 的通风口，7d左右软化结束。草料软化后，将压碎的粪肥、饼肥、石膏、磷肥等辅料与增温剂充分拌匀，喷水使其含水量达到60%，即手握成团，松手可散为度，堆成小堆后覆盖薄膜8~12h，然后均匀拌入大堆料中，此时培养料含水量约63%，pH值8.0~8.5。将培养料铺入床架上，料厚50~60cm，底层床架不要铺料，然后封闭门及通风口。培养料进房后在增温剂作用下，很快进入增温发酵期，第2~3d料温可达70℃左右，室温也在60℃以上，实现了巴氏消毒。高温持续2~3d后自然回落，此时应做好保温措施，使料温在50~55℃维持4~5d，以促进有益菌大量生长。此时培养料颜色较深，表面长有稀疏白色絮状物。但当料温降至约45℃时，可及时通风降温，使料温在1~2d内降至室温，即可铺料播种。床架发酵时间9~10d，整个发酵期15~16d。

增温剂堆式发酵法：该法与床式发酵法基本相同，只是在小堆料与大堆料混堆后，不立即进行菇房铺料发酵，而是建成截面积约2m×1.9m的料堆。堆要疏松，勿踩压，并有纵横通气孔。用薄膜覆盖料堆，堆顶、堆下脚及通风口处要留缝隙，外覆草苫。堆式发酵需8~10d，中间不翻堆，结束时即可拆堆进房。

7. 上床播种

勿用有黄水、有菌皮、菌丝萎缩或严重徒长的菌种。菌种瓶或袋在开启前，先在0.2%高锰酸钾或其他消毒液中略浸，擦干瓶壁后将菌种成块取出，将其掰成蚕豆大小的颗粒。

铺料厚度以15~20 cm为宜。播种时，将菌种掰成蚕豆大小的颗粒。在料温约28℃时，采用撒播的方法进行播种。先将一半菌种撒入料面，用草叉或手拌动料表层，使菌种下落至料深4~5 cm处，整平料面，然后再均匀地撒入剩下的菌种，表面再铺一层培养料，以刚好盖住菌种为宜。用木板轻压料面，使菌种和培养料紧密结合。然后盖一层报纸或薄膜。料太薄，单产和质量不高；料太厚，因透气性、散热性差，易供氧不足、料温高，影响菌丝生长和诱发病虫害。

8. 管理

从播种到菇潮结束要经过发菌期、覆土期、覆土后期、出菇期和间歇期等管理。

(1)发菌期 从播种到覆土前的一段菌丝培养期，为发菌期。发菌期长短与温度、铺料厚度、播种量等因素有关，一般需要约18~20 d。发菌期的管理目标是：控制料温在22~28℃，一般不要超过30℃，严防"烧菌"；控制空气湿度在70%左右；随菌丝生长量的增加逐渐加强通风换气，避免病虫害的发生；促使菌丝快速"吃料"，培育足够数量的健壮菌丝。发菌期的具体管理可分为初期微通风、中期多通风、后期打扦等措施。

①初期微通风 在播种2~3 d内，以保湿、微通风为主，促使种块萌发。菌种1~2 d

就能萌发出绒毛状新菌丝，约 3 d 开始“吃料”。3 d 后可稍微加大通风量，以降低料温及空气湿度，促使菌丝封盖料面。

②中期多通风　播种后 7～10 d，菌丝已基本封盖料面，此时应多通风，以防止杂菌滋生，促使菌丝向料内生长。若料面覆盖薄膜，可经常轻轻抖动。

③后期打扦　铺料较厚时，可在菌丝长至料深的 1/2 处时，用约 1 cm 粗的木棍自料面打扦到料底，目的是为了加强料内的通风换气，以排除料内积存的有害气体，促使菌丝在料内长得快而壮。

在发菌期，若料面过干，可向报纸上喷水。一般不要向料面直接喷水，以免伤害菌丝，诱发杂菌。一般 20 d 左右，菌丝就可长透培养料。

(2)覆土期　把覆土材料均匀覆盖于菌床表面的过程，称为覆土。覆土虽不能补充营养，但却能改变菌床的生态环境。覆土是蘑菇栽培环节中的一项极为重要的工作。

覆土的作用：覆土减少了气温对培养料的影响；防止菌丝直接遇水而萎缩或失水而干枯；土层压力及覆土后料内 CO_2浓度的增加，迫使菌丝停止营养生长，使之变形成为线状菌丝，有利于原基的形成；土层中的臭味假单孢杆菌等有益微生物的代谢产物可刺激和促进子实体的形成；土层还有支撑菇体及便于调节 pH 值的作用。

土质要求及覆土材料的制备：覆土材料应持水性强，结构疏松，通气性好，具有团粒结构，遇水不黏，失水不板结，含少量腐殖质（5%～10%），但不肥沃，过肥沃的土层易致菌丝徒长；pH 值 7.5～8.5；理想的覆土材料应具有喷水不板结，湿时不发黏，干时不成块，表面不成硬皮、不龟裂等特点。

覆土材料应在播种前 30 d 左右制备。每立方米土约覆盖 20 m^2的菌床，每 111m^2栽培面积需备 4.5～5.5m^3土。覆土材料一定要经过杀虫消毒。常用的方法是：拌入占土重约 2%的石灰，以杀死线虫；再喷入 10%甲醛(1m^3土约需甲醛 0.5kg)及敌敌畏、三氯杀螨醇各 1%，覆膜堆闷 2～3d，然后摊晾至无药味时再使用。传统的覆土材料是制备粗细土，现多采用省工、省力的砻糠土或发酵土，有条件的地方可用草炭土。当菌丝长到料深 2/3 时，是最佳的覆土时期。厚度以 3 cm 左右为宜。覆土时应边覆盖边达到一定厚度，使土层厚薄均匀。覆土后不要拍压，可保持自然松紧度。

①草炭土　草炭土是最理想的覆土材料。它具有很强的持水性和透气性，疏松柔软，不板结，病虫害少。可提前出菇 3～5d，菇质好，后劲足，可稳定增产 20%～30%。也可将草炭土和壤质土按 1:1 或 1:2 的比例混合，以降低购置草炭土的成本。

②砻糠土　为提高覆土材料的透气性，将混入适量砻糠的细土称为砻糠土。该土具有取土方便，制作简单，结构疏松，土层菌丝生长量大，出菇早，转潮快和高产优质的优点。制作时将壤土表层 30cm 以下的土挖出，打碎，过 7 目筛，未过筛的应留下黄豆大小的土粒作以后补土用。拌入 2%石灰粉，并做常规消毒杀虫处理。

砻糠也可用新鲜无霉变的棉籽壳、麦糠、麦秸粉等代替，加入量约占土壤重量的 4%，每 111m^2栽培面积约需砻糠 250kg。砻糠先用 5%石灰粉(pH 值 10 左右)浸泡 1～2d，捞出沥去余水，均匀喷入稀释 800 倍的多菌灵和 0.5%敌敌畏，覆膜堆闷约 24h。在覆土当天，将砻糠与消毒的细土混合，调 pH 值 7.5～8.0，含水量 60%左右。

③发酵土　在 7～8 月份，将适量粪肥、砻糠、化肥等与土壤混合，在水层淹没条件

下厌气发酵成的覆土材料称为发酵土。该土具有良好持水性、透气性和养分适宜的优点。

每 111m^{2}的菌床需用土地约 15m^2。翻土 20～30cm 深，四周筑土埂，打碎土块，撒入粪肥 125kg、砻糠 150kg、石灰 10kg、过磷酸钙 20kg，与土翻拌均匀，放水至高出土面 5cm，以形成厌气环境。2～5d 就可冒水沟，在不放水条件下每隔 7d 左右翻一次土，一般翻两次，若 pH 值 8.0 以下应撒石灰，约 30d 完成发酵。放水后晾至表土裂缝，人能行走时，将土挖出，晒至半干时打碎，然后晒干贮藏，但不要装入塑料袋，以免滋生杂菌。使用时，按常规法消毒杀虫，调节适宜 pH 值和含水量。

覆土前的菌床要求：菌床在覆土前一定要无病虫害，否则，覆土后就很难根治。将有色薄膜放在料面 1～2min，若发现上面有螨虫，取 0.5% 敌敌畏或其他有效药剂采用喷、熏结合法进行彻底的杀虫。

将菌床表面搔菌，并轻轻拍平料面，以产生的机械刺激作用促使菌丝快速上土。菌床表面应保持偏干状态，不要喷水，以免覆土调水后因渗水量太大而使菌丝萎缩。若料面很湿润，应加强通风后再覆土；若料面干燥至菌丝稀少时，可提前 2d 轻轻喷水，并覆盖报纸，使菌丝回返料面时再覆土。

覆土方法：当菌丝长至料深的 2/3 时，是最佳的覆土时期，一般在播种后 15～18d。覆土太早，会影响料内菌丝继续生长；覆土过晚，菌丝已长透培养料，容易冒菌丝、结菌块，使表面菌丝老化，推迟出菇时间及影响产量。

覆土厚度以 3cm 左右为宜。土层太薄，因持水性差而影响产量；太厚的土层会影响透气性。覆土时应边覆盖边达到一定厚度，使土层厚薄均匀，不要全部堆到料面上再摊开。覆土厚度不均，会导致喷水不匀和出菇不整齐。覆土后不要拍压，可保持自然松紧度。

（3）覆土后的管理　从覆土到出菇需 15～20d。这个阶段应控制室温在 20～22℃，空气湿度在 80%～85%；调整土层湿度及通气状况，及时吊菌丝，以诱导菌丝纵向生长，快速上土。当菌丝长至距表土约 1 cm 时，应加大通风量，迫使菌丝倒伏，使其横向生长，在该部位出菇，这就是定菇位。

①吊菌丝　覆土后应根据土层湿度情况进行喷水。在 2～3d 内，用 pH 值 7.5～8.0 的石灰水将土层调足水分，以土层稍黏手，水分不渗入料内为宜。喷水应选择室温低于 25℃的时段，并做到轻喷、勤喷、匀喷，每天喷 4～5 次，菌床每次喷水量 0.7～0.9L/m^2。调水结束后，大通风 5～10h，再关闭门窗吊菌丝。通常在调水后 3d，在早、晚适当进行小通风，每次通风约 30min，以诱导菌丝纵向生长，快速上土。

②定菇位　菌丝长至距表土约 1cm 时应加大通风量，迫使菌丝倒伏，使其菌丝横向生长，并加粗成线状菌丝，以备在该位置出菇，这就是定菇位。若通风不足，易使菌丝冒土或菇位太高；若菌丝还未长至约距表土 1cm 就开始通风，菇位就会定得太低。菇位太高或太低，都会严重影响产量与质量。

9. 出菇期

从播种到出菇期一般 35～40d，此时因正值秋季，所出的菇又称秋菇。秋季是蘑菇的盛产期，约占总产量的 70%，故秋菇管理是夺取高产优质的关键期。喷水、通风是该期的主要管理工作。此时的空气相对湿度应维持在 90% 左右，控制室温在 12～18℃，并避免大温差的出现。

(1)喷水　喷水是一项十分精细和技术性很强的工作。喷水主要有连续喷水和间歇重喷。没有轻重地均匀喷水为连续喷水。该喷水方法不伤菌丝，技术性不强，但菇潮不明显，产量略低。在一潮菇中，重喷结菇水和保菇水的方法为间歇重喷法。该喷水法菇潮明显，出菇整齐，有高产优质效果，但技术性强，喷水时期和喷水量掌握不当，易致菇蕾死亡或因土层漏水而伤害料中菌丝。

①结菇水　结菇水是由发菌期转向产菇期的关键性用水，是以大量水分和大通风条件使菌床环境发生迅速变化，迫使菌丝转入生殖生长。当定好菇位，菌丝变成线状，菌丝尖端呈扇状，或有零星白色米粒状原基出现时，是喷结菇水的最适时期。结菇水的喷量应根据菌株耐水性、土层持水性、菇房保湿性及空气湿度的大小综合考虑。一般气生型菌株的菌床总用水量为2.2～2.7L/m^2，贴生型菌株的菌床总用水量为3.1～3.5L/m^2。结菇水要在2d内喷完，每日喷4～5次，以最后达到土层最大持水量，而不渗入料内为宜。喷完结菇水后，保持1～2d大通风，以防止菌丝冒土，待土层表面水分适度散发，再逐渐减小通风量，在适宜温、湿、气条件下，表土下1cm处会很快出现大量白色米粒状原基。

②保菇水　当大多数菇蕾长至黄豆大时，为进一步补充土层湿度，满足菇蕾迅速生长对水分需求的一次重水，称为保菇水。保菇水的用量较结菇水大，气生型菌株的菌床总用水量约2.7L/m^2，贴生型菌株的菌床总用水量约控制在3.6L/m^2，应在1～2d内分多次喷完，最后以达到土层最大持水量或有少量水渗入料内为宜。停止喷水2d，然后随着菇的长大逐渐增加维持水的喷量，再随着菇的采收逐渐减小喷水量。

③喷水注意事项　喷水要看天、看菇、看菌丝生长势、看菌株耐水能力及菇房保湿能力等。喷水宜在18℃左右条件下进行，温度低时中午喷，温度高时早、晚喷。不要喷“关门水”，喷水后都要通风数小时，以免形成闷湿环境。喷水要注意干湿交替，使出菇与养菌紧密结合。喷水应轻、勤、匀，水雾要细，以免死菇或生长不整齐。喷水不能超过土层持水量而渗入料内，长时间的土层漏水，易使土层下的菌丝萎缩，培养料变黑，甚至因烂料而绝产。阴雨天、菌丝生长弱的菌床及保湿能力强的菇房，都要减少喷水量。

(2)通风　通风应根据温度、空气湿度、天气及菇的生长情况而灵活掌握。温度低时中午通风，温度高时早、晚通风，以不造成菇房温度变化太大为宜。有风天气开背风窗，无风或阴雨天气开对流窗，干热风劲吹时尽量不通风。菇小、菇少时少通风；菇大、菇多时多通风。适宜的通风效果，应以嗅不到异味、不闷气、菇生长良好而又感觉不到风的吹动为宜。通风量小，易致菇体畸形和发生病虫害；而通风过量，菇体会发黄，产生鳞片，早开伞或菇蕾死亡。

10. 采菇期

采菇要视品种、气温、菌床养分、菇的销售渠道等情况而定。小而密的菌种应采早、采小。气温高于16℃时，因菇生长快，可采小些；低于14℃时，可稍迟采收。菌床料厚、养料足，可让菇长得略大些。若制作蘑菇罐头，优质菇的菌盖直径在2～4cm；若销售鲜菇，一般在菌盖直径达2～6cm采收，最好在3～4cm时采收，每天应采2～3次。

采收前约4h不要喷水，以免手捏部分变红。采收时，手捏菌盖轻轻扭下，三潮后的蘑菇可用提拔法采菇，以减少土层中无结菇能力的老菌索。将采下的菇及时用锋利刀片削去带泥的菌柄，切口要平，以防菌柄断裂。

11. 间歇期

采完一潮菇后到下一潮菇产生前的一段菌丝恢复期，称为间歇期，一般为5～10d。间歇期的主要管理工作是整理床面、调整pH值、使用追肥和防治病虫害等。

（1）菌床整理　菌床整理的内容是清除菇根、老菌索和死菇，及时补土、松土和打扦等。在产菇前期，由于土层菌丝生命力旺盛，再生能力强，一般不必松土和打扦。只在采菇后及时清除留下的菇根和死菇，及时补平土层产生的孔穴，用1%～2%石灰水调整好土层湿度与pH值，再参照发菌期的管理方法，5～10d后可再现菇潮。

（2）追肥　产菇到中、后期时，可采用撬土或划锄的方法松动板结的土层，并结合松土拣弃发黄的无结菇能力的老菌索；用打扦法改善过于紧实的培养料的通气状况，以利菌丝的复壮和再生；整平料面，调整pH值，喷施追肥；降湿、保温和适当通风，让菌丝休养生息，积聚能量后再转入生殖生长。

蘑菇经过盛产期后，由于营养物质的消耗和pH值的下降，出菇数量严重减少，菇小而薄，易早开伞。喷施2%石灰水和各种追肥，是此时的一项重要工作。常用追肥包括：

①发酵料浸出液　将事先发酵腐熟、晒干的培养料，加入约10倍水浸泡，取其滤液煮沸，冷却后再对1倍清水喷施。经常喷施此种肥液，能延长出菇高峰期，菇体肥厚。

②菇根汤　采菇时切下的菇根是一种很好的追肥资源。将菇根切碎，加2倍水煮沸15min，取其滤液，再对2倍水喷施。

③豆浆汁　将黄豆1kg浸泡后磨浆，取其滤液加水100 L喷施。滤下的豆渣可再加水磨浆，一般能重复使用2～3次。每2～3d喷一次，可使小菇洁白粗壮。

④蘑菇增产灵　蘑菇增产灵是一种新的子实体生长促进剂，能活化蘑菇细胞的酶系统，增强从菌床中吸收养分的能力和促进细胞分裂等。每包增产灵用25kg水溶解，可喷$50m^2$菌床。当子实体长至黄豆大时，结合保菇水喷施，总喷量约占保菇水总量的1/5。

⑤蘑菇健壮剂　蘑菇健壮剂1号含B90.5g，维生素B_1 40mg，硫酸镁40g，硫酸锌20g，硼酸10g，尿素100g，水100kg。蘑菇健壮剂2号含B91g，维生素B_1 100mg，硫酸镁50g，磷酸二氢钾100g，水100kg。蘑菇健壮剂1号在发菌期间使用，用量为$0.25kg/m^2$，连续使用2～3次，每2～3d喷一次，可使菌丝转白，变粗，起到复壮效果。蘑菇健壮剂2号主要在出菇期使用，当菇蕾长到黄豆大小时，结合喷保菇水使用，一般用量为0.25～$0.5kg/m^2$，停水1～2d后再喷，每潮菇喷2次。

注　①在2～3潮菇后开始追肥。在一潮菇采收结束后至下一潮菇长至黄豆大前进行追肥。②追肥宜在整理好菌床、调好pH值、气温低于18℃时进行。③追肥浓度不宜太高；喷施追肥后，立即喷清水，以免养料积存于表面而滋生病虫害。蘑菇健壮剂不能与石灰等碱性物质混用。④几种追肥混合或交叉使用，有提高肥效的作用。

12. 越冬管理

若气温下降到5℃以下，蘑菇就基本停止生长，菌丝进入休眠状态。此时应保护好菌丝，为春菇高产奠定基础。松动板结的土层，拣弃菇根、死菇及发黄的老菌索，若菌床厚而紧实，可进行打扦通风换气，然后用新土补平菌床凹陷处。每隔7～10d喷一次2%石灰水及肥液，使土层表面保持半干半湿状态。每天中午通风一次，早、晚做好保暖工作。

13. 春菇管理

待气温稳定在10℃以上时，可逐步调足土层水分，以满足出菇需要。调水时，先喷pH值8.0~9.0的石灰水上清液，在气温15℃以下时，可结合喷施追肥。大约在4月份，气温常在15~25℃，是春菇大量发生的时期，应增加喷水量。5月份的气温常在25℃以上，水分蒸发量大，春菇也即将结束，土层含水量可提至最高限度，菌床每天约喷0.5L/m^2，争取时间采到最后一批蘑菇。

春菇调水的总原则是3月稳，4月准，5月狠。春天温度不稳定，喷水与通风应躲避寒流和干热风的袭击，以名发生大量死菇。

复习思考题

1. 简述双孢蘑菇的形态特征和生态习性。
2. 堆制发酵料的原则和方法是什么?
3. 优质发酵料的特征有哪些?
4. 双孢蘑菇各生长期的管理要点有哪些?
5. 如何吊菌丝和定菇位?

第八章　鸡腿菇栽培

知识目标

1. 掌握鸡腿菇的生物学特性及生活条件。
2. 熟悉鸡腿菇栽培的季节、原材料和方法。
3. 熟悉鸡腿菇栽培的工艺流程及栽培管理。

技能目标

1. 能够根据季节制定生产计划。
2. 能够进行栽培种制作。
3. 能够进行出菇管理。

素质目标

培养吃苦耐劳、踏踏实实的工作作风。

第一节 概 述

鸡腿菇[*Coprinus comatus* (Mull. : Fr.) S. F. Gray]隶属于担子菌纲伞菌目鬼伞科鬼伞属，又名毛鬼伞、鸡腿蘑、刺蘑菇，学名毛头鬼伞。属真菌门，担子菌亚门，层菌纲伞菌目鬼伞科鬼伞属。

鸡腿菇肉质肥厚细嫩，滑脆爽口，味道鲜美，是一种食用兼药用的菌类。据测定每100 g干菇中含蛋白质25.4 g，氨基酸总量18.8 g。还含有20余种氨基酸(包含人体必需的8种氨基酸)，其氨基酸比例合理，尤其是赖氨酸、亮氨酸这些谷物和蔬菜中缺乏的氨基酸含量十分丰富。此外，还含有钙、铁、磷、钾等元素及维生素B_1等多种维生素。鸡腿菇味甘性平，有益脾胃、清心安神、治痔等功效，经常食用有助消化，还具有降低血糖、治疗糖尿病、抑癌抗癌的功效。

鸡腿菇保鲜期短，少数人食后有轻微中毒反应，尤其是在与酒和含酒精的饮料同食时，因其所含毒素易溶于酒精，与酒精发生化学反应而引起呕吐或醉酒现象。

鸡腿菇是联合国粮食与农业组织(FAO)和世界卫生组织(WHO)确定的16种珍稀菇类之一，人工栽培历史并不长。从20世纪60年代开始，德国、英国、捷克等国家就开始进行人工驯化工作，并栽培成功。目前，美国、荷兰、德国、法国、意大利、日本、中国等已开始进行大规模商业化栽培。我国早在元末明初之际，在山东、淮北等地就曾沿用埋木法栽培过鸡腿菇，但形成规模化人工栽培则是近几年在我国北方发展起来的。栽培研究始于20世纪80年代，从90年代初期开始逐渐由北向南发展。形成一定规模的主产区有山东、河南、河北、山西、江苏、福建、广东、浙江等地。我国鸡腿菇鲜菇总产量，1997年0.05万t，2007年达44.2万t，位居平菇、香菇、双孢菇、黑木耳、金针菇、毛木耳之后，成为我国主要的食用菌之一。随着其栽培技术的普及和产量的提高，目前鸡腿菇已能工厂化生产。

鸡腿菇栽培具有原料来源广、抗病虫能力强、栽培易成功、产量高、周期短、效益好等优点，是一种具有较大商业价值和发展前途的美味食用菌。

第二节 生物学特性

一、形态特征

(1)菌丝体　菌丝细长，管状，分支少，粗细不匀，细胞壁薄，透明，中间具横隔，内具二核，菌丝直径一般为3～5cm，大多数菌丝无锁状联合。菌丝体贴生于培养基上，前期呈白色或浅灰白色绒毛状，细密。在母种培养基上，常有菌丝分泌的黑色素沉积在斜面培养基内。覆土后，使加粗成致密的线状菌丝，线状菌丝才能结菇。

(2)子实体　子实体单生或丛生，由菌盖、菌褶、菌柄、菌环四部分组成。菌盖菌盖幼时白色圆柱形，表面光滑，与菌柄紧密结合在一起；随着子实体的生长，菌盖为锈色鳞片钟状，与菌柄逐渐分离，最后开伞呈伞状。菌褶较密，离生，初为白色，开伞时呈浅褐色，老熟时呈黑色墨汁状孢子液。菌柄白色纤维质，圆柱状，中空或中松，上细下粗，基部膨大，长 12～35 cm，直径 1～4 cm。菌环白色，膜质，位于菌柄中上部，易脱落(图 8-1)。

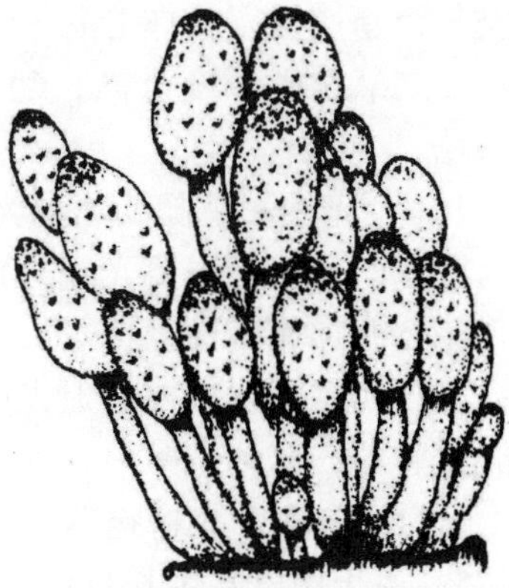

图 8-1　鸡腿菇

（引自常明昌《食用菌栽培》第二版）

(3) 孢子　孢子黑色，光滑，椭圆形，孢子印黑色，(12.3～16) μm × (7.5～9) μm。

鸡腿菇在春季至秋季雨后多单生、群生或丛生于田野、果园、道旁、林缘等处，甚至雨季在茅草屋顶上生长。鸡腿菇也在海拔 500～3600m 的杨树林、柳树林落叶层及潮湿的草地上出现，生长期为 4～10 月，生长盛期 5～8 月，多发生在肥沃土壤上，表土多为腐烂的秸秆、落叶、杂草、畜粪。鸡腿菇是一种世界性分布的菌类，在我国主要分布于黑龙江、吉林、辽宁、内蒙古、甘肃、新疆、青海、西藏、山西、河北、云南、河南、安徽、山东、江苏等地。

二、生长条件

(1) 营养　鸡腿菇属草腐土生菌类，人工栽培时多选用木质素含量低的农副产品下脚料。对营养要求不严格，能利用很广泛的碳源和氮源，稻(麦)草、玉米芯、棉籽壳、豆秸、食用菌菌糠等是常用的主要栽培原料，麸皮、畜禽粪、玉米面、石膏粉、磷肥、尿素、石灰等是常用的辅料。维生素 B_1 对鸡腿菇生长有明显促进作用，若缺乏，菌丝生长受阻，子实体不能正常形成，加入玉米粉、麦麸等富含维生素 B_1 的原料有利于菌丝体的生长。菌丝体阶段 C/N 为 20∶1，子实体生长阶段 C/N 以 40∶1 为好。

鸡腿菇能利用的碳源、氮源很广泛。在制备培养基时，常以葡萄糖和果糖为碳源，蛋白胨和酵母膏为氮源；在栽培时，常以秸秆、棉籽壳、玉米芯等为碳源，以麸皮、玉米粉、豆饼、尿素等为氮源。维生素 B_1 对鸡腿菇的生长有明显的促进作用。根据当地食用菌主要原料的来源和栽培品种对料的适应性选择适宜的原料栽培。

(2) 温度　鸡腿菇属中低温型的变温结实性食用菌。

菌丝生长的温度范围为 3～35℃，最适温度是 21～28℃ 为。菌丝抗寒能力很强，在 -30℃ 的土中菌丝可以越冬。

子实体分化的适宜温度为 10～20℃，需要 5～10℃ 温差。子实体生长的温度范围为 10～30℃，最适温度是 16～24℃，超过 30℃ 不易形成子实体，低于 8℃ 小菇蕾变黑死亡。

(3) 水分和湿度　鸡腿菇属喜湿发型菌类。

菌丝生长阶段，培养料含水量 65% 左右，空气相对湿度约 80% 为宜。

子实体生长阶段，培养料含水量 60%～70%，空气相对湿度为 85%～90%。空气湿度低于 60%，子实体瘦小，菌柄硬，菌盖表面鳞片反卷；高于 95%，菌盖易得斑点病。

(4) 空气　鸡腿菇属好气菌类。菌丝体、子实体阶段都需要大量氧气，需要保持环境空气清新。但子实体分化和生长阶段比菌丝体阶段需氧量大，应加大通风量。若通气不良，二氧化碳深度过高，幼菇发育迟缓，菌盖变小变薄，菌柄细长，形成品质极差的畸形菇。

(5)光线　鸡腿菇属弱光性菌类。

菌丝生长不需要光线，在黑暗或微弱光线下菌丝生长健壮。强光对菌丝的生长有抑制作用，并加速菌丝老化。

子实体分化需要散射光的刺激。子实体生长需要60～500 Lux的散射。在一定范围内，光线越弱，菇体越嫩白，商品价值越高。光线不宜过强，过强菇体发黄，影响品质。

(6)酸碱度　鸡腿菇菌丝在pH值2～10的培养基中均能生长，最适pH值为6.5～7.5。由于菌丝在生长过程中，呼吸作用及代谢产物使培养基pH值下降，故在生产中培养料及覆土材料的pH值调至8.0～9.0。喷水管理时，还可加入1%～2%的石灰水，防止酸碱度下降。

(7)覆土　鸡腿菇是土生性菌类，若不覆土，菌丝生长得再好也不形成子实体。土壤中细菌类微生物及代谢产物刺激子实体的形成，覆土是鸡腿菇生活的必需条件之一。

第三节　常见栽培品种

我国栽培的鸡腿菇品种较多，大多是人工进行子实体组织分离选育而来，也有从国外引进的优良品种(表8-1)。鸡腿菇的优良品种分为单生种和丛生种。优良品种的标准是子实体肥大，菌柄粗短，鳞片少，高产，抗逆性强等。单生品种个体肥大，总产量低，单株菇重一般在30～150 g，大的可达200 g。丛生品种个体较小，但总产量较高，一般丛重0.5～1.5 kg。

表8-1　常见鸡腿菇品种简介

品种名称	出菇温度(℃)	栽培特点
鸡腿418	10～22	丛生，菇体肥大，出菇密、齐，产量高，地栽
Cc100	8～24	丛生，出菇快，菇体个大，菌盖小，不易开伞，口感好，高产
特白33	10～25	单生或丛生，菇体较大，表面光滑，鳞片少，不易开伞，肉质细嫩，抗病力强
Cc173	10～30	丛生，菌柄脆嫩可口，高产优质，适于鲜销
Cc168	8～30	单生，菇体中大，高产优质，大面积推广种
低温H38	6～28	丛生，菇体肥大，色泽艳丽，耐低温，不易死菇
白腿300	8～28	丛生，洁白，鳞片极少，销售不需括皮
特白2004	10～30	丛生或单生，表面光滑，鳞片很少，开伞较慢
纯白978	10～32	多丛生，菇体中等，不易开伞，抗逆性特强，极少有鬼伞、鸡爪菌发生

第四节　栽培技术

鸡腿菇既可熟料栽培，也可发酵料、生料栽培。生料栽培仅在北方采用，普遍采用熟料和发酵料栽培。无论选用哪种方法，应根据当地环境条件和栽培技术，因地制宜，采用最有利的栽培方式。

一、熟料栽培

熟料栽培，是指培养料拌匀后直接(或先简单发酵)装袋、灭菌、接种、发菌，菌丝长满袋后，菌棒覆土出菇的一种栽培方法，具有场地利用率高，出菇时间可灵活掌握，降低污染率，生物转化率高等优点。但该法需有完善的灭菌和接种设施，能源消耗大，成本较高。

(1)确定栽培季节　鸡腿菇菌生生长阶段温度以10~28℃为宜，子实体生长阶段，温度以12~20℃为宜，根据此温度特性确定栽培季节。南方地区，一般春栽2~3月份，秋栽8~9月；北方地区春栽1~3月，秋栽8~10月。由于春季之后进入夏季，温度升高，所以春栽出菇期较短。每年9月份秋栽最好，可利用自然气温出菇。但也不宜过早，过早温度高，污染严重；过晚，出菇慢，需进行保温管理，增加成本。

(2)菌种制备　根据本地区的气候条件、原料来源、栽培方式，选择适应性、抗病性强、高产优质的单生或丛生鸡腿菇品种。采用常规制种方法，制作生产所需的大批原种和栽培种。鸡腿菇在PDA-麦粒煮汁综合培养基上菌丝7d即可长满管，在麦粒菌种培养基上菌丝14~18d可发满瓶，在棉籽壳培养料上菌丝20~25d可发满瓶，菌丝长好后应立即使用。

(3)栽培场地　鸡腿菇可利用空闲房、蘑菇房、山洞、地窖、塑料大棚、半地下棚等，也可在粮田、果园、菜地里进行间作。塑料棚具有增温、保温、保湿效果，是目前较理想的栽培场所。无论哪种栽培场所，应具备近水源、利于排水及周围无污染等基本条件。

(4)培养料的选择　栽培鸡腿菇的农作物下脚料比较广泛，如麦秸、玉米芯、豆秸、稻草、玉米秆等。人工栽培有生料栽培、熟料栽培。

常用栽培鸡腿菇的配方如下(配方含水量约65%，pH值7.5~8)：

①棉籽壳90%，玉米粉8%，尿素0.5%，石灰1.5%。

②麦秸(或稻草)77%，干牛粪(或干鸡粪等)14%，棉饼(或菜籽饼等)3.5%，石灰2%，过磷酸钙1%，石膏粉2%，尿素0.5%。

③玉米芯88%，麸皮10%，尿素0.5%，石灰0.5%。

④平菇或金针菇菌糠60%，棉籽壳30%，玉米粉8%，石灰2%。

⑤棉籽壳85%，麸皮10%，过磷酸钙1%，石膏粉2%，石灰2%。

⑥玉米芯40%，棉籽壳40%，麸皮10%，玉米粉5%，过磷酸钙1%，石膏2%，石灰2%。

按配方配料，首先把棉籽壳、玉米芯、麸皮、玉米粉干拌匀，把过磷酸钙、石膏粉、石灰溶于水。然后把水泼在料上，边泼边翻，翻匀为止。含水量以用手握有水滴下为宜，此时含水量约65%左右。让料充分吸水后，简单发酵。堆制，让料温升至60℃左右，维持12 h后翻堆。

(5)装袋灭菌　选择(20～24)cm×(45～50)cm×0.04 cm低压聚乙烯袋。装袋时要注意装袋松紧度，做到外紧内松。采用常压蒸汽灭菌，当温度达到100℃时，维持12 h。待料温降至28℃以下时，接种。在料袋周围打3排9个孔，孔径为1.5 cm，接种后用透明胶布封口。

(6)接种　料袋灭菌后搬入接种室，待料温降至30℃左右，在无菌条件下进行抢温接种。小袋采取两头接种，菌种要封住两端料面。大袋在培养袋周围打3排9个孔，孔径为1.5cm，接入菌种，贴上4cm×4cm的胶布封住接种穴口，或再套上一个稍大的塑料袋。

(7)发菌管理　发菌期温度控制在24～26℃，最高不超过30℃，防止烧菌现象的发生。菌袋可排成3～5排，每排可堆积4～6层，袋与袋，排与排之间的距离，可根据温度调节。发菌期要注意堆内温度的变化，要经常检查发菌情况。每周翻一次，及时挑出杂菌污染的菌袋。在条件适宜的情况下，25～35 d菌丝可长满袋。

(8)覆土选择及处理　鸡腿菇必须经过覆土才能出菇。土壤最好选用含有一定腐殖质、透气性良好的壤土，如林地土、炭烧土、稻田土和菜田土。取表层10cm以下壤土，暴晒2～3d，拍碎，过粗筛，土粒大小不超过2cm为宜。加入2%生石灰将pH值调至8左右，然后用2%高锰酸钾溶液均匀喷雾，将土粒含水量调至手握成团，落地即散。覆盖薄膜闷堆3～4d，以杀死土壤中的害虫和杂菌。

(9)脱袋排畦　整地做畦：在日光温室内整地做畦，畦床南北延长，宽1～1.2 m、深20～25cm、长不限的阳畦。畦与畦之间留有40 cm的过道。畦做好后，喷洒0.2%高锰酸钾溶液，对场地进行杀虫、杀菌，畦底及四周洒一薄层生石灰。

菌丝长满袋后约一周，剥去塑料袋，把菌棒从中部断开，断面朝下竖直排放在畦内，菌棒间隙3～4 cm，用准备好的覆土填满袋缝，烧透水后，在菌棒表面覆3～4 cm厚的土。整平料面，覆膜保温、保湿。

(10)出菇管理　一般覆土后十几天菌丝基本发满，在此期间，温度控制在20～26℃，适当通风，但要保持土层湿润。此后，温度控制在16～22℃，湿度提高到85%～90%。此期间管理要以通风、增湿为主，通过通风、增湿等措施，给予一定的温差及散射光刺激菇蕾的发生。覆土后20 d左右，菇蕾破土而出。现蕾后，7～15 d可采收。此期间，温度保持在20℃左右，增湿时，不能直接向菇体喷水，否则极易引起小菇蕾死亡。

(11)采收　鸡腿菇一般七成熟时就要采收。切不可采收过晚，以免菌盖老化变黑、自溶，仅留菌柄，失去商品价值。采收标准是用手指轻捏菌盖，中部有变松空的感觉时即可采收。采收时，应采大留小，一手按住覆土层，一手捏住子实体左右转动轻轻摘下，或用刀在子实体基部切下。

(12)采后管理　每潮菇采收后，应及时清理基内菇根和杂物，并刮干净鳞片。采完菇形成的凹陷部分应用细土填平。然后补充2%生石灰溶液。发现有虫害，喷洒杀虫药物后覆土。停水2～3 d后喷一次重水，再进行后期出菇管理。10～15 d之后可采收第二潮菇。鸡腿菇3潮以后明显减少产量，一般只采3潮菇。

复习思考题

1. 简述鸡腿菇的形态特征和生态习性。
2. 简述鸡腿菇二次发酵法栽培技术要点?
3. 试比较鸡腿菇一次发酵法与二次发酵法的异同。

第九章　金针菇栽培

知识目标

1. 掌握金针菇的生物学特性及生活条件。
2. 熟悉金针菇栽培的季节、原材料和方法。
3. 熟悉金针菇栽培的工艺流程及栽培管理。

技能目标

1. 能够根据季节制定生产计划。
2. 能够进行栽培种制作。
3. 能够进行出菇管理。

素质目标

培养吃苦耐劳、踏踏实实的工作作风。

第一节 概 述

金针菇[*Flammulina velutipes* (Fr. V.)Sing.]属真菌门担子菌纲伞菌目口蘑科，小火焰菌属或金钱菌属。又名朴菇、构菌、毛柄金线菌、金菇、冬菇、青杠菌、冻菌等。

据测定，每 100g 鲜菇中营养物质含量见表 9-1。金针菇脆嫩适口。味道鲜美，营养极其丰富。

表 9-1 每 100g 鲜菇中营养物质含量

水分	蛋白质	脂肪	灰分	糖	粗纤维	铁
89. 73g	2. 72g	0. 13g	0. 83g	5. 45g	1. 77g	0. 22mg
钙	磷	钠	镁	钾	维生素 B_1	维生素 B_2
0. 097mg	1. 48mg	0. 22mg	0. 31mg	3. 7mg	0. 29mg	0. 21mg

此外，还含有丰富的的 5′-磷酸腺苷和核苷酸类物质。在每百克干菇中，氨基酸总量为 20. 9 g，含人体的 8 种必需氨基酸 9. 30 g，高于一般菌类；含赖氨酸 1. 024 g、精氨酸 1. 231 g，这两种氨基酸能有效地促进儿童的健康成长和智力发育。因此，国外称之为“增智菇”“益智菇”。金针菇还具有较高的保健功能。金针菇中含有碱性蛋白“朴菇素”，具有较显著的抗癌功能。金针菇中酸性和中性的植物性纤维，可吸附胆汁酸盐，调节体内胆固醇代谢，降低血浆中胆固醇含量。经常食用金针菇还可以预防和治疗肝炎及肠胃溃疡病。

金针菇是我国最早进行人工栽培的食用菌之一，历史悠久，但真正发展成商品生产却只有近 30 年历史(表 9-2)。自 20 世纪 90 年代末，上海天厨菇业建成我国第一个日产 6 t 的金针菇工厂化生产线，近十年来工厂化栽培白色金针菇在日本、韩国及我国发展迅速。2015 年，我国金针菇总产量达 261. 35 万 t。目前，在我国上海、福建、浙江、江苏、北京、山西、河北、河南、辽宁等地都在大力发展工厂化栽培，并取得了良好的经济效益。

表 9-2 金针菇栽培历史

栽培时期	栽 培 状 况
唐代	有关金针菇人工栽培的记载，距今 1400 多年
1928 年	日本森本彦三郎发明了木屑瓶栽法
20 世纪 30 年代	中国的裘维蕃、潘志农等也进行了瓶栽试验
20 世纪 60 年代初	日本形成自动化、周年工业化生产模式
1982 年	福建三明真菌研究所选育出“三明 1 号”，并大面积推广
20 世纪 80 年代初	中国首先采用袋栽
1984 年	日本长野县通过生物工程培育出白色金针菇新品种

第二节　生物学特性

一、形态特征与生态习性

(1)菌丝体　菌丝体为白色绒毛状，有隔膜，有锁状联合，具粉质感，稍有爬壁现象，生长速度中等。菌丝长到一定阶段会形成大量的单细胞粉孢子，在适宜的条件下可萌发成单核菌丝或双核菌丝。有试验发现，粉孢子越多，菌株的质量越差，菌柄基部颜色越深。

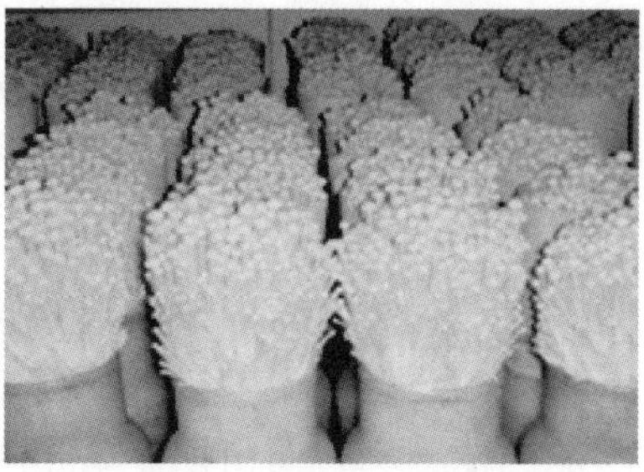

图 9-1　白色金针菇

(2)子实体　金针菇的子实体成束丛生，基部相边，呈假分支状，肉质柔软有弹性。由菌盖、菌褶、菌柄三部分组成。菌盖幼时球形至半球形，后渐展开为扁平状，菌盖直径2~8 cm，中央厚，边缘薄，菌盖表面有胶质薄层，湿时有黏性，色黄白到黄褐，菌肉白色。菌褶白色或象牙色，排列较稀疏，长短不一，呈辐射状，与菌柄离生或弯生。菌柄中生，中空圆柱状，稍弯曲，长2~13 cm，直径0.2~0.8 cm，下半部褐色，且密被黑褐色的绒毛，上下等粗或上方稍细，上部渐变淡黄色，最上部有时几乎是白色。初期菌柄内部有髓心，后期变中空(图9-1)。

(3) 孢子　担孢子生于菌褶子实层上，孢子圆形或卵圆形，表面光滑，(5~7)μm×(3~4)μm，孢子印为白色。

金针菇是秋末初春生长的一种低温木腐性菌类。在自然界多发生在杨、柳、榆、栗、槐、构、桑、柿、枫杨、桂花等阔叶树的枯枝或树桩，偶尔也发生在上述树种的一些活树上，在树皮与木质部之间形成菌丝，引起木材的腐烂。主要分布于中国、日本、俄罗斯，以及北美等地。在我国分布于山西、河北、内蒙古、黑龙江、吉林、辽宁、山东、江苏、浙江、四川、云南、贵州、青海、西藏、安徽、广东、广西、新疆等地。

二、生长条件

在自然界，发生于早春和秋末至初冬寒冷的季节，丛生于阔叶树腐木或根干基部等，如柳树、榆树、槐树、构树、桑树、柿树、椴树、槭树、桂花等。

(1)营养　金针菇是木腐性菌类，能从枯木上获得各种营养。木屑、棉籽壳、玉米芯、甘蔗渣、稻草、谷壳、油菜壳等均可作为栽培金针菇的主要原料。但金针菇分解木质素的能力较弱，选用木屑栽培金针菇时，要求木屑越陈旧越好，一般堆积发酵后更适合金针菇的生长，而其他辅料如米糠、麸皮等则要求越新鲜越好。需要的营养物质有碳源、氮源、无机盐和维生素四大类。菌丝体阶段C/N为20∶1，子实体生长阶段C/N为35∶1金针菇是维生素 B_1 和维生素 B_2 的营养天然缺乏型，因此栽培时常通过添加米糠、麸皮、玉米面等补足维生素 B_1 和维生素 B_2。

根据当地食用菌主要原料的来源和栽培品种对料的适应性选择适宜的原料作主料。在生产中适当添加镁离子(硫酸镁)和磷酸根离子(过磷酸钙)可促进菌丝生长，且金针菇是

维生素 B_1、维生素 B_2 的天然营养缺陷型，适当添加有利于提高产量。

（2）温度　金针菇为低温型恒温结实性菌类。

金针菇菌丝体在 3～34℃ 范围内均能生长，最适温度为 23℃ 左右，3℃ 以下生长极其缓慢。

金针菇子实体分化的温度范围为 5～20℃，最适温度为 12～15℃，以 13℃ 子实体分化最快，形成的数量较多。

金针菇子实体生长的温度范围为 8～14℃，在 5～10℃ 时子实体生长要比 12～15℃ 时慢 3～4d，但生长健壮，不易开伞，颜色浅，更具商品价值，因此，在生产中常采用 8～9℃ 的低温下长菇，即所谓的人工抑菇生长。5℃ 以下子实体发育不良，易形成畸形菇，20℃ 以上菇蕾萎缩干枯，子实体死亡易污染病害。但各个生长发育阶段对温度的要求随品系的不同而有明显差异。目前国内栽培的金针菇 3 个品系中，金黄色品系较耐高温，对温度适应范围广，而白色品系相对不耐高温，淡（乳）黄色品系介于两者之间。

（3）水分和湿度　金针菇是喜湿性菌类，抵抗干旱的能力较弱。

金针菇菌丝体生长阶段，培养料的含水量一般为 63%，在配制培养基时其含水量调至 65%～70%。

金针菇在发菌期空气相对湿度一般以 70% 为宜，子实体生长发育阶段空气的相对湿度为 85%～90%，低于 75% 或高于 95% 均不利于出菇。在子实体生长过程中可根据温度的变化相应调节菇房的空气相对湿度，低温时可适当提高湿度，高温时可相应降低湿度，以免发生病虫害。

（4）空气　金针菇属好气性菌类。

在菌丝体培养阶段，培养室要经常通风换气，保持空气清新，促使菌丝健壮生长。

在出菇阶段，对 CO_2 的浓度比较敏感，据有关实验表明 CO_2 的浓度对金针菇的生长有着明显的影响（表 9-3）。

表 9-3　CO_2 浓度对金针菇生长的影响

CO_2 浓度	表现特征
0.04%～4.9%	菌盖直径随着 CO_2 浓度的增加而变小
超过 1%	显著地抑制菌盖的发育，促进菌柄的伸长
超过 5%	不形成子实体

因此，在生产中采取套袋盖膜局部调高 CO_2 浓度的方法，抑制菌盖长大，促进菌柄伸长，是生产优质商品菇的有效措施。在子实体生长阶段，也不能认为 CO_2 浓度越高越好，而忽视菇房的通风换气。

（5）光线　金针菇菌丝在完全黑暗的条件下能够正常生长。

子实体分化阶段给予一定的散射光，形成的原基数目比黑暗条件下要多得多。

子实体生长阶段需要一定的散射光。光照过强，则菌柄短，开伞早，色泽深，常呈黄褐色或深褐色；光照弱，则柄长，盖小，不易开伞，色泽浅，常呈黄白色或乳白色，还能抑制菌柄基部绒毛的发生和色素的形成，从而提升金针菇的商品价值。

（6）酸碱度　金针菇喜弱酸性菌类。菌丝在 pH 值 3～8.4 范围内可正常生长，最适 pH

值 5.6~6.5，在生产中一般采用自然 pH 值 。

第三节 常见的栽培品种

金针菇的品种类型可按子实体形态发生特性和子实体色泽进行分类。

(1)按子实体形态发生特性分类 根据金针菇分枝的株丛形态，可分为 2 种类型：

①细密型(多柄型) 菌柄支数多且细，容易分枝，株丛细密。

②粗稀型(少柄型) 菌柄支数较少且粗壮，不易分枝，株丛粗稀。

(2)按子实体色泽分类 按金针菇子实体颜色的深浅可分为 3 种类型：

①金黄色品系 菌盖和菌柄均为金黄色，菌柄基部茶褐色，被褐色绒毛，支数较少，株丛粗稀。出菇温度范围较宽，出菇早，菇潮的后劲足，产量高，抗病力强，菇体色泽对光较敏感。鲜菇质地脆嫩，口感好，但色泽欠佳，适于鲜销和加工制罐。

②乳黄色品系 菌盖和菌柄均为乳黄色，菌柄基部微黄，褐色绒毛少，支数较多，株丛细密，品质优，但抗性一般，出菇温度较金黄色品系窄。鲜菇质地脆嫩，纤维质少，口感好，色泽居中，适于鲜销和加工制罐。

③白色品系 菌盖和菌柄均为白色，菌柄基部稍有白色绒毛，粗稀型支数较少，细密型支数较多。出菇温度较低，出现菇蕾较晚，一般需 40~50d 才出菇，对光线反应不敏感，产量均低于上述两个品系，且集中在第一潮菇。菇体质地鲜嫩柔软，外观色泽极佳，为金针菇中之上品，主要适用于工厂化栽培，且多以鲜销为主。

目前国内金针菇品种繁多，通过引种、野生驯化、诱变育种、杂交育种等途径得到近 100 个品种，常见的品种包括：三明 1 号、FV908、杂交 19 号、苏金 6 号、金针 92、金针 129、金针 227、F21、9808、FV908、日本白、昆 F、西师 8001。

第四节 栽培技术

目前金针菇主要采用代料栽培，有瓶栽、袋栽、箱栽、生料床栽及工厂化栽培等，其中袋栽和瓶栽是我国金针菇主要的栽培方式。

一、袋栽

袋栽是栽培金针菇的一种主要栽培方式，产量大，成功率高，不仅是传统的自然栽培方式，也是中小规模工厂化栽培的主要方式。

1. 栽培程序

金针菇袋栽，生产上有一头出菇和两头出菇方式。目前工厂化塑料袋栽培金针菇的主要方式是一头立式出菇；菇农室内或棚内袋栽金针菇主要是两头墙式出菇，也可一头立式床架出菇。具体的栽培程序是：栽培季节的确定→菌种制备→原料准备→培养产配制→拌料→装袋→装锅灭菌→出锅冷却、接种→菌丝培养→出菇管理(摆袋搔菌、诱导菇蕾、抑制菇蕾、控氧或套袋长菇)→采收→转潮→后期管理。

2. 确定栽培季节

根据金针菇菌丝生长和子实体发育所需的最适温度条件，以满足金针菇低温出菇的要求，使出菇阶段的温度保持在5~15℃。我国地域辽阔，不同地区气候差异较大，因此，在确定栽培季节时，必须掌握金针菇低温出菇的特点。根据多年的生产实践，金针菇适宜的栽培季节大致为：北方地区每年可安排两次栽培。第一次于9月下旬至10月上旬接种，11月下旬至12月上旬进入出菇期；第二次于12月至翌年1月采用室内加温培养发菌，早春2~3月出菇。南方地区则一年安排一次栽培，10~11月接种，12月翌年2月出菇。在适宜的栽培季节内可分期播种，分期采菇。工厂化生产可利用空调等制冷设备出菇，各个生产环节均在控温、控湿条件下进行，并结合品种特性，可实现周年栽培，四季供应市场。

金针菇的白色品系较黄色品系不耐高温，更适合低温下生长，因此，栽培白色品系时，应从确定的适宜栽培期再推迟1~2个节气。各地应根据当地气温变化趋势，结合品种特性，灵活安排栽培季节，才能获得优质商品菇。

3. 菌种制备

选择适宜当地栽培的优良菌种，菌种要从正规的、信誉高的菌种生产单位购置。有条件的单位可自己制作原种和栽培种，采用常规制种方法制种，在配制原种或栽培种培养料时要添加适量的麸皮或米糠等，满足金针菇对氮源、维生素 B_1 和维生素 B_2 的需求，使菌种生长健壮。

4. 原料准备

（1）塑料袋选择　栽培金针菇的菌袋应选用聚乙烯或聚丙烯塑料薄膜筒，制成规格为35cm×17cm×0.05cm的袋筒（两头出菇），也可购置该规格单开口的聚乙烯或聚丙烯塑料袋（一头出菇）。

（2）原料的选择和处理　金针菇属喜氮菌类，可用木屑、棉籽壳、甘蔗渣、玉米芯、豆秸、稻草、麦草等为主料，辅以适量麸皮、米糠、玉米粉、过磷酸钙、蔗糖、石膏粉等制作培养基。根据实际需要对选用的原料进行处理，如豆秸、稻草等要粉碎，棉籽壳等要暴晒。

（3）常用的栽培配方　栽培金针菇的常用配方如下［料与水比均为1:（1.2~1.3）］：

高粱壳、棉籽壳、玉米芯、木屑、稻草粉等大多数农作物秸秆粉碎后均可作为主料栽培，同时，辅以适量麸皮、米糠、玉米粉等制作培养基。但无论选用何种原料，都要求新鲜、干净、无霉变。

①棉籽壳80%，麸皮15%，玉米粉3%，糖1%，石灰粉1%。

②棉籽壳37%，木屑（阔叶树）37%，麸皮24%，糖1%，石灰粉1%~2%。

③木屑（阔叶树）75%，麸皮或米糠23%，糖1%，碳酸钙1%。

④玉米芯73%，麸皮25%，石膏1%，蔗糖1%。

⑤麦秸粉68%，麸皮20%，玉米粉10%，糖1%，石膏粉1%。

⑥棉籽壳96%，玉米粉3%，糖1%。

⑦棉籽壳88%，麸皮或米糠10%，糖1%，石灰1%。

⑧棉籽壳48%，玉米芯40%，玉米粉5%，麸皮5%，过磷酸钙1%，石膏1%。

⑨棉籽壳49%，木屑30%，麸皮20%，石膏粉1%。

⑩棉籽壳40%，木屑40%，麸皮15%，玉米粉2.5%，另加石膏粉1%，碳酸钙1%，石灰0.5%。

5. 培养料的配制

根据配方因地制宜，就地取材，选用当地资源丰富的原材料作培养基主料。其中玉米粉内含有生物素H，对提高金针菇产量有明显效果。有条件的可在每个配方中加入3%~5%的玉米粉。培养基的含水量以60%~65%为宜。配制方法：①按照配方准确称取各营养成分。先称主料，后称辅料，将称好的主料堆放于干净的水泥地面上或台面上；②将难溶于水的辅料与主料干拌均，将易溶于水的辅料溶解于水中制成母液，再加水稀释，分次洒入培养料中，边加水边搅拌，直至将培养料的含水量调到65%左右为宜；③调节适宜的酸碱度。

6. 装袋

将配制好的培养料堆闷1h左右，使培养料充分吸足水后，就应立即装袋。可手工装袋也可机器装袋。手工单开口塑料袋的装法：左手提袋，右手的食指和拇指将袋底的两角塞入，以使料袋能够直立，再向袋内装料，并用直径2~2.5cm圆头木棒插入料中，沿棒四周边装料边压实，装料15cm时抽出木棒，以便接种和发菌。双开口塑料袋装法：用塑料绳把筒的一头扎好，接着用手将培养料装入筒内，边装边压实，上下用力均匀，使袋壁光滑，料内无空隙，装料高度达15cm左右即可，使袋筒两端各留有10cm长的薄膜，供子实体生长。装完料后，将袋口用塑料绳扎好。一般每袋装干料380~400g。

装袋机有两种：一种是单筒式装袋机；另一种是冲压式装袋机。单筒式装袋机装袋时，将塑料袋套在装袋机的料筒上，一手轻抓塑料袋上端出口处，一手托住塑料袋的底部，让培养料自然均匀地进入袋内，装料15cm左右时，从料筒上取下，再用塑料绳扎好袋口或套口圈塞棉塞。装袋机装料效率高，紧实一致，1h可装500袋左右。

无论是手工装袋还是机器装袋，要做到以下几点：一要快，从拌料到装袋结束要尽快完成，以防时间过长，引起培养料发酵变酸；二要轻，装袋压实时用力要均匀、要轻，以防料袋破损；三要平，料面要平整，以防出菇少、产量低；四要牢，塑料袋的口要扎牢，以防杂菌污染；五要适量，料装得太多，则造成浪费，增加成本；六要防破，装好料的袋子要轻放于平滑、干净的地面上，防止沙粒或硬杂物将袋子刺破，引起污染。

7. 灭菌

栽培袋完后，要及时进行灭菌，以杀死混在培养料中的杂菌。塑料袋的体积大、装料多，灭菌的时间要长些。常采用常压蒸汽灭菌，将塑料袋分层直立排放于灭菌锅内，不能像瓶子那样重叠斜向排放，袋子易被挤压，袋壁会出现空隙，栽培时袋壁处易发生菇蕾而影响培养基表面的出菇。同时，袋子堆积在一起，灭菌也不容易彻底。装完锅后，将锅内盖严实，不漏气，立即点火升温。使锅内温度迅速升到100℃，开始计时，连续灭菌8~12h，停火闷数小时后即可打开锅门，取出栽培袋移入接种室。若采用高压蒸汽灭菌，则需在126℃下保持1~2h，才能达到较好的灭菌效果。

8. 接种

料袋灭菌后，待料温降到30℃以下时，即可开始接种。接种关键是严格无菌操作，接种技术要正确熟练，动作要轻、快、准，以减少操作过程中杂菌污染的机会。

在超净工作台上进行接种。接种时严格按照无菌操作规程进行操作，接种量为5%。接种时要剔除菌种表面的老化菌种，将菌种夹成花生豆大小的菌种块，放入接种穴内，用接种铲或镊子轻拔料，将料盖住接种块，有利于菌种萌发。

一般1袋或1瓶栽培种可接25袋栽培袋。接种时，要注意将菌种接入袋中接种穴内，一定要用穴周围的培养料轻轻覆盖住。一方面可促进菌种尽快定植，均匀发菌；另一方面还可以防止金针菇菌种在袋中未发满菌就提前产生菇蕾，造成栽培生产的损失，甚至失败，因这样的菇蕾无法正常生长发育。这种失败的金针菇栽培，在实际生产中也是常见的。接种完毕后，将菌袋移入培养室培养。

在无接种箱或超净工作台时，可在接种室或接种账内接种，这种接种方法可提高接种效率。具体方法是：将料袋取出后移入接种室(帐)内，放入接种工具，密闭熏蒸，按每立方米用甲醛10mL、高锰酸钾5g进行混合熏蒸，熏蒸一昼夜后，在室内喷洒1/2甲醛用量的氨水，中和多余的甲醛气体，1h后进行接种。接种时3人一组，1人取菌种，供2人接种。接种工作直接关系到发菌的成功率，必须严格按照无菌操作堆积进行操作。

9. 发菌管理

接完种后，栽培袋立即移入培养室内进行发菌培养。室内温度保持在20℃左右，袋内温度比室温高2～3℃，温度过高或过低均不利于菌丝生长。在发菌期间，为使菌袋内的菌丝生长速度均匀一致，便于成批管理，需每隔7～10d，将床架上下层及里外放置的菌袋调换一次位置。发菌期间温度超过24℃以上时，要及时通风降温。发菌期间空气的相对湿度保持在70%左右，湿度过大，容易诱发杂菌污染。菌丝生长不需要光线，应在黑暗条件下培养，这样菌丝生长速度快且不易老化。发菌期间要保持良好的通气条件，以满足菌丝生长对O_2的需求，促进菌丝健壮生长。

菌丝培养过程最关键的就是前期的检查工作。金针菇的菌丝生长快，一般接种后2～3d菌丝开始萌发，这时要勤检查，仔细查看菌种块周围是否有其他杂菌污染。发现染菌的袋子应及时灭菌，灭菌后的袋子可以再接上菌种，因这时杂菌刚刚开始生长，培养料中的营养基本上没有被破坏，不会影响金针菇的产量和品质。当菌丝布满培养料表面1cm厚时就不必经常检查，可隔几天一次。检查到污染严重的栽培袋，要及时移出培养室丢弃到远处。若是链孢霉引起的污染，往往会在塑料袋表面形成一团红色的球状物，则需用报纸或旧布轻轻包住栽培袋，带出菇房，放至远处烧毁，以防孢子散发，污染其他栽培袋。

栽培袋经过20～30d的培养，菌丝即可长满菌袋。不同原料的培养基菌丝生长速度差异较大。其中棉籽壳加木屑(或甘蔗渣等)的培养基，菌丝的生长速度快，一般20～25d即可长满菌袋；木屑、甘蔗渣培养基菌丝生长速度也较快，25d左右可长满袋子；棉籽壳为主料的培养基，菌丝生长强壮，但速度较慢，一般需30d长满菌袋。

10. 出菇管理

金针菇发菌期较短，而出菇至收获的时间较长，且金针菇原基发生快，菇蕾朵数多，因此管理上需十分细致。目前，出菇管理的方法主要有搔菌法、直接出菇法、再生法。

(1)搔菌法管理技术 搔菌法管理是金针菇栽培管理中的一项重要技术。通过搔菌，去掉老菌种块，培养基表面长出新菌丝，新菌丝生命力强，易长出健壮的子实体，同时，菌柄生长好、硬挺，菌盖圆形，菌肉厚。但搔菌必须及时，一旦菌丝长满菌袋后，必须尽快把栽培袋移至黑暗的培养室进行搔菌。

①搔菌 具体方法是将栽培袋袋口打开，用消过毒的搔菌耙除去培养料表面的一层菌皮和老菌种块，搔菌时不能伤及料面，否则会推迟出菇。

②催蕾 催蕾的关键要有适宜的温度、水分和空气，才能形成大量菇蕾。在低温条件下菇蕾发生少，在高温条件下菇蕾发生不整齐。大量菇蕾发生的适温是13～14℃，因此搔菌后培养室的温度应调节在13～14℃。搔菌后培养基暴露在空气中，极易受培养室环境的影响，若空气干燥，培养基易失水变干，菌丝恢复不好，不利于原基形成，发生率低，参差不齐。因此，为了促进搔菌后栽培袋原基的形成，培养室的空气相对湿度应控制在85%～90%。通过向地面、空间喷水调节湿度，同时在塑料袋袋口上覆盖无纺布、纱布等进行保湿。一般早晚各喷水一次，保持覆盖物的湿润，4～5d后，培养基表面逐渐形成一层白色的棉絮状物，并出现琥珀色的水滴，这是原基出现的前兆，此时要供给充足的氧气，否则会抑制原基的发生，在保持适宜湿度的前提下进行通风换气。

③抑菌 当菇蕾长至1cm时，将温度调至4～6℃，空气相对湿度为85%左右，CO_2浓度在0.1%以下。经常通风，初期微风，中期稍强，后期更强。经3～5d的抑制作用，菇柄长、较大的菇受到抑制作用大；而菇柄短的在较大的菇下面，受到的抑制作用小。一般经过5d左右，小菇就与大菇一样高。

④子实体的生长 经过抑菌，子实体长至3～5cm时，进入生长管理，随着子实体长高，分次提高料袋，温度控制在8～12℃，空气的相对湿度在70%～80%，CO_2浓度要求更高，保持培养室的黑暗，可获得色质浅、有光泽、菌柄长、菌盖小的优质商品菇。

⑤采收 当子实体长至15cm时就可采收。采收时，一手抓住菌袋，一手把菇拔起，用剪刀剪去基部连带的培养料，整齐放入筐内。放在暗处，以免见光变色。

⑥转潮管理 每采完一潮菇后，清理培养基表面的残菇、小菇，把塑料袋口卷至离培养表面2cm处，盖上覆盖物喷水保温，经常掀开覆盖物换气。温度保持在13℃左右，4～6d后，现菇蕾，子实体生长发育期的管理同第一潮菇。

搔菌法栽培金针菇的关键技术是掌握好温度、湿度、通气和光线等环境因子，使之适合金针菇的生长，即可培育出产量高、质量好的金针菇产品。

(2)直接出菇法管理技术 这是一种较为简单的金针菇栽培方法。菌丝长满袋后，不需搔菌，让菌袋直接出菇，因菌丝未受到搔菌的破坏，无需恢复生长，因此出菇时间可比搔菌法早5d左右，但子实体不如搔菌法整齐、挺拔，两种方法产量相近。在国内市场上，鲜销金针菇规格、等级要求没有国外市场严格，因而可采用直接出菇法进行金针菇栽培管理。

直接出菇法实际上就是在菌种块上长菇，因而接种量决定了第一潮菇的产量。在生产上为了第一潮菇能获得高产，在接种时往往加大接种量，除了接满接种穴内，菌种块还需布满培养基的表面。一般每瓶菌种接20袋左右即可布满培养基表面。催蕾的条件与搔菌法一致，只是不需进行搔菌。在适宜的温度、湿度下经4～d即在老菌种块上布满菇蕾。

菇蕾现出后的管理方法及转潮管理与搔菌法一致。可收菇4～5潮，生物学效率达100%～200%，产量高，质量尚好。

(3)再生法管理技术　将发满菌的金针菇栽培袋移至栽培室，不必搔菌，可直接诱导原基分化。催蕾阶段，菇房温度最好控制在13～14℃，给予弱光光照和通风。当鱼子般大小的菇蕾布满料面时，将棉塞、套环拔除，打开袋口，把塑料袋口向外折起卷至离料面2～3cm处，开袋后加强通风，使幼小的针尖菇逐渐失水枯萎变深黄色或浅褐色，然后再从干枯的菌柄上形成新的菇蕾丛。

枯萎的方法有以下几种：一是在原来的培养室内进行栽培的，把翻折后的栽培袋直接置于培养架的顶层，利用顶层或上层空间相对湿度较低的条件，让针尖菇逐渐枯萎；二是在室内放置旋转式电风扇，采用机械吹风的方法加快菌柄枯萎速度；三是放在通风较好的房间，把门窗打开，使形成对流，逐渐使其枯萎。开袋后，机械吹风或风量大的地方枯萎速度快，1～2d后，原有的纤细菇柄就干枯变色，但要注意风量不可太大，针尖菇若剧烈枯萎，则容易枯死，再生效果差，最好是微风吹干，一般2d就能逐渐枯萎，气温低的地区需3～4d。要注意这个阶段栽培房内的空气相对湿度不可太高，若超过90%，仅仅针尖菇的尖端部分萎缩，一旦停止吹风，又开始继续恢复生长，无法提高产量。

原基枯萎的空气相对湿度以75%～80%为宜，同时要掌握好原基枯萎的程度，这是再生法成功与否的关键。枯萎适宜程度的简单判断方法是：菌柄没有完全发软，用手触摸菌柄，有轻微的硬实感即可。菇蕾枯萎后，将置于床架顶层的栽培袋搬回最底层床架，在底层的地面上洒水，利用底层地面相对湿度较高的条件，让枯萎后的菌柄上再生出密集的菇蕾丛；或者在栽培袋上面覆盖湿布，让栽培袋培养基表面菌柄与布块之间形成一个较高的空气相对湿度微气候，使接近枯萎的菌柄吸湿恢复，利用菌柄具有再生侧枝能力的特性，诱导长出第二次菇蕾。一般经过2d后，在栽培袋的原枯萎菌柄上又重新形成新的、整齐、密集的菇蕾。此后一般拉起袋口或将栽培袋套入比其稍大更长的塑料袋内，使菇蕾有了更大的控氧生长空间，相当于一次套袋管理。

二、瓶栽

瓶栽金针菇的方法是日本人发明的，自20世纪60年代推广以来，在栽培技术上不断改进，已形成工厂化的工艺模式。生产上主要采用500mL的无色玻璃瓶，750mL、800mL或1000mL的塑料瓶，瓶口径约7cm为宜。瓶栽的优点是发菌快、出菇整齐、污染率低、生产效率高、生长周期短、管理方便，适合于小规模生产或大规模的工厂化生产。栽培程序基本与袋栽相似，只是出菇必须套袋管理。

(1)装瓶　培养料装瓶时，要下松上紧，瓶下部松些，可缩短发菌时间，上不紧些，否则培养料易干。为了使菇易于长出瓶口，料应装至瓶肩部，装完后，用大拇指压好瓶颈部分的培养基，中央少凹，然后用木棒在瓶中插一个直通瓶底的接种孔，以利通气，促进菌丝能上、中、下同时生长。瓶口用聚丙烯膜加盖牛皮纸封口。

(2)灭菌、接种　装瓶后，经高压或常压灭菌，冷却后接种。接种前，接种室(箱)先消毒，然后接种，接种量以塞满接种孔为宜，每瓶菌种可接60瓶左右。

(3)菌丝培养　接种后立即移至培养室，室温以20℃左右为宜。因瓶内菌丝生长呼吸发热，瓶内温度一般比室温高2~4℃，此时的温度恰是菌丝生长的最适温度。发菌期间还应定期调换瓶的位置，使之发菌均匀，以利出菇管理。菌丝培养期间，需每隔5~6 d通风换气一次，空气相对湿度控制在65%以下。接种后2~3d，菌丝开始恢复生长，8~10 d可长到瓶肩以下，一般经过20~25 d菌丝能长满全瓶。

(4)搔菌、催蕾　当菌丝长到瓶底以后，培养阶段已结束，可把瓶子移到栽培时，把盖子拿掉，进行搔菌，方法同袋栽。如不进行搔菌处理，原基大都集中在老菌块上发生，原基数量少，发生也不够整齐。搔菌后，培养基上面的菌丝接触到空气，很快恢复生长，能在整个培养料表面很整齐地形成大量原基。

催蕾就是搔菌后在瓶口盖采用湿纸保湿，室温降至13℃左右，空气相对湿度提高打破80%~85%，每天通风3~4次，每次15 min，并给与微弱的散射光。经10d左右，培养料表面就会出现血多褐色水珠，接着就会形成大量原基。催蕾期间要经常往报纸上喷水保湿，纸要平整，没有破洞，不能让水流入瓶内或喷在菇蕾上，否则菌柄基部就会变成黄棕色至咖啡色，影响出菇的质量，同时会引起根腐病等病害发生。

(5)抑菌　现蕾后2~3d，菌柄伸长到3~5 mm，菌盖米粒大时，就应进行抑菌，抑制生长快者，促使生长慢者赶上来，以便植株整齐一致。在5~7 d内，减少喷水或停水，空气相对湿度控制在70%，菇房温度降至4~6℃，并经常通风。在低温和吹风下，子实体虽然生长缓慢，但很整齐、硬挺。

(6)子实体生长管理　当子实体长出瓶口2~3 cm时，要在瓶口套上一个套筒。套筒具有防止金针菇下垂散乱，减少氧气供应，抑制菌盖生长，促进菌柄生长的作用。可用蜡纸、牛皮纸、塑料薄膜做筒，高度10~12 cm，喇叭形。套筒后纸筒上每天可喷少量水，保持空气相对湿度90%左右，早晚通风15~20 min，温度保持在6~8℃。

(7)采收及采后管理　当菇柄长到13~14 cm高时，去掉套筒，将整丛菇从培养基上取下。以木屑为主的培养料，一般只采收两潮菇：以棉籽壳为主的培养料，可采收3潮菇。瓶栽金针菇的生物转化率可达70%~80%，高产可达100%。

采收后，清理料面，用小锄将料面刮一遍，见到新茬，再覆盖湿纸养菌，10 d左右又会有新菇蕾出现。若培养料较干，可在表面喷少量清水，且无过多，一旦有菇蕾发生，便要停止喷水，进行出菇管理。

复习思考题

1. 简述金针菇的形态特征和生态习性。
2. 金针菇生长需要哪些条件？
3. 简述金针菇袋栽的技术要点。
4. 简述出菇管理中搔菌法、直接出菇法和再生法。

第十章 杏鲍菇栽培

知识目标

1. 掌握杏鲍菇的生物学特性及生活条件。
2. 熟悉杏鲍菇栽培的季节、原材料和方法。
3. 熟悉杏鲍菇栽培的工艺流程及栽培管理。

技能目标

1. 能够根据季节制定生产计划。
2. 能够进行栽培种制作。
3. 能够进行出菇管理。

素质目标

培养吃苦耐劳、踏踏实实的工作作风。

第一节 概 述

杏鲍菇[*Pleurotus eryngii*(DC. ex Fr)Quél]又名刺芹刺耳、雪茸，英文名：Boletus of the Steppes，King Oyster Mushroom，The King Oyster，日文名：エリンギイ。其隶属于真菌界真核真菌亚界真菌门担子菌亚门真担子菌纲伞菌目侧耳科侧耳属。它是白灵菇的近缘种。

杏鲍菇菌肉肥厚，菌柄组织细密结实，菌盖和菌柄一样质地脆嫩，味道鲜美，具有愉快的杏仁香味，素有"平菇王""草原上的美味牛肝菌"等美称。杏鲍菇营养丰富、均衡，含有大量的蛋白质，含量高达40%，含有18种氨基酸，其中人体必需的8种氨基酸齐全，占氨基酸总量的42%，还含有多糖活性物质和多种维生素、矿质元素等，可与肉类、蛋类食品相媲美。

中医学认为，杏鲍菇有益气、杀虫和美容的作用，可促进人体对脂类物质的消化吸收和胆固醇的溶解，对肿瘤也有一定的预防和抵制作用，经常食用具有明显的降血压作用，对胃溃疡、肝炎、心血管病、糖尿病有一定的预防和治疗作用，并能提高人体免疫能力，是老年人、心血管疾病及肥胖症患者理想的营养保健食品。杏鲍菇人工栽培历史见表10-1。

表10-1 杏鲍菇人工栽培历史

栽培时期	栽培状况
1956年	法国人Cailleux首先对杏鲍菇子实体的形成条件提出研究报告
1958年	Kalmar在年第一次进行了杏鲍菇的驯化栽培试验
1970年	Henda在印度北部克什米尔高山上发现野生杏鲍菇，并首次在段木上进行了栽培
1977年	Ferri首次成功地进行了商业性栽培
1993年	我国从开始进行杏鲍菇生物学特性、菌种选育和栽培技术的研究，并获得成功

广泛分布于德国、意大利、法国、印度、巴基斯坦及中国等。在我国主要分布在新疆、四川北部、青海等地。现在河北、山东、广东、福建、浙江、湖南、河南、山西等地开始了较大面积的商业栽培，目前在广东、福建、北京、山西、山东等地已进行了工厂化栽培。2002年我国杏鲍菇鲜菇总产量为7.2万t，2007年已达20.2万t，2015年已高达136.49万t。

第二节 生物学特性

一、形态特性与生态习性

杏鲍菇由菌丝体、子实体和孢子组成。

(1)菌丝体 菌丝白色，浓密、粗壮，生长快，有锁状联合，具有很强的爬壁现象，在适宜的条件下可使试管斜面培养基的色泽变为淡黄色，有时会出现子实体扭结的现象。

(2)子实体　子实体单生或群生，菌盖直径2~12cm，初期盖缘内卷呈半球形，成熟后菌盖展平但边缘不上翘，菌盖表面有丝状光泽，平滑，细纤维状。菌肉白色，具杏仁味。菌褶延生、密集、乳白色，见光易变黄。菌柄稍偏生或侧生，柄长2~15cm，直径0.5~5cm，光滑，中实，乳白色，肉质纤维状。可按需求培育不同形状和大小的产品(图10-1)。

(3)孢子　孢子近纺锤形，(9.6~12.5)μm×(5.0~6.3)μm，表面光滑，无色。孢子印白色至浅黄色。

杏鲍菇大多着生于枯死的刺芹、阿魏等植物根部及四周土层中，具有一定的寄生性。

图10-1　杏鲍菇

二、生长条件

(1)营养　杏鲍菇是一种木腐菌，具有较强的分解木质素和纤维素的能力。栽培时需要丰富的碳源和氮源，特别是氮源丰富时，菌丝生长旺盛粗壮，生长速度快，产量高。

①碳源　杏鲍菇的栽培原料较丰富，大部分农副产品均可利用，以木屑、棉籽壳、玉米芯、蔗渣、豆秆等农作物秸秆为主、辅助以葡萄糖和蔗糖。在目前生产中以前三种原料使用较多，不论哪种原料必须新鲜无霉变。

②氮源　杏鲍菇是一种喜欢氮素的菇类，含有较丰富的氮源比例，有利于提高产量。生产中以麸皮、玉米芯、米糠和棉籽饼为主，辅以蛋白胨、酵母粉。在秋冬季栽培可适量加大氮源含量，增加分化。在添加氮源时，原料一定要新鲜，因为陈米糠或麸皮含有亚油酸，能抑制菌丝生长。

③矿质元素　杏鲍菇生长过程中，不仅需要碳源和氮源，还需要石灰质、Ca、P、K等元素。适当加入石膏、石灰、磷酸二氢钾、磷酸氢二钾等物质可促进菌丝生长，提高产品质量。

(2)温度　杏鲍菇属于低温菌类，尤其是子实体生长的温度范围较窄。因此，在生长上选择北方适宜的出菇季节和品种是栽培成功关键之一。

杏鲍菇菌丝生长的温度范围为8~30℃，最适生长温度为20~25℃。超过30℃或低于8℃菌丝生长缓慢，易污染，超过35℃菌丝停止生长，造成死亡。发菌期温度掌握在15~27℃，同时，发菌中期，袋内温度比室温要高2~4℃，在管理时以袋内温度为准进行。

杏鲍菇属低温结实菌类，温度是子实体形成和生长发育的重要条件。原基形成的温度范围为8~20℃，最适温度为12~15℃。子实体生长发育的温度为10~20℃。子实体形成期，温度低，菇生长慢，粗大，但失水多，易结球；温度高于18℃时，子实体生长快，细长，菇体组织松软，品质差。在子实体生长过程中，因其属恒温结实的菇类，在原基形成期除给一定温差外，生长期尽量给予恒温管理。

(3)湿度　杏鲍菇比较耐旱，水分多少决定着产量高低。同时，杏鲍菇在出菇阶段不宜往菇体喷水，因此，菌袋含水量对产量有直接影响。在菌丝生长阶段，培养料含水量以

60%~65%为宜。在低温季节制袋可提高含水量到70%左右，空气相对湿度在60%左右。

出菇阶段，原基形成期间，适宜的空气相对湿度为90%~95%；子实体生长发育阶段，适宜空气相对湿度为80%~90%；在采收前，将空气相对湿度控制在75%~80%。

(4)光线　杏鲍菇在不同阶段对光线需求不同。菌丝生长阶段不需要光，光线较强不利发菌；在原基形成期，需有一定的散射光刺激，以棚内看清报纸为宜，即800~1000 Lux。

(5)空气　杏鲍菇是好气性真菌，但较其他菇类都较耐CO_2。在发菌期间，一定量的CO_2有利于菌丝生长速度加快。在原基形成期，O_2充足情况下才能正常形成。后期管理，根据出菇形状及品种进行调节通气。棒状的需要通风量大，而保龄球状的需要通风量小。

(6)酸碱度　杏鲍菇菌丝生长的pH值为4~8，最适pH值为6.5~7.5，出菇阶段pH值为5.5~6.5。在生产过程中，把培养料的pH值调到9~11之间为宜，因为杏鲍菇属熟料栽培。在灭菌过程中，pH值要降1~2。在菌丝生长过程中，菌丝会产生代谢出有机酸，降低培养基的pH值。

第三节　常见栽培品种

目前我国栽培的杏鲍菇品种大致分为3种类型：①菌柄雪白，棍棒状，菌盖浅灰色，口感极佳，子实体适宜生长温度10~18℃，如香杏88；②菌柄白色，棍棒状，菌盖浅灰色、内卷，口感较好，适应温度范围广，产量高，如杏鲍菇1、广杏pe-99；③菌柄近白色，中上部膨大呈保龄球状，菌盖小，适应温度范围广，产量高，如杏鲍菇-2、杏王33。

第四节　栽培技术

杏鲍菇栽培可分袋栽和瓶栽，国内主要采用熟料袋栽。袋栽可一头出菇，也可两头出菇，目前国内工厂化栽培多采用菌袋一头墙式两面出菇的方法。杏鲍菇很少选专用塑料瓶生产，只有韩国、日本、美国和我国台湾的工厂化栽培采用了专用瓶床式瓶栽。

1. 栽培季节选择

根据杏鲍菇子实体的生长适宜温度，应因时、因地、因品种选择适宜的栽培期。一般应在当地气温降至18℃以下时，提前50 d制栽培袋为宜。北方地区可在南方地区秋末冬初制袋，晚冬季节出菇。北方地区栽培杏鲍菇根据气候特点可按秋冬季和冬春季两茬进行栽培，栽植户可根据当地气候选，择适宜的栽培时间。8月下旬至9月底制袋，11~12月出菇；河北的南部在10月份至翌年4月份出菇，北部地区可在8月份至翌年6月份出菇。一般以当地气温稳定在10~20℃时出菇是最适宜季节。

2. 培养料配制

杏鲍菇的栽培原料非常广泛，棉籽壳、玉米芯、木屑、稻草、麦草等均可利用。应当根据当地资源情况就地取材，变废为宝。生产上常用的配方包括：

①棉籽壳40%，木屑35%，麸皮18%，玉米粉5%，碳酸钙1%，糖1%。

②棉籽壳52%，木屑25%，麸皮18%，复合肥2.5%，磷酸二氢钾0.5%，糖1%，

石膏1%。

③玉米芯40%，木屑35%，麸皮18%，玉米粉5%，碳酸钙1%，糖1%。

④杂木屑56%，棉籽壳30%，麸皮12%，蔗糖1%，碳酸钙1%。

⑤豆秸45%，玉米芯35%，玉米粉10%，麸皮8%，复合肥1%，石膏1%。

选择当地有的原、辅材料配方，按照配方称好原材料，充分搅拌后加水调节含水量。在拌料时，按1:(1.2～1.3)加水后，使料的含水量达到60%～65%。可视装袋时期适当进行调整，如果温度高时，水量可小些，防止污染；如果温度低时发菌，含水量可达到70%。由于杏鲍菇在出菇时，不能往菇体喷水，培养料内的含水量大小直接影响到产量的高低，因此，拌料内的含水量一定要注意，拌好水的料，堆焖5～6 h后开始装袋。

3. 装袋

杏鲍菇的栽培方式很多，不同的栽培方式使用的料袋不同。北方多采用架式出菇和泥墙式出菇，这两种出菇方式多采用17 cm×33 cm×0.05 cm的高密度聚乙烯塑料袋，如采用高压灭菌，采用聚丙烯袋。装袋可采用机械装和人工装两种。在装袋过程中，一定使袋内原料松紧适度和一致。如料过松，菌丝生长时菌袋中间会断裂，在原基形成期袋身易形成原基，不便管理而影响产量。如料过紧，菌丝生长缓慢，出现灭菌不彻底。一般用棉籽皮原料，每袋湿重在1～1.1 kg为宜。同时，装好的料袋轻拿轻放，不要碰破料袋，装好的料袋进行灭菌。在装料过程中，一定要迅速，一般不超过2～3 h，以防料袋内料变质。

4. 灭菌

把装好的袋进行灭菌，栽培户应用的多为常压灭菌法，而工厂多采用高压灭菌法。目前，常压灭菌法由于锅灶的不同装锅灭菌的方法也不同。其归类有两种：一种是土蒸锅炉，即在锅上垒蒸筒，在屉上放菌袋；另一种方法是用小型锅炉充气，把袋子码放到灭菌室或用塑料布盖的料堆。不论用哪种方法在袋子码放中料袋之间一定要有空隙，采用“井”字形码放。用锅炉充气的最好用铁架式或铁筐，以防灭菌时蒸气达不到。码好菌袋后，大火猛烧，在4～6 h内料内达到100℃开始计时。如果灭菌袋在2000袋以内保持13～15 h，如果在2000袋以上应保持在15～18 h。达到时间后，停止加热，当料袋温度下降到60℃时，再焖12 h后出锅。出锅后，把其放入接种室内或干净的房屋冷却到30℃以下时再开始接种。如果用高压灭菌，在高压锅达到0.5个大气压时，排出冷空气或不关闭放气阀，当温度达到100℃时，再关闭放气阀。当达到1.5个大气压时，开始计时，保持2.5～3 h后，自然降压到零后，打开出锅。其他与常压锅相同。

5. 接种

接种的方式很多，有接种箱、接种室和接种账。在温度较高时，用接种箱效果较好，在温度低时，用接种室或接种账效率较高。接种账一般为长3m、宽2m、高2m的大塑料薄膜搭好的密闭空间。无论哪种方法，在接种前要对接种工具及接种场所进行消毒。第一次于两天前用甲醛8～10 mL(每平方米)加入4～5g高锰酸钾进行密闭消毒，然后在接种前1～2h用气雾消毒盒再消毒。接种用具用0.1%高锰酸钾水溶液进行消毒。把原种瓶进行消毒后，在酒精灯火焰上方把袋子打开，用镊子或勺子把菌种放入袋内，迅速扎口。然后放入发菌室进行培养。目前也有用17cm×55cm的袋子进行打扎接种的，一般在袋子上打

3~4个孔，用外套袋或胶带粘好。

6. 发菌管理

在发菌室内，呈“井”字形码放塑料袋，一般不超过5层，采用高—低—高的发菌管理方法，保持发菌温度在20~26℃。由于中期袋内要比室温高2~3℃，因此室温一定要低一些，以防烧菌。当两头菌丝长到袋的1/4时，两头可扎眼通气，以利菌丝生长，但扎眼不要过多，以防失水。在此间，空气温度在70%以下，培养30~40 d即可长满菌袋。

7. 出菇管理

当菌丝长满菌袋后，再培养8~10 d进行后熟，满袋15d，将菌袋移入菇房催蕾，保持室内温度10~15℃，空气相对湿度85%~95%，给予充足的氧气和适宜的散射光，经过15d左右即可形成原基。

原基进一步分化形成菇蕾后，环境温度保持在8~20℃，空气相对湿度保持在85%~95%。若温度超过22℃，湿度低于85%，已形成的小菇蕾会萎缩死亡；若温度低于7℃，原基难分化。

根据出菇方式的不同，采取不同的码放出菇。杏鲍菇主要有直立摆袋出菇、畦床覆土出菇、墙式出菇、层架式出菇等方式。

(1)直立摆袋出菇　菌袋形成菇蕾，疏蕾后将袋口拉直，各袋相挨摆在棚内撒有石灰的地面或床架上，宽1~1.2 m、长15~18 m为宜。摆好后上盖无纺布或地膜，走道宽60 cm。走道最好铺一层粗沙，既可保湿，又不泥泞。

①开袋时间　一般当原基在袋内形成，并发育成1~2 cm。

②温度管理　幼菇期棚内温度应控制在12~20℃。若温度低于10℃，则子实体生长缓慢，甚至停止生长；连续2~3 d温度超过25℃，特别在高湿环境下，子实体则会变软、萎缩、腐烂。为了提高菇体质量，温度应控制在18℃以下，使其缓慢生长，增加菇质密度，提高菇的品质。当温度超过25℃，应通过通风、喷水、散堆等措施降温。

③湿度管理　湿度应掌握先高后低，即前期控制在95%左右，但绝对不能长期处于95%以上，尤其在气温高的情况下更不宜湿度过大，否则易导致菇体发黄，菇体腐烂。后期湿度宜控制在85%左右，这样有利于延长子实体的货架期。喷水可采用向空中喷雾及浇湿地面的方法，严禁向菇体喷水。喷水时，不喷“关门水”，打开门窗适当通风，以免菇盖表面积水。采菇前1 d不喷水，防止菇盖虚泡，影响品质。

④通风管理　通风不良，CO_2深度超过0.1%时，子实体难以发育，易形成树枝状畸形菇，若遇高温、高湿还会造成腐烂。

(2)畦床覆土出菇　畦床覆土栽培具有提高产量、减少病虫害、延长出菇期等优点。覆土栽培比不覆土栽培增产20%以上。

①建畦　畦床宽1.2~1.5 m，深20 cm左右，以能直立摆放菌袋为宜，长度不限。畦床之间留出30 cm宽的走道，以便浇水和采收。畦床底部平整好后撒一层生石灰。

②覆土　将菌袋的塑料袋全部脱掉，然后各袋相挨竖直摆放在畦床内，畦床摆满后进行覆土。覆土一般采用较肥沃的菜园土，也可采用畦床内的土壤加10%发酵秸秆粉、1%过磷酸钙、2%生石灰，在使用前2~3 d消毒杀虫。覆土时将各菌袋之间的缝隙填实，菌

袋上层覆土厚2～3 cm，或菌袋表层不覆土，只在菌袋间隙中覆土。

③覆土后管理　畦床覆土后，用水将畦床浇透。浇水后若个别地方覆土下凹，要用湿土补上。菇场空气相对湿度保持在85%左右，温度控制在10～20℃。注意通风，保持菇场空气新鲜，同时给予一定的散射光，以促进菌丝尽快扭结形成原基。其他管理方法同直立摆袋出菇。

(3)墙式出菇　把菌袋堆积排放成墙式，排放菌袋时一层袋口朝左，相邻上下层袋口朝右，使墙式的两面都能间隔出菇(即菌袋一头出菇)。这样有利于通风换气，菇形好，与直立出菇法相比，具有利用空间大、管理方便、生产成本低、效益高等优点。在河北，人们也常采用17 cm×(33～35)cm的袋子，把菌袋堆积排放成墙式，菌袋两头出菇。

(4)层架式出菇

①码放　多采用半地下式菇棚，可建成温室型或两边用泥墙搭成的房屋型。层架多为宽15 m、高2～2.2 m，层高50 cm，底层离地20 cm的出菇架，架可用竹杆或水泥构件。

②催蕾　当菌袋码放好后，进行增湿、降温，使棚内的湿度达到85%以上，温差10℃左右，但不要低于8℃或高于20℃，持续5～10 d后，菌丝复壮。当有新菌丝出现形成大量的白色块状原基后，开始进入子实体生长管理。

③通气疏蕾　当菌丝复壮，有白色菌丝出现后，解口通气。此时，保持棚内空气90%以上。根据出菇方式和出菇时间不同，可采用两种方法，第一种是解去袋口绳，自行出菇；另一种是用刀片切成3～5 cm直径的圆孔通气。一般8～15 d原基出现，当原基出现后，适当加大通气量，以利菌盖的分化，增加空气湿度，保持12～15℃的温度。当菇蕾长到1 cm左右时，可用竹片或刀片进行疏蕾，即去掉生长点(伞盖)，留菇型较好的3～4个即可。在留菇蕾时，一定要分清茬次，以利生长。

(5)菌墙出菇　把菌袋放入棚内增湿，把菌袋的2/3塑料袋去掉，留下1/3。在棚内地上隔60 cm码放菌袋，每个菌袋间隔2 cm，中间用泥土添实，每层回缩2 cm，两边码菌袋，中间用土填充，一般垛5～6层，上层有5～10cm间隙，中间用铁棒从上到下每隔30 cm扎眼，菌墙完成后，用水把中间土润湿。当菌袋有原基出现后，进行解口管理。其他方法同层架出菇，但疏蕾一定要轻。

8. 采收

杏鲍菇从现蕾到采收一般需15 d左右。当菌盖未向上翻卷，孢子尚未释放时采收。采收时，一手按住子实体基部培养料，一手握子实体下部左右旋转轻轻摘下；也可用刀在紧贴料面处将子实体切下。采收时不能拉动其他幼菇和带起培养料。

复习思考题

1. 杏鲍菇生长发育需要哪些条件?
2. 怎样进行杏鲍菇的出菇管理?
3. 试比较杏鲍菇直立摆袋出菇、畦床覆土出菇、层架式出菇等的优缺点?

第十一章　黑木耳栽培

知识目标

1. 掌握黑木耳的生物学特性及生活条件。
2. 熟悉黑木耳栽培的季节、原材料和方法。
3. 熟悉黑木耳栽培的工艺流程及栽培管理。

技能目标

1. 能够根据季节制定生产计划。
2. 能够进行栽培种制作。
3. 能够进行出菇管理。

素质目标

培养吃苦耐劳、踏踏实实的工作作风。

第一节 概 述

黑木耳[*Auricularia auricula*（L. ex Hook.）Underw.]隶属于担子菌纲木耳目木耳科木耳属，俗称木耳、光木耳、耳子、房耳、川耳、细木耳、云耳、黑菜、木蛾等。

黑木耳肉质细腻，脆滑爽口，营养丰富。据测定，每 100 g 干品中含蛋白质 10. 6g、脂肪 0. 2g、碳水化合物 65. 5g、粗纤维 7. 0 g、钙 0. 375 g、磷 0. 201 g、铁 0. 185 g，此外，还含有维生素 $B_1$0. 15 mg、维生素 $B_2$0. 55 mg、烟酸 2. 7 mg，其中人体必需的 8 种氨基酸全部具备。黑木耳中钙、铁、维生素 B_2含量很高，其中铁的含量比肉类高 100 倍，钙的含量是肉类的 30～70 倍，维生素 B_2的含量是米、白面和大白菜的 10 倍。

黑木耳不仅具有很高的营养价值，还具有较高的药用价值。因含有核苷酸类物质、多糖和大量的纤维素酶等物质，所以长期食用具有滋润强壮，清肺益气，抗癌，抗凝血，防治缺铁性贫血，治疗痔疮出血、血管硬化、冠心病和清涤肠胃等独特的医疗保健作用。

一般鲜木耳不宜直接食用，因为鲜木耳含有一种卟啉光感物质，人食用鲜木耳后经太阳照射可引起皮肤瘙痒、水肿。鲜木耳在暴晒过程中会分解大部分卟啉，干木耳在食用前又经水浸泡，其中含有的剩余卟啉会溶于水，因而经过水发的干木耳可安全食用。

黑木耳人工栽培始于我国，起源于湖北房县，据记载已有 1400 多年的历史。20 世纪 50 年代前，是靠自然接种法生产黑木耳，20 世纪 50 年代后广泛应用人工接种段木栽培方法，20 世纪 70 年代末至今采用代料栽培黑木耳方法。黑木耳主产我国，栽培区域遍布全国 20 多个省、自治区和直辖市，其中以湖北、辽宁、吉林、黑龙江、河南、陕西、四川、云南、湖南、内蒙古等地产量较多。2000 年我国黑木耳鲜菇总产量为 23. 2 万 t，2007 年为 144. 1 万 t(合计干耳 14 万 t)，2015 年为 633. 69 万 t。在我国各种食用菌中总产量位居第四，仅次于平菇、香菇、双孢菇，占世界黑木耳总产量的 96% 以上。我国黑木耳不但产量高，而且片大、肉厚、色黑、品质好，因此产品远销日本、东南亚和欧美。

通过科学的栽培技术，可以提高黑木耳的品质和产量，这不仅能提高人民的生活水平，增加人民的经济收入，而且对增加国民生产总值也有重要的意义。因此，黑木耳具有远大的发展前景。

第二节 生物学特性

一、形态特征与生态习性

黑木耳由菌丝体、子实体和孢子组成。

(1)菌丝体 菌丝体是由许多粗细不匀，具有横隔和分枝的管状菌丝组成，常出现根状分枝，有锁状联合，但没有香菇那么多而明显。菌丝生长在木棒上，则木材变得疏松呈白色，长在斜面上菌丝呈灰白色，绒毛状，贴生于表面，菌丝体在强光下生长，分泌褐色素，使培养基呈褐色，在菌丝的表面也呈现黄色或浅褐色。

(2)子实体　子实体浅圆盘形、耳形或不规则形，大小为 2～12 cm，厚 0.1～0.2 cm，新鲜时软，有弹性，干后强烈收缩为角质，硬而脆。分背腹两面，朝下的为背面，凸起，青褐色，密生短绒毛。朝上的称为腹面，生有子实层，能产生孢子，表面平滑或略有皱纹(图 11-1)。

图 11-1　木耳

(3)孢子　孢子无色，光滑，腊肠形，(9～17.5)μm×(5～7.5)μm。

黑木耳喜欢温暖、潮湿的气候，适宜在温带和亚热带地区的自然条件下生长，因此，在春、秋季节常生于腐朽的阔叶树的树桩、树干和树枝上。一般春、秋季节雨后可采集到黑木耳。它分布于湿带和亚热带地区。

二、生长条件

(1)营养　黑木耳是木腐性菌类，既可用段木栽培，也可采用代料栽培类。黑木耳对养分的要求是以碳水化合物(如葡萄糖、蔗糖、淀粉、纤维素、半纤维素等)木质素和含氮的物质(如氨基酸、蛋白胨、蛋白质等)为主；此外，还需要微量的无机盐，如钙、磷、铁、钾、镁等。耳树中含有营养物质基本可以满足黑木耳生长发育需要，但是用锯木屑等袋料栽培黑木耳时，由于黑木耳菌丝分解纤维素和木质素的能力较强，生长速度缓慢，再加上菌丝细弱，因此，配料时尽可能营养丰富些，则应添加一定量的麦麸、米糠，以补充氮源及维生素源的不足。

(2)温度　黑木耳属中温性菌类，孢子萌发的温度为 20～32℃。菌丝在 6～36℃均能生长，但以 22～32℃为最适温度，在 5℃以下和 38℃以上，菌丝生长受抑制。黑木耳对低温有很强的耐受力，生长在机制中的菌丝体和幼小的耳片可以忍耐 -40℃以下的低温，可在我国任何地区自然条件下越冬。黑木耳对短时间的高温也有较强的耐受力，高温条件下菌丝生长较快，纤细，生长势弱。受过高温的菌种，种植后有明显的减产作用。

在 15～27℃的条件下均能化为子实体，但以 20～24℃为最适宜温度，在温度较低，温差较大条件下，黑木耳耳片生长较为缓慢，但子实体色深，肉厚，抗流耳能力强，品质好。而在高温条件下，耳片生长速度快，色浅，肉薄，品质不佳。所以春耳、秋耳品质好于伏耳，在高温高湿条件下常易出现流耳现象。

(3)水分和湿度　水分是黑木耳生长发育的主要条件之一。在不同的生长发育阶段，黑木耳对水分的要求不同。由于水分和透气性是一对矛盾，不同培养基，其透气性和保持水分的能力各不相同。因此，不同的培养基，在黑木耳的不同生长发育时期，对水分条件的需要各不相同。用耳木种植黑木耳，在菌丝的定殖，蔓延生长时期，含水量应为 45%～55%，而木屑培养基含水量应为 55%～60%。水分过少，影响菌丝体对营养物质的吸收和利用，生活力降低，生长缓慢。水分过多，会导致透气性不良，造成氧气供应不足，是菌丝体的生长发育受到抑制，可能会导致室息甚至死亡，另外还易造成厌气性杂菌的滋生蔓延。

在子实体发生和生长阶段，耳木含水量应为60%~70%，木屑培养基水量应为70%~75%。可见在子实体发生和生长阶段要求培养基的含水量要高于菌丝定殖和生长蔓延阶段。这是因为在子实体形成和生长接段要求有更多的水分参与养分运输。另外，在这个阶段，还需要有较高的空气湿度(90%~95%)，以保证耳片的正常生长和发育。

(4)光照　黑木耳是喜光性菌类。黑木耳在各个发育阶段，对光照的要求也不同。菌丝体在完全黑暗或有微弱散射光存在的条件下都能正常生长。光线过强，容易过早形成耳基，对提高黑木耳生产的产量和质量无益，所以发菌时应尽量避光培养。子实体分化和发育阶段都需要有可见光存在，黑暗的环境中很难形成子实体。据报道，黑木耳只有在光照强度为250~1000 Lux，才有正常的深褐色。在微弱光照条件下，耳片呈淡褐色，甚至白色。又小又薄，产量低。因为黑木耳是胶质菌，所以强烈的阳光暴晒不会使其子实体干枯死亡，但是烈日暴晒，易引起水分大量蒸发，生长缓慢，影响产量。木段栽培条件下由于有树皮保护，不至引起水分过度散失，出生长缓慢外，产量无大影响。但袋料栽培黑木耳出耳阶段必须搭荫棚，并增加喷水，以防烈日暴晒引起水分过度散失，而造成严重减产甚至大面积污染。

(5)空气　黑木耳是好气性真菌。如果栽培场所空气不新鲜，缺乏氧气，会使菌丝体和子实体的生长发育受到影响，甚至会造成窒息死亡。在菌丝体生长阶段缺少 O_2 时，菌丝生长缓慢，甚至停止生长。在子实体生长阶段缺少 O_2 时，会导致子实体畸形，木耳往往不开片或变成珊瑚状等，影响产品的质量。因此，配料时，水分不可过高，装瓶不能太满，在黑木耳整个生长发育过程中，栽培场地应保持空气畅通，清新，以供给菌丝体、子实体生长发育充足的 O_2。另外，空气流通清新还可以避免烂耳，减少病虫滋生。

(6)酸碱度　黑木耳适宜在微酸性环境中生活。菌丝体在 pH 值 4.0~7.0 范围内都能正常生长，以 pH 值 5.0~6.5 最适宜。在段木栽培中，除应注意喷洒的水具有酸碱度外，一般不需考虑这个问题。代料栽培时需要用中性水拌料，经蒸料灭菌后，培养料的酸碱度正适合黑木耳生长发育的要求。

上述各种条件彼此并非孤立，它们是相互影响，综合地对黑木耳生长发育起作用。因此，人们在栽培黑木耳的过程中，应根据其习性进行综合性的科学管理，以便高产和稳产。

第三节　常见栽培品种

我国各地栽培用的黑木耳菌种有很多，如 888、998 系列(辽宁省朝阳市食用菌研究所)、冀锈 1 号、冀杂 3 号(河北省微生物研究所)、沪耳 3 号、沪耳 4 号(上海农业科学院食用菌研究所)、陕耳 1 号、陕耳 3 号(陕西省西北农林科技大学)、Au793(华中农业大学)、Au -5(福建三明真菌研究所)、916、9809、黑木耳 1 号、黑木耳 2 号(黑龙江省科学院应用微生物研究所)、林耳 1 号(黑龙江省林业科学研究院)、伊耳 1 号(黑龙江省伊春市友好区食用菌研究所)、黑木耳 9211、吉黑 182、杂交 005、杂交 19、杂交 22、981、延边 7 号等。各地应根据当地气侯特点及市场需求选用适合的菌种。常栽品种的主要特性：

①黑木耳 2 号　根细，片大色黑，碗状，耐高温，抗杂性强，100 kg 干料产干耳量 13. 33 kg。

②黑 29　早熟品种。出耳温度 15～25℃，后熟 10 d；半菊花状，朵大、肉厚，耳根小，抗烂耳，高产；木段、代料栽培均可。平均单产达 0. 035 kg/ 袋。

③沪耳 3 号　朵型较大，色泽较深。出耳整齐，抗杂菌能力强，生物转化率 100%。

④丰收 2 号　属中温中早熟品种。出耳温度在 15～25℃，菌丝长满袋后，在 20℃需后熟 20 d，从接种到采收 115～120 d；耳片厚，有耳筋，单片鲜重 150～180 g，色黑，口感好，抗杂菌、抗病虫害，抗烂耳能力较强。平均单产达 0. 04 kg/袋。

⑤Au－5　出耳快，耳片浅褐色，半透明，有光泽，耳片较厚，产量高。

⑥黑 916　中熟品种。出耳温度 15～25℃，后熟 30 d；菊花状，朵大、肉厚，高产、抗杂；木段、代料栽培均可。

⑦沪耳 4 号　朵型大，色泽深，生物转化率可达 90% 以上。

⑧长白山 7 号　中温晚熟品种。出耳温度 8～26℃，有效积温 2200～2300℃，后熟 30 d，单片肉厚，颜色稍黄；15℃后熟 40～50 d，10℃后熟 60～70 d；木段、代料栽培均可。平均单产达 0. 04 kg/袋以上。

第四节　栽培技术

我国黑木耳栽培方式有两种：一种是段木栽培；另一种是代料栽培。由于加强林业建设、保护生态环境，所以目前木耳以代料栽培为主。其各为塑料袋栽和瓶栽两种方式。

一、塑料袋栽培技术

1. 确定栽培季节

黑木耳的栽培季节应根据菌丝生长和子实体发育所需的环境条件，进行合理的安排。袋栽黑木耳可安排在春、秋两季生产。春季栽培，2～3 月制袋接种，4～6 月出耳。由于春季气温较低，所以污染率较低，只是菌袋需要加温培养。春季南方常有春雨，十分有利于出耳管理。秋季栽培，8～9 月制袋接种，9～11 月出耳。由于制种和菌袋发菌赶在夏季，虽然菌丝不需要加温培养，但污染率较高；室温超过 30℃，还应注意降温。综上所述，黑木耳代料栽培以春季栽培更为合适。袋栽黑木耳先要培育菌袋，需 40～50 d，然后转入出耳，生长期为 50～60 d。

2. 菌种制备

相对于平菇、香菇、银耳等食用菌而言，黑木耳的栽培较为困难。黑木耳代料栽培的最大问题是杂菌污染。据调查，大规模生产，杂菌污染率平均为 36. 6%，严重的成批报废，造成较大的经济损失。而有效减少杂菌污染、增加黑木耳栽培经济效益的措施，除了精心管理以外，选用适于本地区栽培、菌丝生长速度快、抗杂能力强、菌龄合适、纯正无污染的菌种非常重要，在黑木耳栽培时应引起足够重视。

黑木耳菌种生产周期一般为100 d。其中母种(一级菌种)生产约需15 d，原种(二级菌种)约需40 d，栽培种约需40 d。可根据自身条件确定菌种生产时间和生产量，以如期进行栽培。

3. 培养料选择

用不同培养料生产，黑木耳的长势、产量和质量会有差别。用棉籽壳培养料生产的黑木耳长势好，产量也高，但胶质较粗硬；用木屑培养料生产的黑木耳耳片舒展，胶质柔和，产量也较高；用稻草和麦秸培养料生产的黑木耳胶质也比较柔软。黑木耳为木腐菌，代料生产时在各种培养基中加入15%~30%的锯木屑，对提高黑木耳生产的产量和质量有利。多种农作物秸秆原料混合使用，一般比单一使用效果要好。生产中常用的高产培养料配方有以下几种，栽培者应根据当地资源，就地取材。

①木屑80%，麦麸16%，豆饼粉2%，石膏0.5%，石灰0.8%。

②木屑45%，豆秸45%，麦麸10%，石膏0.5%，石灰1%。

③木屑45%，玉米芯45%，麦麸10%，石膏0.5%，石灰1%。

④玉米芯90%，麸皮10%，石膏0.5%，石灰1%。

⑤木屑78%，麸皮20%，蔗糖1%，石膏粉1%。

⑥棉籽壳90%，麸皮8.5%，生石灰0.5%，石膏粉1%。

⑦稻草75%，麸皮15%，木屑8%，石膏粉1%，蔗糖1%。

⑧麦秸粉78%，米糠20%，蔗糖1%，石膏粉1%，磷酸二氢钾0.02%，尿素0.025%。

以上各种配方加入适量水，使含水量低于60%，约为55%~60%。

4. 培养料处理

木屑可选用阔叶树杂木屑，硬杂木屑好于软杂木屑，利用软杂木屑时必须经发酵晒干后使用，要求木屑无霉变，陈的比新的好，经过堆制呈红褐色的木屑效果更好。木屑使用前最好过筛，或拣去大木柴棒，以免装袋时刺破料袋。由于木屑吸水较慢，拌料时可以提前将木屑拌水吸湿，至木屑吸透水无白心。麸皮和米糠要求新鲜、无结块、无霉变。棉籽壳要求新鲜、无霉烂，使用前(特别是陈年棉籽壳)一定要暴晒。玉米芯使用前晒1~2 d，再粉碎成黄豆大小。配料前，干燥的玉米芯要加水预湿(一般每100 kg玉米芯加水150~180 kg)。稻草应截成2~3 cm长的小段，浸水5~6 h。麦秸要新鲜，未经雨淋和无霉烂变质，粉碎成木屑状的碎片。新鲜原料要及时晒干，妥善贮藏备用。

5. 拌料

可采用人工拌料或机械拌料。人工拌料时，先按配方的比例称好主料与辅料，选择水泥地面拌料为好。拌料时，把主料堆成小山状，麸皮、石膏粉由堆尖撒下，混合均匀，再把蔗糖溶于水后泼入料中，反复搅拌，力求均匀。机械拌料时，先将主料倒入机仓，辅料拌匀后撒在主料表面，干拌2~3 min后，按比例加水，加水量可用水表定量，加水后再拌3~5 min即可。

培养料配制时要掌握三个关键技术：一是拌料力求均匀，将可溶料溶于水中与不溶料拌匀；二是严格控制含水量，标准含水量以55%~60%为宜，即用手用力握料，指缝间有水渗出而不成滴，伸开手指，料成团；三是注意杜绝污染源，要选择优质、干燥、无霉变原料，拌料选晴天，拌料后及时装袋。

6. 装袋

高压蒸汽灭菌选用聚丙烯塑料袋；常压蒸汽灭菌选用聚乙烯塑料袋，一般选用 17 cm×33 cm×0.045 cm 的折角袋较为适合。装袋方法有手工装袋和机械装袋两种。装袋时要保证松紧适度，若培养料装得太松，保水性差，培养过程中菌袋易变形；太紧则透气性差，菌丝不易蔓延下伸。装料装至袋的 2/3 时，将料面压平，擦净袋口，用塑料绳扎好袋口或套口圈塞棉塞。每袋可装湿料 1.0～1.1 kg。装袋后特别注意对料袋要轻拿轻放，应放在铺有麻袋或薄膜的地方，防治沙粒或杂物将袋刺破，引起污染。若有条件，最好用周转筐，装好一袋放入筐内一袋（注意从四周向中间装）。料袋放入筐中灭菌，既避免了料袋间挤压变形，又利于灭菌彻底。

7. 灭菌

灭菌常采用常压蒸汽灭菌，也可采用高压蒸汽灭菌。高压蒸汽灭菌时，控制蒸汽压力 0.11～0.14 MPa，维持 1.5～2.0 h。常压蒸汽灭菌的关键技术：常压蒸汽灭菌的工具是各式各样的常压灭菌锅，料袋装入灭菌锅内后用旺火猛烧，要求在 3～4 h 内将锅烧开，并保持中间料温 100℃，维持 8～12 h 灭菌才彻底。生产中一些栽培户往往在灭菌上麻痹大意，造成灭菌不彻底，使杂菌污染严重，导致栽培失败。因此，常压灭菌必须注意如下四点：①料袋装锅后必须大火猛攻，快速开锅；②防止中途降温，菌灭过程中不得停火，锅内一直保持 100℃；③防止烧干锅，在灭菌之前，锅内要加足水，料袋装锅后，锅要盖严；④防止锅内存在灭菌死角，锅内袋摆放与锅四周留有间隙，锅底着火部位要均匀。

8. 接种

灭菌后料袋要及时搬进冷却室或接种室，待袋温降到 28℃ 开始接种。春季栽培黑木耳，由于外界气温低，料温降至 30℃ 左右时要“抢温”接种。生产量较小时可在接种箱内接种。接种箱用甲醛（10 mL/m^3）和高锰酸钾（5 g/m^3）混合熏蒸消毒，1 h 后开始接种，也可采用气雾消毒剂熏蒸消毒。最好是两种方法交叉使用。生产量较大的，接种可在接种室内进行。料袋冷却后，对接种室进行熏蒸消毒 2～3 h 后开始接种。秋季栽培的，要选择凉爽的清晨或夜晚进行接种。

接种前，接种人员要用肥皂水洗手，并用 75% 的酒精棉球对手、接种工具和物品表面进行消毒；点燃酒精灯，对接种工具进行火焰灼烧灭菌；去掉菌种瓶包扎物和棉塞，灼烧瓶口，用接种工具扒去上层的老化菌种。接种一定要严格无菌操作。接种量要大，一般每瓶栽培种接 10～15 袋。

9. 发菌

接种后的菌袋应及时移入发菌室，堆放或立置在培养架上，进行发菌管理。

（1）灵活调节温度　接种后 1～5 d，应控制室温 28℃ 左右。春季栽培时，要人工增温；秋季栽培时，应通风降温，防止“烧菌”。菌丝占领料面后，可适当降温，保持室温 25～26℃。

（2）加强通风换气　气温高时，选择早、晚通风；气温低时中午通风。袋温高时多通风。

(3)注意防湿控光　控制发菌室空气相对湿度70%以下。应避光培养。如果光线过强，菌丝生长速度会减缓，发菌后期菌袋会提前出现耳基，使菌丝老化，影响产量。

(4)空间定期消毒　发菌期每隔7～10 d要进行空间消毒。可往发菌室内喷洒0.2%多菌灵或0.1%甲醛溶液，以降低杂菌密度。

(5)及时翻堆检查，处理杂菌　发菌期间要进行3～4次翻堆。第一次翻堆在接种后5～7 d进行，以后每隔10 d翻堆一次。翻堆时做到上下、里外菌袋调换位置，使发菌均匀。翻堆时要认真检查菌袋杂菌污染，并及时处理。对微孔污染的用75%酒精和36%甲醛按2∶1比例混合成的药液进行密闭注射处理。对两端或接种穴污染的菌袋应及时挑出，重新灭菌后再接种。菌种不萌发但未被污染的，可重新接种。严重污染的菌袋，要重新灭菌后再接种，防止杂菌扩散。

10. 出耳管理

袋栽黑木耳在出耳阶段常采用棚内吊袋出耳和露地摆袋出耳两种管理方法，均比较实用。

(1)棚内吊袋出耳　在人工搭建的耳棚内，把长满菌丝的菌袋吊在棚内，经过对环境条件的综合调节，生产黑木耳的一种方法。

①搭建耳棚　耳棚建在近水源、通风良好、光线充足和远离污染源的空闲地或林地。耳棚立柱用高2.5～2.8m的水泥柱或木桩，下埋40～50cm，间距2m左右。顶棚用8～10cm的8号铁丝线或木棍搭成。棚顶用遮阳网或树枝遮阳，创造七阳三阴的环境。棚四周用草帘挡风。

②划口开穴　菌袋菌丝已发满，部分菌袋已有少量耳基出现时，要及时划口开穴。先用5%石灰水或克霉灵粉剂300～500倍液对菌袋进行表面消毒处理。消毒液晾干后再开穴。用锋利的消毒刀片在菌袋四周开“V”字形出耳穴，深0.5cm左右，角斜线长1.5～2.5cm，夹角45°～60°，每袋划8～12个口，交错排列。

③诱导耳基　开穴后将菌袋堆积排放。控制温度20～24℃，空气相对湿度80%～85%，增加光照，适当通风。这样管理5～7d后，耳基在穴口大量形成。

④吊袋　耳基形成后应尽快进行吊袋。将袋系在一根尼龙绳上挂在耳棚顶木竿上，或用“S”形吊钩吊挂，袋间距10～15cm，每根绳系8～10袋，整串吊挂，最下部菌袋距地表20cm，上下层耳袋位置要相互错开，吊袋群间应留有1m宽的管理通道。吊袋结束后应马上往地面喷水，保持棚内空气相对湿度90%左右，防止耳基干缩。

(2)露地摆袋出耳　露地摆袋出耳是黑木耳代料栽培的又一种主要方式。黑木耳摆袋出耳可以在大田内进行，不需搭建出耳棚，出耳管理简单。黑木耳耳片可以均匀受光，产量高，耳质好。当菌袋长满菌丝后，即从培养室搬到露地人工修建的耳床上，直立摆放，划穴出耳。

这项技术在我国北方采用较多。它与黑木耳棚架吊袋栽培有许多相似之处，如栽培季节、培养料选择、培养料处理、拌料、装袋灭菌、冷却接种、发菌管理、采收加工、后期管理等内容，有差异之处主要表现在以下几个方面。

①耳床选择与整理　选择空气流通、环境清洁、光照条件好、离水源近的地方做耳

床。耳床有高床和低床。高床的优点是易通风、便于管理、抗涝能力强，规格为 10 m × 1 m × 0.1 m，床高为 12 ~ 15 cm，耳床四周开挖排水沟，沟宽 40 cm，深 20 cm；低床的优点是保温、保湿性能好，规格为 10 m × 1 m × 0.25 m。床间作业道 50cm。

耳床做好后，将床面土打细压平压实，缓浇重水一次，使耳床吸足水分，水渗下后，用 500 倍液甲基托布津溶液喷洒消毒。

②扎袋开穴　把即将发到底的菌袋或刚长满的菌袋移至耳床，用细纤维绳将口圈下部扎紧，去掉口圈和棉塞，将袋口窝回扎死，然后用消过毒的刀片划"V"字形口，深 0.5 cm 左右，角斜线长 1.5 ~ 2.5 cm，夹角 45° ~ 60°，每袋划 8 ~ 12 个口，交错排列。口的深浅至关重要，过浅子实体小，长得慢；过深子实体形成晚，且耳根粗。划口时应注意：没有木耳菌丝部位不划，袋料分享严重处不划，菌丝细弱处不划，原基过多处不划，雨天、大风天不划。

③摆袋催耳　划口后的菌袋要立即摆放在耳床上，袋间隔 10 cm 左右，袋间呈品字形码放。然后盖上草帘，气温低时草帘外可加一层塑料薄膜，但要注意通风。

（3）出耳管理

①合理控制温度　黑木耳出耳期最适温度为 20 ~ 24℃，耳场温度不可高于 30℃。应根据气温调整耳棚荫蔽度。温度高时，遮盖物应厚些；温度低时，遮盖物应薄些。

②适当增加湿度　从耳基形成到长成小耳片约需 7 d，此时每天往地面、空间、棚体上喷雾 1 ~ 2 次，保持耳片湿润不积水，维持耳场空气相对湿度不低于 85%。从小耳片长大到成熟约需 10 d，此时每天向地面、空间、棚体、菌袋上喷雾 3 ~ 4 次，保持耳场空气相对湿度不低于 90%。喷水结合通风，使耳片保持干干湿湿状态，利于提高黑木耳质量。

③加强通风　通风要与喷水、温度调节等有机结合起来进行。喷水前通风，喷水后 1 h停止通风；高温季节早晚通风，低温季节只在中午或下午通风；喷水后若耳片较湿，颜色较深，增加通风时间；阴雨天气一直保持通风，刮风、干燥天气微通风。耳场内要保持空气清新、流畅。

④适当增加光照　耳场要有大量的散射光，并有一定的直射光，保持七阳三阴，这样耳片色黑、肉厚，质量较好；如光线过弱，耳片色淡、肉薄，质量较差。

⑤适时消毒杀虫　春季气温较高时，耳场内地面、棚体及耳场周围每隔 7 ~ 10 d 要全面喷洒消毒和杀虫药液一次。注意药液不要喷到耳片上。

11. 采收

当耳片展开，耳片边缘变薄，耳根收缩，色泽转淡，或大部分子实体腹面产生白色孢子粉时应立即采收。采收前 1 ~ 2 d 应停止水分管理。采收时，用手指捏住耳蒂，旋转摘下。用小刀将耳蒂上的培养料削净。采收下的黑木耳应晒干或烘干后长期保存。

12. 后期管理

采收后，耳场内及其周围要全面喷洒消毒和杀虫药液一次，清理菌袋表面的耳基、耳蒂和小耳，停水 3 ~ 4 d，减少光照，使菌丝恢复生长。喷重水或用补水器补水一次，增加光照和空气相对湿度，大约 10 d 后会出第二茬耳，其管理方法同第一茬耳。正常情况下，黑木耳可出 2 ~ 3 茬耳。

二、其他代料栽培技术

1. 优良菌种选择

优良菌种的含义有二个方面：一是菌株本身特性要优良，并适于装袋方式适于木段栽培的菌株，不一定适于袋栽，在一个地区表现好的菌株，在另一地区不一定表现好，因此选择使用适合于地区气候特点和适合于装袋的菌株，对于搞好装袋栽黑木耳非常重要；二是菌种质量要好，袋栽黑木耳无论是使用二级菌种还是三级菌种，都要求菌种生长强壮，生长势强，无污染，无老化菌龄适宜。实践证明，目前有许多袋栽适合于黑木耳。

2. 培养料配制

能用于栽培黑木耳的材料非常广泛，几乎所有天然有机物都可用于栽培黑木耳，不同原料，化学成分不同，物理状态不同，栽培黑木耳的效果也往往不同。任何一种天然材料在化学和物理性状上都很难达到黑木耳生长和出耳要求最佳状态。因此，根据黑木耳营养生长和生殖生长的生理特点合理调配材料，才能获得较好的效果。

在我国北方地区适合于栽培黑木耳的材料很多，主要有棉籽壳、锯木屑、玉米芯、豆秸粉及稻草粉等。

3. 装袋

选 17 cm×16.5 cm、3.4~3.8 g 的聚乙稀折封口袋，用手工或机械装袋均可。配制好的培养基要立即装袋，略实些。料装到料高的 3/4 处，一般每袋装料(干料)350 g，湿料重约 900~1000 g。表面压平，手工装袋用 2 cm 直径木棍垂直打一中心洞，以便直观二点接菌，促使菌龄一致。认真清理袋口黏着物，然后封口。机械装袋则一次完成。

封口多用套颈圈法(市售成品或用打包袋粘合，直径 2~3 cm)，套环加棉塞或无棉盖体，也可以用皮筋扎口，要均匀一致，松紧适当。

4. 灭菌

袋封好口后直接装入专用周转筐内，可以采用高压灭菌或常压灭菌，若无专用周转筐，用锅帘亦可。目的是各袋之间不要挤压以及防碍水蒸气穿透，要达到无灭菌死角。常压灭菌锅温度达 100℃时计时，一直维持 8 h 停火后再焖 3~5 h，或焖一夜为好。高压灭菌时要求在 1.5 kg/cm^2 压力以下，维持 1.5 h。代袋取出后，料温降到 30℃方可接菌。

5. 接种

接种可在无菌室或无菌箱内操作。之前先用甲醛及高猛酸钾熏蒸，12~24 h 为好。然后用紫外线灯杀菌 30 min 才可接种。接种可采用酒精灯火焰接菌、蒸汽接菌、干热风接菌器、负离子净化接菌器、超净工作台接菌，各取方便。每种方法多要严格按照无菌操作程序操作。每瓶二级菌种，可接菌袋 40~50 袋。接种前勿忘严格检查菌种质量。接种工具可用接菌勺或自制的接菌枪。

6. 培养

这一步也称为养菌，接入菌种后的料袋也称为菌袋，菌袋培育期需 50~60 d，这期间的管理内容如下所示：

（1）培养室消毒及放菌袋　培养室消毒前先安置好床架，可搭4～7层，视规模大小而定，层距不小于30 cm。床面可取任何材料（包括玉米秆）但表面一定平整、光滑，避免刺破袋底部。灭菌方式于接种室消毒要求相同。排放菌袋时，不要用手提袋口，防止进入空气，造成污染。各袋之间不要挤压，造成变形。

（2）控制室温　接菌后1～15 d为萌发期，前5 d室温以26～28℃为宜，促进菌丝吃料，定殖，造成生长优势。形成表面菌层，减少杂菌入侵。6～15d室温调节在25～26℃。培养15 d之后，菌袋中菌丝已长入料内3 cm以上，此时菌丝生长旺盛，成分枝状，室温可降到23～24℃，促进菌丝健壮。

（3）湿度　菌丝培养室的温度对菌袋湿度能起到微调作用，室内相对湿度维持在60%～70%为好。

（4）光照与通风　室内在菌丝生长阶段一定要防光，窗门用草帘或布遮挡。室内安有钨灯，在工作需要时用于照明。木耳是好气菌，发菌过程要求空气清新，根据室内实际空气情况，可以开小窗通风20 min左右。

（5）经常检查菌袋情况　从培养第5天开始，每3d要检查一遍菌袋，随时移走污染的菌袋。如有少量霉菌，可以将袋中污染料挖出，加上新料重灭菌、接菌，如污染严重则必须隔离，不可挽救。

7. 催耳

（1）适时开口　菌丝发满菌袋后，当室外气温以达15℃，即可开口催耳。开洞前，去掉菌袋的颈圈和棉塞，将塑料袋口内折（向一侧）后再卷到一起，再用0.2%高锰酸钾擦洗袋面，待药干后用刀片打洞，刀片一定要消毒．洞穴以“V”字形为好，“V”形每边长2～3 cm。划口深度一般为2～3 mm。穴口数以10～12为宜，品字型排列，袋底划2个“X”字形口出耳时可将菌袋倒置。

小口出耳可以提高商品性，用木板、铁条等固定5～6个直径4～5 mm、高5～7 mm的铁柱，表面要平，间距为30 mm。每袋排口为50～60个。这种方式出耳的耳根小，有利于保水和提高品质。

（2）催耳　催耳最佳时期：4月20日～5月15日，催耳必须在有一定湿度（80%～90%）的房间、荫棚、大棚、温室、野外、畦子上进行。

①荫棚催耳　搭荫棚：棚高2 m，宽4～6 m，长度不限，选用结实的小杆做柱子。先在四周埋好立柱，埋深50 cm以上，中间应根据荫棚的长宽和横木的长度适当增设立柱，棚顶的经纬木需用铁丝捆紧，棚顶及四周用草帘、草、秸秆等铺盖，达到保温保湿，防止禽畜进入的目的。一般30 m^2的荫棚一次可催耳6000～7000袋。

催耳是棚内温度在14℃以上，24℃以下，最好有10℃左右温差时刺激，温差越大越利于出耳。空气湿度75%以上，最高不超过90%。若湿度不够可向袋表面喷雾化水，水要洁净，使袋表面湿润即可。注意通风换气，特别是气温较高时要加大通风量，以防杂菌滋生。温度较低是可覆膜增温，覆膜后要注意通风和降低湿度。一般经过10～15 d的保湿和温差刺激，每个菌袋的开穴处即可整齐地形成耳基，耳基形成后可移选出催耳棚，摆放到出耳场地进行出耳阶段的管理。

②阳畦催耳　根据地势做畦，地势低易积水作高畦，地势高可做低畦，畦宽1 m，长

度不限。畦做好后先撒生石灰等消毒，然后把划好口的菌袋倒立摆放，间距 2~3 cm。菌袋上覆盖一层地膜，地膜上在盖一层草帘或遮阳网。白天温度高时可向草帘喷水降温或掀膜通气。夜间揭开地膜和草帘拉大昼夜温差，同时保持空气相对湿度 75%~90%，如湿度不够，向袋表面喷雾化水，或把地面喷湿。全开形成后可进行出耳管理。

8. 出耳管理

(1)全光栽培　全光栽培是指菌袋(已形成耳基的)在露天条件下，不需任何遮阴条件、全光照射栽培出耳。

先选择好场地(场地要求平整无陡坡、无低洼、裸露地即可)，场地平整按水流方向摆放菌袋，每行 12 个，约宽为 1.5 cm，长度适当，两边留出道，道宽约为 80cm，达到作业方便、管理容易、省工省时即可。摆出的菌袋要晒 1~2 d 后在浇水，雨天可不浇，晴天可早晚各浇水一次。早晨少浇，晚间多浇。这样的条件可使晚间长耳，白天养菌。待耳片长至 3~4 cm 时可停水 2 d，让菌丝充分恢复后，再按上述方法喷水管理。直到采收。

(2)阳畦栽培　催耳后的菌袋，重升整齐地摆放在阳畦上，菌袋间隔 7~15cm。上盖草帘，草帘透光度约 30%。保持草帘下空气相对温度 80%~90%，经常向草帘喷水，以增加草帘下湿度，晴天每天喷水 3 次，每次约 20~30 min，阴天可喷水，雨天可不喷水。一般经过 15~20 d 即可采收。

(3)吊袋栽培　在阴棚或大棚内把袋子吊起，进行立体栽培，管理方法基本同上。优点是省工，缺点是上下层温度不匀，易造成减产。吊在阴棚下时，由于缺光，耳片略浅。

(4)树荫下栽培　管理方法基本同阳畦栽培。

(5)棚内吊袋出耳　指在人工搭建的耳棚内，把长满菌丝的菌袋吊在棚内，经过对环境条件的综合调节，生产黑木耳的一种方法。

①搭建耳棚　耳棚建在近水源、通风良好、光线充足和远离污染源的空闲地或林地。耳棚立柱用高 2.5~2.8 m 的水泥柱或木桩，下埋 40~50 cm，间距 2 m 左右。顶棚用 8~10 cm 的 8 号铁丝线或木棍搭成。棚顶用遮阳网或树枝遮阳，创造七阳三阴的环境。棚四周用草帘挡风。

②划口开穴　当菌袋菌丝已发满，部分菌袋已有少量耳基出现时，要及时划口开穴。先用 5% 石灰水或克霉灵粉剂 300~500 倍液对菌袋进行表面消毒处理。消毒液晾干后再开穴。用锋利的消毒刀片在菌袋四周开“V”字形出耳穴，深 0.5 cm 左右，角斜线长 1.5~2.5 cm，夹角 45°~60°，每袋划 8~12 个口，交错排列。

③诱导耳基　开穴后将菌袋堆积排放。控制温度 20~24℃，空气相对湿度 80%~85%，增加光照，适当通风。这样管理 5~7 d 后，耳基在穴口大量形成。

④吊袋　耳基形成后应尽快进行吊袋。将袋系在一根尼龙绳上挂在耳棚顶木竿上，或用“S”形吊钩吊挂，袋间距 10~15 cm，每根绳系 8~10 袋，整串吊挂，最下部菌袋距地表 20 cm，上下层耳袋位置要相互错开，吊袋群间应留有 1 m 宽的管理通道。吊袋结束后应马上往地面喷水，保持棚内空气相对湿度 90% 左右，防止耳基干缩。

9. 采收加工

耳片充分展开，边缘内卷，当耳片收边时，应及时采收。采收应在晴天进行，要去掉耳根并将朵形撕成单片状，用水洗净，放在带眼的帘上晒干或烘干。晒干或烘干的黑木耳水分含量应低于11%，应盛装于双层大塑料袋中，避光保存以备出售。

复习思考题

1. 试述黑木耳袋栽生产工艺流程。
2. 在黑木耳栽培中，如何有效避免杂菌污染？
3. 试述黑木耳棚架吊袋出耳以及露地摆袋出耳的栽培管理要点。

第十二章　羊肚菌栽培

知识目标

1. 掌握羊肚菌的生物学特性及生活条件。
2. 熟悉羊肚菌栽培的季节、原材料和方法。
3. 熟悉羊肚菌栽培的工艺流程及栽培管理。

技能目标

1. 能够根据季节制定生产计划。
2. 能够进行栽培种制作。
3. 能够进行出菇管理。

素质目标

培养吃苦耐劳、踏踏实实的工作作风。

第一节 概 述

羊肚菌[*Morchella esculenta* (L) Pers]隶属于子囊菌门盘菌纲盘菌目羊肚菌科羊肚菌属。羊肚菌是一种珍稀食用菌，因其菌盖表面凹凸不平，状如羊肚而得名，又名羊肚蘑、羊肚菜、草笠竹。羊肚菌形成发生距今246.63百万年前的三叠纪中期，主要分布于亚洲、欧洲、北美洲及大洋洲等地，分类鉴定虽已进行了两百多年，但羊肚菌属的分类仍旧比较混乱。据目前资料统计，羊肚菌属共计记录有68个系统发育学物种，其中29个已经给定出学术界通用的双名法名称，但这其中，不包括亚洲物种。我国老一辈菌物学家主要采用传统的形态学分类。1963年，邓叔群记录了中国的羊肚菌有5个种；1979年，戴芳澜记录了中国的8种羊肚菌；1998年，黄年来记录了我国的6种羊肚菌；2000年，卯晓岚记录了我国的16个羊肚菌品种；2012年，杜习慧采用系统发育学分类，记录了30个物种，其中黑色羊肚菌类群13个，黄色羊肚菌类群17个(图12-1)。

图12-1 山西野生羊肚菌(付丽娇 拍摄)

羊肚菌美味可口，营养丰富，香味独特，具有极高的食、药用价值，因而备受国内外消费者喜欢。不同品种、不同的栽培条件，羊肚菌营养成分之间有差异。据资料分析，每100g干羊肚菌中蛋白质含量在6.87~9.92g之间，脂肪含量在2.26~6.30g，碳水化合物含量在54.55~78.36g，粗纤维含量在18.05~32.74 g，灰分含量在6.46~11.34g。除富含有三大营养物质和矿质元素之外，还含有羊肚菌所特有的鲜味和风味构成的美味成分及微量元素。

羊肚菌是国际名贵食用菌。在我国，明代的《本草纲目》中记载羊肚菌具有“甘寒无毒，益肠胃，化痰利气，补脑提神”的功效。现代医学研究表明，羊肚菌具有调节机体免疫力和抗疲劳功效；羊肚菌具有抗衰老、消除自由基的作用；羊肚菌中的多糖、硒和有机锗等活性物质对抗癌、防癌具有良好的功效；羊肚菌乙醇提取物具有良好的抗炎效果。

羊肚菌人工栽培历史悠久。法国是最早进行人工栽培的国家，距今有130余年。1980年，美国旧金山州立大学一位地衣专业的研究生Ronald Dean Ower利用人工气候室成功培育出羊肚菌子实体，这是羊肚菌人工栽培历史上的一项重大成果，从此宣告羊肚菌人工栽培的世纪难题被攻克。20世纪末，我国一大批羊肚菌从业者进行了大量的人工驯化。最早记录是1983年丁文奇进行的羊肚菌人工驯化栽培。21世纪初，室内、室外栽培都取得了突破性进展。2017年羊肚菌人工栽培面积达7万亩。

第二节　生物学特性

一、形态特征与生态习性

羊肚菌由菌丝体、子实体和孢子组成。

(1)菌丝体　孢子萌发形成初生菌丝。初生菌丝较直，不分支或分支较少，之后不断在亚顶端细胞上形成分支菌丝。菌丝由一个圆柱状或膨大的圆柱状细胞串联交织而成。生长初期无色或浅白色，后期棕黄色、浅棕色或浅黄色，有隔，单孔隔膜。正常的菌丝直径6~13μm，细胞长54~150μm，菌丝光滑或粗糙，粗糙菌丝多存在于野生条件或田间生产的土壤内。菌丝细胞的隔膜和分枝很多，将菌丝分割成为长短差异明显的细胞，羊肚菌菌丝体的大多数细胞为多核状态，平均细胞数量22个，最多可含有65个细胞核。

根据菌丝的功能，可将羊肚菌的菌丝分为营养菌丝和生殖菌丝。羊肚菌的营养菌丝主要包括基内菌丝和气生菌丝。基内菌丝是指生长在培养基内或基料内的营养菌丝，可以产生各种胞外酶、水溶性和脂溶性色素等，使培养基着色，具有吸收营养和排泄代谢废物的功能；气生菌丝是指由基内菌丝生长出培养基外伸向空间的菌丝，呈直生或分枝状，菌丝之间交织融合频繁。

遇到高温、低温及干燥等不利于生长的环境时，为了抵御不良环境，菌丝紧密连接交织而形成休眠体结构，内层是疏松组织，外层是拟薄壁组织，表皮细胞壁厚、色深、较坚硬，这就是菌核。在条件适宜时，菌核又可萌发产生菌丝。

(2)子实体　羊肚菌的子囊果分为菌盖、菌柄，内部中空。成熟的子囊果锥形、圆锥形、卵圆形和近似圆柱形。通常高10~20cm；菌盖高5~8cm，宽3.5~6cm；菌柄长4~7cm，直径3~5cm。现人工栽培的子囊果高可达25~30cm，菌盖最宽部位13~18cm，鲜重达200~240g(图12-2)。

图12-2　人工栽培羊肚菌(张江萍 拍摄)

菌盖上有凹坑、横隔、脊及菌肉。随着子囊果的成熟，菌盖上凹陷部位颜色逐渐变浅至浅棕色，菌盖脊部颜色逐渐变为浅黑色；竖直的脊由幼嫩时的弯曲粗壮变得平滑锐利，脊与脊之间有平行排列的横隔，也随着子囊果的成熟逐渐明显，将凹坑一个个分隔开来，呈梯状。

菌柄白色，圆柱形或基部膨大，菌柄基部有绒毛，常伴有开裂或凹陷。子囊果下部土层内有大量的白色菌丝团。

(3)孢子　羊肚菌的孢子分为无性孢子和子囊孢子。

①无性孢子　无性孢子大小均一，球形，无色，无隔，光滑，直径3.4~5.3μm；孢子梗纺锤状，呈轻微“S”型弯曲，大小(2.0~6.3)μm×(14.0~18.5)μm，瓶颈产孢，4~6个孢子梗环绕生长在特化的菌丝四周；形成孢子梗的菌丝较营养菌丝稍细，无色透明，直径6.0~8.5μm。无性孢子大多单核。人工栽培过程中，播种后5~10d，浅层土壤的缝

隙及土层表面会形成大量的白色、粉末状的无性孢子，俗称“菌霜”。

②子囊孢子　在成熟的子囊果菌盖的盘状凹坑内发育着大量的子囊。子囊内包含8个排列的子囊孢子，成熟时，孢子通过弹射释放。子囊孢子为有性孢子。孢子椭圆形，多核，表面光滑，无色，孢子印通常黄色或浅黄棕色。孢子大小(13.1~15.2)μm×(21.3~23.8)μm。

每年春末夏初，野生羊肚菌发生。山西地区是每年的4月底5月初采摘野生羊肚菌。生长于海拔2000~3000m的针叶阔叶林混交林中，多生长于阔叶林地上及路旁，单生或群生。还有部分生长在杨树林、果园、草地、河滩、榆树林、槐树林及上述林边的路旁、河边。单个或成片生长，土质一般为沙碱性或略偏碱性。野生羊肚菌分布于我国陕西、甘肃、青海、西藏、新疆、四川、山西、吉林、江苏、云南、河南、河北、北京、湖南、贵州、等地。人工栽培主要分布在四川、云南、贵州、河南、辽宁、吉林、河北、山西、湖北、新疆等地。

二、生长条件

(1)营养　羊肚菌为腐生型菌类。

羊肚菌可以通过分泌胞外酶降解基质中的纤维素、半纤维素、淀粉、木质素以及含氮有机化合物成为小分子物质，进而吸收利用。葡萄糖、蔗糖和可溶性淀粉是羊肚菌的最佳碳源。生产中可以用于羊肚菌转化利用的碳源包括麦粒、木屑、谷壳、玉米芯、棉籽壳、秸秆、食用菌废弃料等。羊肚菌菌丝对木质素、半纤维素、果胶的降解能力较差。在实际生产中，通过堆置发酵技术，使原本难以降解利用的木质素、半纤维素在沤堆发酵过程中通过有益微生物的作用转化为小分子有机物，从而很好地被羊肚菌所利用。

(2)温度　羊肚菌为低温变温结实性菌类。

子囊孢子形成以10~18℃为好，孢子萌发以20~26℃为宜，高于30℃或低于20℃均影响萌发；菌丝在5~30℃均能生长，最适温度为20~25℃；羊肚菌子囊果形成与发育温度为6~16℃。低温环境下，子囊果发育速度较慢，但子囊果厚实、折干率低；温度在18~24℃，羊肚菌的生长发育速度增快，通常7~10d，即可由1~2cm高的小菇生长成可以采摘的成熟子囊果。环境温度超过25℃很难再诱发原基发生，25℃持续一周左右，整个生产季节将结束。原基形成时，若给予4℃以下一周以上的低温刺激或10℃以上的温差刺激均有助于原基发生；

因此，进行生产时，环境温度低于20℃时为最佳的播种期，此时，羊肚菌菌丝在10~20℃依旧可以快速生长，而环境中各类杂菌则处于低速生长或半休眠状态，可以确保羊肚菌菌丝快速在环境中定植，占主导地位。

(3)水分与湿度　羊肚菌属于喜湿性菌类。

在菌丝生长阶段，要求培养料含水量在60%~65%。含水量过高影响培养基的通气性，易造成厌氧状态，影响菌丝的生长发育；含水量过低，同样不利于菌丝发育，表现出菌丝稀疏，吃料慢或不吃料的特征。

外源营养袋的含水量在65%~70%，确保在生产中，划口摆袋之后不至于水分丧失，造成菌丝不吃外源袋或吃袋慢的情况。

播种时，土壤含水量在18%~30%；在菌丝生长阶段，土壤含水量为15%~25%为宜；在原基形成和子囊果发育阶段，土壤含水量为14%~28%为宜，空气相对湿度为80%~90%为宜。

(4)空气　羊肚菌属于好气性菌类。

在菌丝和子实体的生长发育过程中需要消耗大量的O_2，放出CO_2。菌丝生长阶段能忍受较高浓度的CO_2，可以在半嫌气条件下正常生长。子实体分化及生长发育阶段则需要大量的O_2。400~600ppm有助于子实体的快速发育，高浓度CO_2造成子囊果畸形，菌柄增长，菌盖短小。在大规模生产时，通过通风换气调节O_2和CO_2浓度。

(5)光照　羊肚菌的菌丝生长阶段不需要光线，在黑暗中能正常生长，过强的光线会抑制菌丝的生长。子实体分化阶段需要200~1100Lux的散射光刺激。光线不足，原基数量少。强光，尤其是避免强光直射，会对子实体造成灼伤，导致形成畸形菇。

(6)酸碱度　羊肚菌喜中性至弱碱性环境。

菌丝生长pH值范围为6.0~8.9，最适pH值为7.8。因此，在菌种制备过程中，原种、栽培种及外源营养袋会添加1~1.5%石灰。在大田生产时，不同的土壤，每亩(1亩≈667m^2，下同)可添加50~75kg生石灰或200~250kg的草木灰调节酸碱度。

第三节　常见栽培品种

目前大面积推广的羊肚菌品种为六妹羊肚菌(*Morchella sextelata*)、七妹羊肚菌(*Morchella septimelata*)、梯棱羊肚菌(*Morchella importuna*)、高羊肚菌(*Morchella elata*)。梯棱羊肚菌是栽培最为广泛的品种，占整个产业的70%~80%。六妹羊肚菌是后起之秀，抗逆性尤其是极端的低温天气，表现性能比较好，在北方地区山西、吉林、辽宁等地表现较好。七妹羊肚菌目前还处在驯化、示范阶段，但它具备六妹的大部分优良特征，非常期待。

第四节　栽培技术

羊肚菌在经历了漫长的室内、外仿生栽培探索之后，现主要栽培模式有林下栽培、大田栽培、棚内栽培。下面详细讲述林下栽培技术。

我国有着丰富的森林资源，据2011年统计，我国森林的覆盖率20.36%，林地面积为31 046.18万hm^2，其中有17 775.67万hm^2林地可用于发展林下经济。

坚持生态优先，确保生态环境得到保护；坚持因地制宜的发展林下经济。林菌向立体化、规模化、标准化和产业化发展，坚持可持续发展的理念，充分利用森林资源和林地空间，提高林地综合利用效率和经营效益，能够形成保护森林、实惠林农、健康大众的新兴林业发展模式，成为林下经济战略性新兴产业形成的重要推动力。

北方羊肚菌出菇期气候干燥，风大，这是北方栽培需要面临的主要问题。而在林地内形成天然的小气候区，风力较小，空气湿度增大，有助于羊肚菌的生长；另外，林地腐殖质丰富，土壤疏松透气性好，是羊肚菌生长的优质土质。在林下栽培还能降低生产成本。

因此，近年来，山西林业职业技术学院食用菌团队一直在进行林下栽培研究。选择山西的太原、和顺、左权、阳曲、夏县、山阴、应县、交城、临汾、太宽河保护区等十几个地区，分别在杨树、苹果树、杏树、核桃树等树林进行了栽培，均取得理想效益。栽培过程如下：

(1)栽培季节确定　羊肚菌属低温品种，不同地区栽培季节不同。以山西为例，雁门关以北，栽培季节在9月底，依次往南推算栽培时间，如山西最南部的运城的栽培时间在10月中下旬。各地因地制宜，根据气候变化决定播种时间。通常当环境温度下降到20℃以下时，开始播种。不同地域气候条件不同，每年的大气候也会有所差异。因此，在实际生产中，要综合考虑各方面的因素确定播种时间与栽培模式。

(2)菌种制备　按照生产季节，往前倒推1个月进行栽培种生产。北方母种、原种、栽培种生产季节在7、8月高温季节，注意检查，防止污染。每亩林地菌种用量为母种1支(图12-3)，750mL菌种瓶生产的原种5～6瓶，14cm×28cm栽培种300袋左右。实际生产需加大生产量，扣除污染损耗。

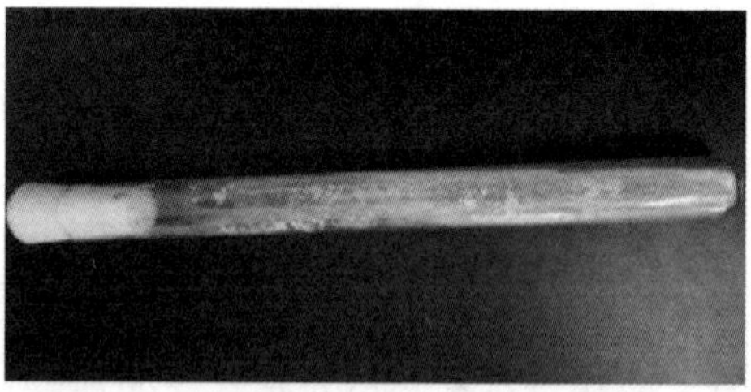

图12-3　羊肚菌母种(张江萍 拍摄)

(3)培养料选择　在北方，生产原种、栽培种及外源营养袋的主料为麦粒、木屑、玉米芯、棉籽壳等，辅料成分为腐殖质土、生石灰、石膏、磷酸二氢钾等。原种、栽培种及外源营养袋北方常见配方：

①木屑70%，麦粒20%，腐殖质土10%，生石灰1%~2%，石膏1.5%。

②木屑30%，麦粒30%，稻谷壳30%，腐殖质土10%，生石灰1%～2%，石膏1.5%。

③木屑40%，玉米芯25%，玉米粉25%，腐殖质土10%，生石灰1%～2%，石膏1.5%。

④玉米芯65%，麦粒20%，腐殖质土15%，生石灰1%~2%，石膏1.5%。

⑤麦料70%，玉米芯30%，生石灰1%~2%，石膏1.5%。

此外，配方中的麦粒比例可根据生产模式进行适当调整。腐殖质土比例也可适当调整，最少可不添加，但最大比例不超过15%。配方中也可加入0.1%磷酸二氢钾，调节pH值。

(4)培养料配制　羊肚菌原种和栽培种的主料为麦粒、木屑、玉米芯，辅料成分包括腐殖质土、生石灰、石膏等。麦粒使用前必须进行泡涨或煮涨，至无白芯为宜。环境温度20℃左右，冷水浸泡15～24h为宜。温度低，延长浸泡时间。温度高，适当减少浸泡时间。木屑、玉米芯需提前预湿2～3h，确保料吃水彻底。将小麦、木屑、玉米芯按比例进行搅拌，最后添加辅料。可人工搅拌，也可借助大型拌料机或自走式拌料机进行搅拌。经多次翻堆，确保搅拌均匀，含水量适中。

(5)装瓶/袋　拌好料后，及时装瓶或袋，防止料变质。原种通常采用750mL广口菌种瓶，装料至瓶颈处即可。栽培种通常采用14cm×28cm菌种袋，装料平均重量550～650g。装料不可过满，料面上要留有适当的空间。装料要求内松外紧，上下松紧适宜，不可装料过紧，否则会造成通气性差，菌丝吃料较慢或不吃料的情况。

(6)灭菌　原种通常采用高压灭菌，在121℃下灭菌2~3h。原种、栽培种、外援袋可采用高压灭菌也可采用常压灭菌。常压灭菌采用100℃下维持24~36h。

装完袋后，要及时灭菌，尽量在4h内进行灭菌。大规模栽培时，可就地生产栽培种、外援营养袋。采用常压灭菌，一次灭菌量大，设施造价低，方便灵活掌握。缺点是灭菌周期长，升温慢，容易造成灭菌死角，导致灭菌不彻底。

外援营养袋选用12cm×24cm的菌种袋，厚度为0.02mm。可按以上配方进行生产、灭菌，通常每亩外援营养袋的用量为1800~2000袋。

(7)冷却与接种　灭菌后的培养料要趁热移入冷却室进行冷却。待温度降至28℃以下时，开始接种。冷却室要经常进行清洁和消毒处理，应保持清洁卫生和干燥，特别要防止地面扬尘的发生，减少空气中的悬浮颗粒物，减少尘埃沉落到菌种瓶(袋)外表面。专业菌种厂的冷却室应达到万级净化，有效地减少菌种的污染。

每支18mm×180 mm母种可转接6~8瓶原种。750mL的原种每瓶转接50~55袋栽培种。通常每亩的栽培种用量为300袋，大约200~225kg菌种。

在无菌室或用接种箱进行接种时，首先进行消毒处理。具体作业采用流水作业的方式进行。两人一组，一人负责开盖瓶/袋口，另一人负责挑取接种块接种；安排专人负责菌种接种前后的搬运周转工作。接种过程中，要严格的按照无菌操作进行，操作要快、准，尽量减少料、菌种在空气中的暴露时间。

(8)发菌　接完种的菌种，及时转入发菌室。发菌室要求洁净、可控温控湿、避光通风。

在20~23℃下培养，菌丝的长速通常可达1.2~1.5cm/d。接种后通常6~12h，即可看到菌种块上萌发出新的菌丝，开始吃料；原种约15d左右长满瓶，栽培种20~25d长满袋。25~30d即可播种使用。

注　实际生产中，长满的菌种来不及使用时，一定要放在4~10℃的低温环境下保存。原种、栽培种保存时间最长不超过15d。

在发菌期间，初始培养温度为21~22℃，当菌种萌发长至2~3cm直径大小时，降低1~2℃。当菌丝长至菌袋/瓶一半时，继续降温1~2℃，直至菌种发满。培养温度是指菌袋内的温度，通常菌袋内的温度比室温要高2~3℃。在培养室内的不同部位挂温度计，以便及时查看培养室的温度变化。最好是在培养料中间插一支长柄温度计，方便查看菌袋内温度，避免料温超过28℃引起烧菌。

培养期间至少要进行3次的检查，及时剔除有污染、破损的菌袋。培养2~3d，检查菌种萌发、吃料情况，有污染尽快清除掉，菌种未萌发的可重新接种。菌丝长至瓶或袋的1/4~1/3时，进行第二次的逐一检查，检查菌丝的浓密程度、整齐度、长势、污染情况等，及时剔除污染、发菌不均一、长势慢的菌种。当菌丝长至3/4~4/5时，进行第三次全面检查，同时将菌种进行调整或翻堆，保证长势一致。主要检查菌丝长势、颜色，菌核生长情况，剔除劣质菌种。

(9)整理林地　杨树林、桦树林、杉树林、松树林、果树林等均可用于羊肚菌的栽培。优选平整的林地，树木纵横间距规整，便于机械化耕作和林下作业。土质疏松，具有一定的保水性和透气性，腐殖质含量高为宜。进行羊肚菌栽培必须满足近水源，水渠、河流、湖区或机井均可，便于取水灌溉。

首先，去除林地杂草，可用除草机或收割机进行除草，但是避免使用除草剂。根据林地土壤条件进行石灰施撒，每亩地生石灰用量50～100kg。撒完石灰后，在树行间按照长轴走势进行一次深耕，耕地深度25～30cm。耕地完成后，按照树木的行距进行规划开沟或建畦。沟或畦宽0.8～1.5m，具体宽度根据树行间距灵活掌握。黏性土壤建畦，有利于排水。碱性沙土开沟，有利于贮水保湿（图12-4）。

图12-4　杨树林林地整理（张江萍 拍摄）

注　生石灰作用：林地腐殖质含量丰富，厚厚的落叶层内栖息着大量昆虫及杂菌，石灰可有效地杀死或驱赶大部分昆虫，并能有效的调节土壤的酸碱度。但是，北方的沙碱地必须注意控制用量。

（10）播种　首先，对菌种进行预处理，用刀片把菌种袋拉破，菌种轻轻揉碎至1.0～1.5cm大小的菌种块。每亩菌种用量为300袋左右，重量为75～100 kg，如采用地膜栽培，菌种量可降低到100kg/亩。大规模生产时，可采用粉碎机对菌种进行粉碎。播种时可采用撒播、条播的方法进行。

①撒播　将菌种均匀洒于畦面，之后用钉耙、铁锹覆盖菌种。或用旋耕机在厢面上旋土约10cm，使菌种与土层混合。

②条播　在开好的畦面上，按照长轴走向开"V"字形槽，槽宽、深都约10cm，把菌种均匀撒在槽内，用厢面上的土回填平沟槽。也可用农用工具直接抹平沟槽，提高生产效率。

（11）浇水　播完种后，要及时浇水。浇水可采用地插微喷、滴灌、漫灌等方式。播种前也可看天气，如果播种后下雨最好，可节省浇水费用。但是，浇水要保证一次性浇透。

（12）覆膜、遮阳网　北方林下栽培地膜采用普通农用白色地膜，通常厚度为0.004～0.006mm。按照厢宽，确定地膜的宽度。覆膜时，沿着厢面长轴，固定地膜一端，拉紧扣在地面上，每隔50cm压一个土块，起到保温、保湿、透气的作用。

覆完地膜后，可根据树间距直接覆盖单层遮阳网。北方地区通常采用的是6针遮阳网，起到遮光、透气与降温的作用。

（13）放置外援营养袋　在播种后大约7d左右，菌丝将长到土壤表面。播种后7～20d，可进行外援营养袋的放置工作。在播完种后，生产外援营养袋。将外援营养袋侧面划口或用钉排打孔，同时，掀开地膜，边划口边放置。划口边朝下，扣在已经长满菌丝的畦面上，每亩的使用量为1800～2000个。再将地膜、遮阳网还原覆盖。

（14）发菌管理　发菌期管理主要是温度、水分管理。

菌丝在10～25℃都可以很好地生长，温度越高，菌丝生长速度越快，但超过25℃之后，菌丝长速过快，营养供给满足不了菌丝生长的需求，表现为菌丝纤细无力。羊肚菌菌丝可以耐受较低的温度，在林下栽培可以安全越冬。因此，在发菌阶段，均要避免温度过高（图12-5）。

注　在越冬前，土壤上冻前浇一次饱和水，保障菌丝安全越冬。

(15)催菇　催菇是羊肚菌由营养生长转变为生殖生长的关键技术。催菇的目的是通过改变营养、水分、温度、光照等因素，进而从生理层面发生改变，转向生殖生长。这些因素是综合的，可同时进行操作。尤其是在林下栽培，出菇期短，把握好催菇时间，非常重要。当地温达到6～8℃时，提前结合天气预报，选定出菇期(图12-6、图12-7)。

图12-5　羊肚菌发菌期(张江萍 拍摄)

图12-6　小搭棚示意(张江萍 拍摄)

图12-7　杨树林地栽培(张江萍拍摄)

①营养刺激　通过移除外源营养袋实现营养刺激。撤袋时间控制在出菇前15d左右。此时，气温已经由前期的最低点开始回升，土壤内部的菌丝开始萌动。首先，拉起遮阳网，把遮阳网架起，净高保持在2m。然后，边搭小拱棚边揭地膜，移走外源营养袋。撤下的地膜注意集中回收处理防止造成“白色污染”。撤下的外源营养袋也要注意集中处理，可发酵处理，用作菌肥，防止杂菌、苍蝇等病虫害的发生。

②水分刺激　在拉起遮阳网，撤掉外援营养袋、地膜，搭起小拱棚后，开始浇水，一次性使土壤含水量达到最大饱和状态，但要注意及时排放积水。

③光线刺激　菌丝生长阶段，在遮阳网的作用下，处于相对黑暗的环境下生长。揭开地膜、遮阳网后，突然暴露在强光下，有助于刺激菌丝分化形成原基。

④温度刺激　在林下栽培，利用自然温度出菇，一定要把握好出菇时间，不要过早的进入出菇期。一天中的自然温差就足够满足出菇需求。同时，浇水后，土壤温度会下降3～5℃，也会增加温差，起到降温的作用。

(16)出菇管理　催菇后，通常10d左右羊肚菌原基发生后，要做好原基的保育工作。0℃以上低温会对原基造成严重的冻伤，这种伤害是不可逆的。因此，催菇时间要准确到位。

原基发育阶段，要注意保持空气湿度，避免空气干燥。北方出菇期风大、气候干燥，此时，一定要注意原基的成活率，防止大风把原基吹萎蔫死亡。

原基发育至1.5～3cm幼菇时，通过喷水增加空气湿度至80%～85%。喷水时，一定要结合通风进行。土壤含水量会随着出菇期的延长逐渐减少，在17%～28%即可(图12-8)。

（17）采收　当羊肚菌子实体不再增大，菌盖脊与凹坑棱廓分明，肉质厚实，有弹性，有浓郁的羊肚菌香味时，即为成熟，可采收。此时羊肚菌重量为整个生长周期中最重的阶段，产量最高。成熟的羊肚菌要及时采摘。若不及时采摘，极易造成羊肚菌过熟，菇肉弯薄，孢子迅速弹射，菇香降低，商品质量下降。

图 12-8　林下出菇情况
（张江萍 拍摄）

采摘方法：用锋利的小刀，在子囊果菌柄近地面，沿地面水平方向切割摘下，或小刀左右两个方向呈 45°角斜向地面切割，摘下菇子；顺带用小刀将粘附于菇柄底部的泥土或杂物削掉，置于篮子、筐子内。采摘时，切忌用塑料袋装菇子，容易引起捂菌，出现腐烂。采摘过程中，菇体保持干净，形成良好的商品性状。

复习思考题

1. 简述羊肚菌生长需要的生活条件？
2. 如何控制羊肚菌出菇期？
3. 简述羊肚菌林下栽培技术。

第十三章　猴头菇栽培

知识目标

1. 掌握猴头菇的生物学特性及生活条件。
2. 熟悉猴头菇栽培的季节、原材料和方法。
3. 熟悉猴头菇栽培的工艺流程及栽培管理。

技能目标

1. 能够根据季节制定生产计划。
2. 能够进行栽培种制作。
3. 能够进行出菇管理。

素质目标

培养吃苦耐劳、踏踏实实的工作作风。

第一节 概 述

猴头菇[*Hericium ernaceus*(Bull.)Pers.]隶属于非褶菌目猴头菌科猴头菌属又名猴头、刺猬菌、山伏菌、猴头菌、猬菌、对口蘑、对脸蘑、花菜菌等。

鲜嫩的猴头菇经特殊烹调色鲜味美，为一种名贵菜肴，与熊掌、燕窝、鱼翅并列为四大名菜，素有"山珍猴头，海味燕窝"之称。猴头菇具有较高的营养价值(表 13-1)，还含有丰富的维生素、胡萝卜素等。

表 13-1 每 100g 猴头菇中营养成分

粗蛋白质	碳水化合物	粗脂肪	粗纤维	钙	磷	铁
26.3g	44.9g	4.2g	6.4g	2mg	856mg	18.0mg

同时，猴头菇还具有特殊的药用价值，猴头菇性平，味甘，有"利五脏，助消化"的功效。近代研究分析表明，猴头菇含有多糖类、多肽类物质，可增强胃黏屏障机能，从而促进溃疡愈合，炎症消退。还具有较高的抗癌活性和增强人体免疫功能的疗效作用。近年来已广泛用于临床的猴菇消炎片等药物，对胃疡、十二指肠溃疡、慢性胃炎等病症疗效显著，对消化道肿瘤也有一定疗效作用。利用猴头菇制成的各种口服液等保健食品，如猴头菇饮料、猴头菇夹心饼干、猴头菇软糖、猴头菇蜜饯、猴头菇口服液、太阳神口服液、猴菇菌片、胃友、胃乐宁、三九胃泰以及猴头菇冲剂等，广受消费者的欢迎。

野生猴头菇的数量稀少，1959 年陈梅朋在齐齐哈尔分离猴头菇获得纯菌种，同年上海市农业科学院食用菌研究所对猴头菇人工驯化成功。1979 年浙江常山微生物厂用金刚刺酿酒残渣栽培猴头菇获得成功。随着科学技术的发展与推广，人工栽培猴头菇不断普及，以上海、浙江、江苏、吉林和福建等为大规模生产地，全国大多省(自治区、直辖市)也发展较快。2000 年我国猴头菇鲜菇总产量为 0.64 万 t，2007 年为 5.7 万 t。目前除供国内食用、药用外，还对外出口，因而发展潜力很大。

第二节 生物学特性

一、形态特征与生态习性

猴头菇由菌丝体、子实体和孢子组成。

(1)菌丝体　菌丝体由孢子萌发而成。细胞内只有一个细胞核，称为单核菌丝或一次菌丝，随后两个单核菌丝进行细胞质融合，形成了细胞内含有两个核的菌丝，称为双核菌丝或二次菌丝。双核菌丝较单核菌丝粗壮，生命力强，具结实能力(单核菌丝不具结实能力)。菌丝体在试管斜面培养基上，初时稀疏、呈散射状，而后逐渐变得浓密粗壮，气生菌丝短，粉白色，呈绒毛状。放置时间略长，斜面上会出现小原基并长成珊瑚状小菌蕾。

在木屑或蔗渣培养料中，开始深入料层，菌丝比较稀薄，培养料变成淡黄褐色，随着培养时间的延长，菌丝体不断增殖，菌丝体密集地贯穿于基质中，或蔓延于基质表面，浓密，呈白色或乳白色。在显微镜下，猴头菌菌丝细胞壁薄，有分枝和横隔，直径 10～20μm，有时可见到锁状联合的现象。

图 13-1 猴头菇

(2)子实体 猴头菇子实体肉质、块状、头状，似猴子的头而得名，一般直径 5～20cm，新鲜时白色，肉质松软细嫩。干燥时淡黄色至黄褐色，无柄，基部处狭窄，除基部外均密布菌刺覆盖整个子实体。菌刺的长短与生长条件有密切关系，菌刺下垂生长，呈圆锥形，刺长 1～5cm，刺前端尖锐或略带弯曲，刺粗 1～2mm(图 13-1)。

(3)孢子 猴头菌的孢子生于菌刺周围的子实层，孢子无色光滑，球形或近球形，含一个油滴，(5. 1～7. 6)μm×(5～7. 6)μm，孢子印白色。

猴头菇多发生于秋季，生长于深山密林中的栎类及其他阔叶树的立木、腐木上。分布在日本、北美洲、欧洲等国。在我国主要分布于黑龙江、福建、吉林、山西、河北、河南、浙江、安徽、湖南、广西、四川、贵州、云南、陕西、甘肃、内蒙古、青海、西藏等地。

二、生长条件

(1)营养 猴头菇属木腐性菌类。腐生生活，在其生长发育过程中，必须不断地从培养基中吸收所需要的碳水化合物、含氮化合物、无机盐类和维生素等。猴头菇生长所需碳源有纤维素、半纤维素、淀粉、蔗糖等；氮源有蛋白质、有机态氨，也能用尿素、铵盐、硝酸盐作为氮源；微量元素有钙、镁、铁、锌、钼等。猴头菌的营养菌丝在生育过程中能分泌些酶类，将培养基中的多糖、有机酸、醇、醛等分解成单糖作为碳素营养；并通过分解蛋白质、氨基酸等有机物，吸收硝酸盐和铵盐等无机氮，作为氮素营养。据试验，以葡萄糖为碳源，菌丝前期生长较快，以红薯淀粉为碳源则后期生长较好。氮源对菌丝生长影响很明显。以酵母膏和麦麸等作氮素营养效果比较好。许多含有纤维素的农副产品，如木屑、蔗渣、稻草、金刚刺酒渣、棉籽壳等都是栽培猴头菌的良好原料。但松、杉、柏等的木屑，因含有芳香油或树脂，未经处理不能利用。这是由于这些物质有抑制猴头菌生长发育的作用。猴头菌丝分解纤维素、木质素的能力较弱，特别是接种初期生长十分缓慢，故配料时要尽可能精细些，常加入 1% 的蔗糖作辅助碳源。

(2)温度 猴头菇属低温型恒温结实性菌类。菌丝生长要求的温度范围是 6～30℃，最适生长温度为 23～25℃。温度过高，菌丝生长得细弱，高于 30℃时生长缓慢，35℃时菌丝停止生长；温度低，菌丝生长缓慢，但菌丝粗而浓，生命力强，5℃以下菌丝停止生长。子实体生长温度为 12～24℃，以 18℃最为适宜。温度高低对子实体的形态影响较大，在最适宜温度范围内，子实体个大，菌肉坚实，菌刺短，色泽乳白，商品价值高；气温超过最适温度，子实体个小，菌肉松软，菌刺细长，高于 25℃则不能形成子实体，已形成的幼蕾逐渐萎缩、死亡；当气温低于 8℃时，子实体色泽暗红，菌刺短少，甚至无刺，商品质量严重下降。人工栽培时，需掌握猴头菇的变温结实特性，当菌丝生长到一定阶段，创造子实体分化的适宜条件，促使优质菇的生长。

(3)水分和湿度　猴头菇是喜湿性菌类。猴头菇的不同生长阶段对水分的要求不同。菌丝体生长阶段，要求培养料的含水量为60%~70%，空气相对湿度为60%~65%。子实体发育阶段需水分较多，培养基中的含水量以65%为好，空气相对湿度为85%~90%较适宜。若空气湿度不足甚至干燥，子实体的表层组织生长不良，菌刺干缩、断裂；如果湿度长期在90%以上则猴头菌刺生长过长，同时通风不良，易发生畸形菇。因此，在栽培管理过程中，合理喷水保湿尤为重要，一定要勤喷、轻喷、少喷水。

(4)空气　猴头菇是一种好气性菌类。其生长繁殖过程中要有足够O_2供应。猴头菇对CO_2极为敏感，菌丝体生长阶段，一般能忍受0.3%~1.0%的CO_2，子实体生长阶段CO_2浓度超过0.1%就会刺激菌柄不断分枝，菌柄伸长，菌刺弯曲成畸形，或长成珊瑚状的畸形菇。CO_2过高时，子实体不易形成，特别是冬季，培养室内加温，CO_2浓度增加，要注意室内的通风换气，保持室内的空气清新，有利于培养优质菇。

(5)光线　猴头菇属厌光性菌类。对光照条件要求不严，菌丝能在完全黑暗中生长，子实体的分化需要少量的散射光即可。弱光下，子实体色泽白，品质高；光强时，子实体颜色变黄，生长缓慢。

(6)酸碱度　猴头菇是喜酸菌类。在中性或碱性的培养料中菌丝很难生长，只有在偏酸的环境中，才能充分地分解培养料中的有机质，因此，在斜面培养基中通常用柠檬酸或苹果酸酸化。

猴头菇的菌丝可以在pH值2.4~5.0的条件下生长发育，其中以pH值4时最适宜，因此人们在拌料时常把pH值调到5.4~5.8。当pH值为2或9时，菌丝停止生长。

猴头菌丝生长过程中会不断地分泌有机酸，因此在培养后期，基质会过度酸化，从而抑制菌丝生长。为了稳定基质的酸碱度，在配制培养基时常加入0.2%的磷酸二氢钾或1%的石膏粉作为缓冲剂。

第三节　常见栽培品种

生产上栽培猴头菇的品种较多，通常选择菌丝洁白、粗壮，子实体出菇早、球心大、组织紧密、颜色洁白的品种。目前我国常见的猴头菇栽培品种有常山99、猴头菇11、猴头菇88、高猴1号、猴头菇农大2号、猴头菇96、猴杰1号、猴杰2号、猴头菇8905、夏头1号等品种。其中高猴1号是广东太阳神基地生产用种，也是高温型品种；猴杰2号是适合在松木屑培养料上出菇的品种；猴头菇96是山西农业大学食用菌中心培育的优良品种，曾产出4.1kg的巨型猴头菇。

第四节　栽培技术

猴头菇的栽培有段木栽培和代料栽培两种方法。段木栽培现仅为少数研究单位试验和极少数山区栽培。代料栽培主要采用瓶栽法和袋栽法。

一、瓶栽

瓶栽猴头菇，发菌快、出菇早、生产周期短，因此瓶栽是栽培猴头菇的最普遍方法之一。

(1)确定栽培季节　猴头菇属中温偏低温型菌类，子实体的最佳发育期的温度为15～18℃，栽培季节一般在春、秋两季。我国南北气温差异较大，南方气温适宜猴头菇发育的时期大致为春分至小满(3月下旬至5月下旬)和寒露至小雪(10月上旬至11月下旬)两个时段内，北方则为立夏至芒种(5月上旬至6月上旬)和白露至寒露之间(9月上旬至10月上旬)。各地的微气候不同，还应根据本地的气象资料综合分析、判断。由于猴头菌丝要经过25～30d才能由营养生长转入生殖生长，因此确定猴头菇发育后期，再向前推25～30d作为播种期。

(2)菌种制备　因地制宜，选择适合于本地栽培的优良品种，然后按常规的制种方法，制备大量的原种和栽培种，制种时要注意调pH值为酸性。

(3)场地选择　猴头菇的代料栽培场地一般分室内层架床栽和室内发菌野外荫棚畦床栽培两种，包括发菌室、出菇房和野外荫棚三处场所。

①发菌室　菌丝培育的场所要求清洁、干燥、无杂菌。选择适合的房间，提前做好消毒灭菌工作。

②出菇房　即猴头菌子实体发育的场所．为了提高空间的利用率在出菇房内设置床架，每个床架6～7层，高2.8 m，宽90～130 cm，层距30 cm.

③野外荫棚　猴头菌野外栽培出菇房的场所地，一般选择冬闲田或林地。要求在水源方便，利于排水的地方搭建荫棚，光照以七分阴三分阳为宜。荫棚周围的环境应喷敌敌畏等杀虫剂或石灰粉，以防害虫入侵，林地荫棚还应撒呋喃丹等药物，预防白蚁。

(4)培养料选择　根据当地原料来源就地取材，选择适合的培养料配方，通常栽培采用的配方包括：

①棉籽壳86%，米糠5%，麸皮5%，过磷酸钙2%，石膏粉1%，蔗糖1%，柠檬酸0.2%。

②棉籽壳55%，米糠10%，麸皮10%，棉籽饼6%，玉米粉5%，木屑12%，过磷酸钙1%，柠檬酸0.2%。

③甘蔗渣78%，米糠10%，麸皮10%，蔗糖1%，石膏粉1%，柠檬酸0.2%。

④玉米芯渣50%，木屑15%，米糠10%，麸皮10%，棉籽饼8%，玉米粉5%，蔗糖1%，石膏粉1%，柠檬酸0.2%。

⑤玉米芯77%，麸皮11.8%，米糠9.1%，蔗糖1.1%，石膏粉1%，柠檬酸0.2%。

⑥木屑78%，米糠10%，麸皮10%，蔗糖1%，石膏粉1%，柠檬酸0.2%。

⑦酒糟80%，豆饼8%，麸皮10%，蔗糖1%，石膏粉1%，柠檬酸0.2%。

⑧稻草或麦秆61%，木屑16%，米糠10%，麸皮10%，蔗糖1%，石膏粉1.5%，尿素0.5%，柠檬酸0.2%。

⑨芦苇等野草50%，花生壳或葵花子壳28%，米糠10%，麸皮10%，蔗糖1%，石膏粉1%，柠檬酸0.2%。

⑩豆腐渣或甘薯粉25%，棉籽壳40%，豆秆20%，米糠或麸皮13%，蔗糖1%，石膏粉1%，柠檬酸0.2%。

以上原料除木屑以外，要求新鲜、无霉变，经粉碎成木屑状；酒糟、豆腐渣、甘薯粉则应晒干备用；稻草、麦秆切成3cm左右的小段，并浸泡于水中8h以上，沥水备用。

(5)拌料　在配制培养料时，要求主料和辅料混合干拌，将蔗糖、过磷酸钙、尿素等先溶于水，在倒入干料中反复拌匀。培养料的含水量严格掌握在60%~65%，pH值为5.4~5.8。切忌在配料中加入石灰、多菌灵、克霉灵，不能使培养料的pH偏碱，否则不利于猴头菌的生长。料中的水分大小还与扎瓶口的材料有关，如用牛皮纸或双层报纸封口，则拌料时水分应稍增加一点，而用塑料薄膜封口，则水分不易过多。

(6)装瓶　刚拌好的培养料，一般不宜立即装瓶，而应根据料的不同、气温的高低堆闷0.5~1h后再装瓶。装瓶时一般要把培养料装瓶至瓶肩处，离瓶口约2cm，这样既有利于菌丝的后期生长和早出菇蕾，又有利于形成的蕾菇很快伸长到瓶口外。接触到新鲜的空气，从而良好地生长。

装瓶不能装的太满或太浅。装得太满，一方面瓶内揭盖前缺O_2，不利于菌丝体的后期生长以及子实体的尽早分化，从而推迟现蕾；另一方面还常因菌丝生长接触到瓶盖纸而引起杂菌污染，同时也造成打孔、接种的不便。装得太浅，瓶中的空气多，在发菌期很容易形成的菇蕾，并在瓶内生长，由于打开瓶口后瓶内的CO_2含量远比瓶外的高，因此过早形成的菇蕾因缺O_2而难以继续良好地发育，常形成基部狭长的畸形菇。

装瓶时还要松紧度适宜，不能过松也不能过紧。一般往瓶子装料时，要下松上紧，只有这样随着瓶子在灭菌、出锅、接种过程中的不断运动，上下就会均匀。

(7)打孔　用一根直径约2~2.5 cm的一头钝尖的木棒在瓶内料面中央向瓶底打下一个孔，以便接种方便，同时料中有一孔有利于接种后菌种的定植和均匀发菌。

为了防止培养料酸化，装袋或装瓶后要尽快灭菌。一般用常压灭菌灶(土蒸灶)进行常压一次灭菌，其方法和程序可参见第五章的常压灭菌法，如果使用大规格的料袋时应将灭菌时间延长，以保证灭菌效果。灭菌后卸出料袋或料瓶，置于干净的室内冷却。

(8)抹瓶扎口　打孔后，取一块干净的布料，把瓶口和瓶外沾上的培养料抹掉，减少杂菌污染的机会。然后用一层牛皮纸或两层，或塑料薄膜盖在瓶口上，再用细绳或橡皮筋扎口。注意高压灭菌时要用聚丙烯塑料膜封口，常压灭菌用聚乙烯膜即可。用纸扎口时，纸的表面不应一下子绷得太紧，而应用手指在纸中央轻轻一按，呈下凹状再系住瓶口，这样做可以避免灭菌后纸盖的破损，从而减少污染。

(9)装锅灭菌　把装好料、扎好口的瓶子，装到灭菌灶中去灭菌。装锅时，一般把罐头瓶子横放于锅内隔层架子上，瓶口对瓶口，瓶底对瓶底，摆满一层后，再在这层瓶子上按上述方法依次摆放。这样灭菌的效果比瓶子竖着放要好，瓶口的纸盖或塑料薄膜也不易弄潮弄破，从而减少杂菌污染。在灭菌锅的门口处也应堆放灭菌的材料即瓶子，这样可以阻止热蒸汽从锅门处大量、快速地跑掉。装锅后大气上来连续灭菌8~10h。

(10)出锅　打开灭菌锅门，待料温降至不烫手时就可出锅，把灭过菌的料瓶移到消过毒的接种室准备接种。

(11)接种　待瓶子的温度降至30℃时，即可在消过毒的接种箱内或超净工作台上接种。接种时要加强无菌观念，严格进行无菌操作。无接种箱时，也可点上两个酒精灯，并在其火焰周围接种。

一般1瓶菌种可接60瓶栽培瓶。接猴头菌种时，应非常注意一个问题，即把菌种接入瓶中的接种穴时，一定要用周围的培养料轻轻覆盖住。这样做一方面可以促进菌种尽快定殖，均匀发菌；另一方面还可以防止猴头菌种在瓶中未发好就提前产生菇蕾，造成栽培上的失败，因为这样的菇蕾是无法正常生长发育的。这样的失误，实际生产中经常可以见到。

(12)发菌　接种后将瓶转移入培菌室，避光黑暗培养。室内温度掌握在20～25℃范围，空气相对湿度以60%～65%为宜。早春气温低，注意室内升温，秋季则要降温防止“烧菌”。在培养菌期间要经常进行翻堆、检杂、通风换气。一般经25～30d，菌丝长满菌瓶，可进行催蕾出菇管理。

(13)催蕾　此阶段是猴头菇由营养生长转向生殖生长的关键时期，所以要人为地创造良好的温、光、气、湿等条件，满足猴头菇子实体发育的需要，尽可能使菌瓶现蕾整齐一致。将长满菌丝的菌瓶转入出菇房或野外荫棚，从菌瓶的瓶口处松开薄膜，进行催蕾出菇。此时温度应降至15～18℃，通过对空间喷雾、地面洒水及空气中挂湿草帘等方法加大湿度，加强通风，并增加散射光照，2d后又遮阳，这样人为地造成温、光、气湿等条件的改变，促使菌丝转向生殖生长，几天后从瓶口会出现白色突起的菌蕾。

(14)出菇　现蕾后，瓶栽则将上下两层的菌瓶瓶口交叉方向放置，利于扩大菇体生长空间，防止菇体互相粘连。出菇房的温度应控制在15～20℃，空气相对湿度保持在85～90%，不能对菇体直接喷水，以防伤水、烂菇。室内或菇棚要求空气新鲜，但不能有强风，否则菇体表面会出现干燥现象。通风不良或湿度过大，易形成畸形菇。随着菇体从小长大，光照强度可控制在200～500Lux，随着光照的增强，菇体生长圆整、健壮，商品价值提高，但光照过强，菇体色泽微黄至黄褐，从而品质下降。

(15)采收　猴头菇采收的最佳时期应是子实体七八分成熟。当子实体的菌刺长到0.5～1cm，尚未大量释放孢子时，即为采收期。此时，子实体洁白，味清香、纯正，品质好，产量高。采收时用小刀齐瓶口割下，或用手轻轻旋下，避免碰伤菌刺。若当子实体的菌刺长到1cm以上时采收，则味苦，风味差，往往是菇体过熟的标志。

猴头菇的苦味来自孢子和菌柄，采收后的子实体应及时切去有苦味的菌蒂，浸泡于20%的浓盐水中，鲜食或制罐，也可剖开直接晒干或烘干。

采收后，立即对料面进行清理，除去菇根、菌皮等杂物，覆盖袋口或瓶口，停止喷水，密闭光线，加强通风2d，使空气相对湿度降至70%左右，并关闭菇房或菇棚，进行“养菌”。约7d后，可再次催蕾，进入下一潮菇的管理。瓶栽一般可以收两潮菇，袋栽一般可出3～4潮菇，后两潮用覆土处理，可提高产量。

二、袋栽

猴头菇可采用袋栽进行生产，常采用塑料小袋两头出菇的袋栽方法。袋栽生产猴头菇的生产过程和瓶栽法基本相同。

(1)小袋两头出菇袋栽法　小袋两头出菇袋栽方法就是采用(16～18)cm×(33～38)

cm，厚0.02～0.03cm的塑料袋筒，每袋能装料0.35～0.4 kg的干料，经拌料、装袋、灭菌后，采用两头接种的方法。发菌和出菇采用堆叠菌墙的方法，其他管理与瓶栽相同。袋栽一般不需要间菇，产生的子实体个体较大，有的可达0.25 kg左右，最大可达0.5 kg。因此袋栽的猴头菇，第一潮菇适合鲜销、干制而不宜制罐头，第二、三潮菇才适合制罐头。此法比起瓶栽产量高，省工省时，占地面积小，也易于推广。选择许多地方，特别是购买瓶子不方便的地方，都开始采用小袋子袋栽猴头菇的方法。

（2）大袋中间多点出菇法　这种方法适用于层架立体栽培。采用宽18～23cm、长50～55cm的聚乙烯筒袋装料，扎紧袋口后将菌袋用木板压扁，使上下面成一平面，上面利于接种，下面利于放置。灭菌时注意保持菌袋原形。在灭菌后的菌袋上平面用直径1.5cm的打孔器，按等距打4～5个接种孔，深2.5～3cm，及时接种、封口，或在菌袋外面套一保护袋。

（3）抹泥墙　在种香菇、银耳的产区，人们还采用长袋子、细袋子侧面打孔接种的方法，让猴头菇在菌棒上周身打眼出菇，袋子的规格一般为（12～15）cm×55cm～0.045cm。一般采用装袋机装袋，工作效率高。

三、畸形猴头菇的防治

（1）常见的畸形

①珊瑚型　子实体基部起长分枝，在每个分枝上又不规则地多次分枝，成珊瑚状丛集，基部有一条似根状的菌丝索与培养基相连，以吸收营养。这种子实体有的早期死亡，有的继续生长发育，小枝顶端不断壮大，形成具有猴头菇形态的一个个小子实体。

②光秃型　子实体呈块状分枝，由各分枝生长发育而成。但子实体表面皱褶，粗糙无刺；菌肉松软，个体肥大，鲜时略带褐色，香味同正常猴头菇。

③色泽异常型　这种子实体与正常猴头菇无多大差别，只是菌体发黄，菌刺短而粗，有时整个猴头菇带苦味；有的子实体从幼小到成熟一直呈粉红色，但味不变。

（2）发生原因与防治

①培养料不恰当，CO_2浓度过高　会产生珊瑚型猴头菇。猴头菌生长完全靠培养料中的营养。如果培养料中含有芳香物质或其他有害物质，菌丝体的生长发育就会受到抑制或异常刺激。因此，配制培养料时，应注意不要混放松、柏等树种的木粉及其他有毒物质，猴头菌对此很敏感。当空气中浓度超过0.1%时，就会刺激菇柄不断分枝，而抑制子实体的发育。因此，出菇阶段在注意温、湿度的同时，还要通风换气。如果已形成珊瑚状子实体，可以在猴头菇幼小时，连同培养料一起铲除，以重新获得正常的子实体。

②水分湿度管理不善　会产生光秃无刺型猴头菇。据实验，一个直径6～11 cm，体积70～150 mL的猴头菇子实体，每天要蒸发2～6 mL水分，温度越高，蒸发量越大。因此，当气温高于25℃时要特别加强水分管理，要保持90%的空气相对湿度。此外，通风换气要避免让风直接吹到子实体上，以减少水分蒸发。

③温、湿度过低是子实体变红的主要原因　当菇房温度低于10℃时，子实体即开始变红，随着温度的下降，子实体颜色变深。因此，培养期间保障适宜的温、湿度是防止子实体变红较有效措施。另外，光照度在1000 Lux以上时，也易使猴头菇变红。子实体发黄是

一种病态，子实体是苦的，其菌刺粗而短，一旦发现病菌污染，应迅速同培养料一起铲除，并重新调整培养条件抑制病菌，促进新的子实体发生。

复习思考题

1. 试比较猴头菌的子实体与其他食用菌子实体在形态结构上的区别。
2. 猴头菌在生长发育过程中，对环境条件的要求如何？
3. 简述熟料瓶栽猴头菌的生产过程，并比较熟料袋栽的特点。
4. 优质菇的标准是什么？为什么有时会出现畸形菇？如何预防？
5. 如何判断猴头菌采收的最佳时期？怎样除去子实体的苦味？

第十四章　灵芝栽培

知识目标

1. 掌握灵芝的生物学特性及生活条件。
2. 熟悉灵芝栽培的季节、原材料和方法。
3. 熟悉灵芝栽培的工艺流程及栽培管理。

技能目标

1. 能够根据季节制定生产计划。
2. 能够进行栽培种制作。
3. 能够进行出菇管理。

素质目标

培养吃苦耐劳、踏踏实实的工作作风。

第一节 概 述

灵芝[*Ganoderma lucidum* (Ley. ex Fr.) Karst.]，隶属于非褶菌目(无褶菌目)灵芝科灵芝属，又名灵芝草、仙草、木灵芝、红芝、赤芝、丹芝、瑞草、菌灵芝、万年蕈和灵芝仙草等。

灵芝的种类很多，据各国真菌分类学家研究证实，有标本记录可考查者约有200余种，从平地到海拔3000m的山地都有分布。中国古代由于缺乏科学仪器分析，只能依其外部形态颜色分类，汉《神农本草经》中曰："灵芝有六种，赤芝、青芝、白芝、黄芝、黑芝、紫芝……"

从分类学角度看，灵芝科真菌有86种，分属于灵芝属、假芝属、鸡冠孢芝属、网孢芝属。灵芝属又分成灵芝亚属、树舌亚属、粗皮灵芝亚属，其中灵芝亚属分为灵芝组、紫芝组。从用途上分为药用型和非药用型两种，例如，热带灵芝可治疗心脏病、关节痛及慢性支气管炎、降血脂等；紫芝可滋补强壮、健脑、消炎、利尿、益胃等；树舌(又名平盖灵芝)可治疗食道癌、止痛、清热、化积、止血、化痰等功效。非药用型灵芝也有不少，如闽南灵芝、贵州灵芝、福建假芝、小孢灵芝等。从观感角度看，有些灵芝有很高的欣赏价值，如喜热灵芝，长柄小盖，色红润亮泽，可做盆景；紫芝，表面紫黑色有似漆样的光泽，盖大有同心沟，可制成盆景销售。

灵芝是我国传统的名贵中药材，含有多种矿物质，如K、Mg、Ca、Fe、Mn等，有机物中含有多糖类、蛋白质以及许多种酶。灵芝中的有效成分已分离出数十种之多，但主要生理活性成分是灵芝多糖、灵芝酸、腺苷和氨基酸、有机锗。

灵芝是一种食用兼药用真菌。在我国有着悠久的应用历史，自古就被当作珍贵的中草药加以利用，《神农本草经》中也把它列为上品。早在清代就有关于灵芝栽培的记述。灵芝神奇的药效人们也早已认识，灵芝性温、味苦涩，能滋补强身、健脑、消炎、利尿、益胃，主治神经衰弱等。近代人们对灵芝有了更深入的研究，最早研究的学者是陈梅朋先生。于1960年就开始驯化栽培灵芝，1963年与第二军医大学合作探索灵芝的疗效。1972年与上海制药三厂合作研制的灵芝片剂生产获得批准，正式应用与临床治疗神经衰弱、冠心病、老年慢性支气管炎等。

现代医学已证明，灵芝的确有以下八大作用：①抗血栓形成，每天服用灵芝可以溶解新形成的血栓，也可以溶解老化且难以溶解的血栓；②提高人体免疫力，有抗癌防癌的作用；③使血压正常化，强化造血作用，对白血病和贫血病亦有疗效；④能防止动脉硬化；⑤使中驱神经等躯体机能保持平衡；⑥改善高血脂；⑦有阵痛作用，可以减轻癌症或其他疾病的病痛；⑧延迟细胞衰老，防止人体老化，提升衰退的内脏器官功能。

灵芝还具有美容的作用，有助于消除皮肤皱纹、褐斑和雀斑，避免发生青春症，同时还具有减肥的作用。因此，在日常生活中，美容化妆品，如灵芝胎盘洗面奶、灵芝美容膏等。

此外，灵芝还具有很高的观赏价值，其颜色鲜艳，形体多姿，造型奇特，常制成盆景陈列于室内，古朴典雅，具有极高的观赏价值。

综上所述，灵芝具有很高的价值。经常食用灵芝可以防病于未然，起到延年益寿的作用。为此，人们研制开发了许多灵芝保健品，如灵芝酒、灵芝胶囊、灵芝错源泉饮品、灵芝口服液、灵芝蜂王浆、灵芝果酱、灵芝果茶、灵芝粥、灵芝柠檬水等。

灵芝品种多样，广泛分布于我国的云南、贵州、四川、西藏、陕西、河南、河北、广东、广西、湖南、安徽、浙江、江苏、江西、福建、台湾、黑龙江等地。

第二节 生物学特性

一、形态特征与生态习性

(1)菌丝体 菌丝白色，直径1～3 μm，有分枝，弯曲，有锁状联合，交织而形成菌丝体。在PDA培养基上，菌丝生长旺盛时，表面分泌出一层含有草酸钙的白色结晶物。菌丝以接种点为中心，呈辐射状向四周生长，接种点菌丝常呈淡黄白色，菌丝匍匐生长于基质表面，老熟时分泌黄色或黄褐色的色素，易形成菌膜。菌丝体发育到一定阶段后，在适宜的条件下开始相互扭结，在基质表面形成光滑的白色物，并向上突起，即子实体的原基。

(2)子实体 灵芝与其他肉质菌类显著不同之处在于成熟子实体为木栓质、肾形的伞状体。不同品种色泽差异较大，有红、紫、黑等色。

①菌盖 肾形、半圆形或近圆形、12 cm×20 cm，厚可达2cm；盖面黄褐色或红褐色，有时向外渐淡，盖缘为淡黄褐色，有同心环带和环沟，并有纵皱纹，表面有油漆状光泽；盖缘钝或锐，有时内卷。菌肉淡白色至材白色，近菌管部分常呈淡褐色或近褐色，木栓质，厚约1cm。菌管淡白色、淡褐色至褐色，菌管长约1 cm；管口面初期呈白色，渐变为淡褐色、灰褐色至褐色，有时也呈污黄色或淡黄褐色，每米间有4～5个。

图14-1 灵芝

②菌柄 侧生或偏生，罕近中生，近圆柱形或扁圆柱形，粗2～4 cm，长10～19 cm，表面与盖面同色，或呈紫红色至紫褐色，有油漆状光泽。

③子实层 子实层毛孔状，孔管长1 cm左右，每平方毫米有管口4～5个。菌肉近淡黄褐色。

以红芝为例(图14-1)，其菌盖木栓质、肾形、红褐色，表皮具有一层漆样光泽，表面有环状棱纹和辐射状皱纹，大小及形态变化很大。菌盖通常4～20 cm，厚约2 cm。菌盖背面有很多针头大小的管孔。管口圆形，呈淡褐色，每平方毫米内有4～5个孢子。管内壁为子实层。其菌柄呈不同规则的圆柱形，有时稍扁且有些弯曲，并侧生。整个菌柄都呈紫红色，以向光的一侧较深，接近基质处较浅。菌柄粗细与长短随环境条件而变化。

(3)孢子　孢子着生于管内壁子实层外的担子上。孢子印呈淡褐色或黄褐色。子实层由担子和侧丝组成，担孢子卵形、卵圆形，顶端平截，双层壁，外壁无色，内壁有小刺，淡褐色，(8.5～11)μm×(5～7)μm。

灵芝在野外多生于夏秋初雨后栎、槠树等阔叶林的枯木树兜或倒木，亦能在活树上生长，故属中高温型腐生真菌和兼性寄生真菌。

二、生长条件

(1)营养　灵芝是木腐性菌类。主要的营养物质是碳水化合物和含氮化合物，同时也需要少量的无机盐、维生素等。在含有纤维素、半纤维素、木质素的培养基质上均可生长。对碳源的要求以蔗糖为适宜；氮源以有机氮为最好，在天然的有机氮中，花生饼效果最理想，其次是大豆饼；在矿质元素中，必要的是钙、磷、镁等元素；加入适量的碳酸钙，可收到稳定培养基 pH 值不致过酸的效果。木屑和一些农作物秸秆如棉籽壳、麦麸、米糠、玉米芯、稻草等都可作为栽培原料。由于培养基中含有木质素、纤维素、淀粉、蔗糖等碳水化合物，以及蛋白质等氮源物质，这些物质的相对分子质量很大，灵芝菌丝不易吸收，但灵芝菌丝生长过程中会不断地向基质中分泌分解上述物质的酶，将这些物质分解为葡萄糖和氨基酸等，被菌丝直接吸收。所以培养灵芝时也可以直接加葡萄糖和氨基酸。试验证明，在含单宁酸多的树种上及壳斗科、枫香、桦树、蒙古栎等木材组织上，灵芝菌丝生长良好。在培养基中加入一定浓度的维生素 B_1，灵芝菌丝生长更好。

(2)温度　灵芝属高温型菌类。菌丝生长的适温范围为 3～40℃，其中以 26～28℃最为适宜。子实体原基分化温度为 22～28℃。子实体发育温度为 18～30℃，其中以 25～28℃为最适。若低于 18℃，原基就会变黄、僵化，不能正常分化；若长期处于 30℃培养，虽然子实体生长较快，发育周期短，但质地不紧密，皮壳的光泽也较差。

(3)水分和湿度　灵芝是喜湿性菌类。由于栽培在高温季节，水分很容易散失，因此培养料中的水分一定要适宜，人工栽培的培养基含水量以 60%～65% 为宜。水分过少，菌丝生长细弱，而且难以形成子实体；水分过多，菌丝生长受到抑制。子实体生长阶段，空气的相对湿度保持在 85%～95% 为宜。在室内或塑料棚内栽培时，应适当处理好通风与保湿的矛盾。

(4)空气　灵芝为好气性真菌。菌丝体阶段需要少量 O_2，但子实体分化及生长发育阶段则需要大量 O_2。缺氧时往往会造成子实体畸形，如脑状或鹿角状分枝，只长菌柄而不分化出菌盖。当空气中的 CO_2 含量超过 0.3% 时，则子实体就会停止生长。因此，栽培灵芝时，一定要加强通风换气以保持菇房内空气清新。

(5)光线　灵芝是喜光性菌类。在菌丝生长阶段不需要光，强光会抑制其菌丝生长。但子实体生长发育过程则需要一定的散射光，没有一定量的光照菌蕾不能形成，子实体开片不良，光照太弱还会影响灵芝色泽。此外，灵芝还具有趋光性，子实体总是朝着有光源的方向生长，特别是当子实体还幼小时。因此，在栽培过程中，不易经常移动栽培瓶或袋子，以免造成菌盖畸形。

(6)酸碱度　灵芝是喜弱酸性菌类。pH 值在 3～7.5 时菌丝均能生长，pH 值在 4.5～5.2 时生长较好。因此，配制培养料时注意酸碱度的变化，有利于菌丝生长。

第三节 常见栽培品种

人工栽培的品种主要有红芝、紫芝、泰山赤芝、南韩银芝、晋灵 1 号、甜芝、GA－3、京大、信州 2 号、南韩圆芝、台芝 1 号、黑芝、日本红芝和慧州 1 号等。

第四节 栽培技术

灵芝栽培有代料栽培和段木栽培两种方法。段木栽培从接种到长芝需要 2～3 年，产量较低，但灵芝质地坚厚、光泽度好，售价较高。近年来多采用代料栽培，合理配制培养料，创造最佳的生长环境，在生产中也取得了极高的生产效益。代料栽培的方法很多，有瓶栽、袋栽以及室外大床栽培，目前主要采用袋栽。

一、段木栽培

段木栽培灵芝是传统的栽培灵芝的方法。其主要的生产流程：栽培季节的选择→菌种制备→段木准备→打孔→接种→上堆发菌→埋菌木→搭荫棚→出菇管理→采收→越冬管理→第二次采收→后期管理。

(1) 栽培季节选择　我国南方多在 3 月底至 4 月上旬接种，北方多在 4～5 月接种。

(2) 菌种制备　根据当地的自然条件，选择优良品种。然后按常规制种方法，制作灵芝的木屑栽培菌种或木块菌种以备用。

(3) 段木准备　首先选择适合于栽培灵芝的阔叶树树种。一般多选用木质较坚硬的桦树、栎树、枫香树、悬铃木和野桃等树种。其次适时砍树。一般多在叶黄、叶落之后至翌年树木发芽之前砍树。再经过剃枝、截段和架晒。段木规格一般为粗 8～12cm，长 1m 左右。当段木干燥至其含水量为 37%～40% 时，即可接种。

(4) 接种　首先用电钻、打孔器或皮带冲在段木上打孔，即接种穴。穴距一般为 8～10cm，行距 6～8cm，接种穴直径 1.0～1.2cm，穴深 1.5～2cm。然后把盛放菌种的脸盆或小盘、挖菌种的工具以及双手都用 0.1% 的高锰酸钾溶液消毒。接种时，要把一小撮菌种迅速填入接种穴中，稍压实，随即用树皮盖或石蜡、松香和猪油的混合物封口。

(5) 上堆发菌　段木接种后，应立即上堆发菌。把接种过的段木按井字形堆放，其堆高一般为 1.2～1.5m，然后用草被或塑料薄膜覆盖，保温保湿，并每隔 6～8d 翻一次堆，将上下、内外的段木相互调换位置，以便发菌均匀。如果段木太干，树皮呈白色，在翻堆时要适当浇水。经过 1 个多月以后，菌丝就已深入木质部，即可埋菌木于地下。

(6) 埋菌木及搭荫棚　段木发好菌后，应及时埋入土中。埋菌木的畦一般宽 1.5m，先挖去畦的表土 7～10cm，在畦内喷洒氯氰菊酯，再洒上少许土，将氯氰菊酯盖没，然后将菌木放入畦内，菌木间距离一指宽，中间用细土填实，然后再在菌木上覆 3～4cm 厚的土，畦两边还要开排水沟。

菌木摊好后，在畦上搭荫棚，高 30～40cm，先铺塑料薄膜，再盖上草帘，以防阳光直射和雨水淋漓。

(7)出菇管理　菌木埋好后，应在畦面每天喷1~2次水，保持土面湿润，但也不能过湿而黏手，并应随时拔去畦面杂草。经过1个多月后，就会长出灵芝来，当灵芝子实体边缘由黄白色变成红褐色，菌盖开始木栓质时，就应采收。

经过越冬管理，第二年在适宜条件下培养又可出第二批灵芝。一般每100kg段木可采干灵芝2.5~3kg，产量高的可达4kg。

二、代料栽培

瓶栽灵芝最大的优点就是出菇早、污染少、成功率高，缺点是子实体较小。其主要生产程序与猴头菇瓶栽基本相同。菌种制备→栽培季节确定→培养料选择→料的处理→拌料→装瓶→打孔→抹瓶→扎口→装锅灭菌→出锅接种→发菌→出菇管理→采收。

(1)菌种制备　选用适合于本地区栽培的优良品种，采用阔叶松木屑、棉籽壳、玉米芯等都能培养原种和栽培种。

(2)栽培季节确定　代料栽培灵芝生产季节安排对灵芝生产的产量、质量有着密切的关系。安排恰当，子实体生长能得良好的自然生长条件，灵芝能得以良好生长，子实体个大、质坚、品质好、产量高。反之，灵芝子实体发育不良。我国一些地区代料栽培灵芝的适宜季节，因其自然气温不同而有一定差异(表14-1)。

表14-1　我国一些地区代料栽培灵芝的适宜季节

地区	制种时间	栽培时间	
		开始	结束
华南地区	2月中下旬	3月下旬至4月上旬	6月上中旬
长江流域地区	4月中上旬	5月上中旬	7月中旬
黄河以北地区	4月下旬至5月中旬	5月中下旬	7月下旬

(3)培养料选择　灵芝栽培原料非常广泛，阔叶树木屑、棉籽壳、玉米芯、稻草均可作为栽培主料。添加的辅助原料有麸皮、米糠、糖、石膏、石灰、过磷酸钙等物质。常用栽培灵芝的培养料配方包括：

①木屑74%，玉米粉24%，石膏粉1%，蔗糖1%，含水量58%~60%。

②棉籽壳44%，杂木屑44%，米糠10%，蔗糖1%，石膏1%。

③木屑39%，棉籽壳39%，玉米粉20%，蔗糖1%，石膏粉1%，含水量60%~62%。

④棉籽壳83%，玉米粉(麸皮)15%，石膏粉1%，蔗糖1%，含水量60%~62%。

⑤玉米芯75%，麸皮24%，石膏粉0.5%，磷酸二氢钾0.5%，含水量60%~65%。

⑥稻草粉35%，麦草粉35%，米糠25%，生石灰2%，石膏粉2%，蔗糖1%。

灵芝栽培过程中，其料的处理、拌料、装瓶、打孔、抹瓶、扎口、装锅、灭菌及接种过程等生产工艺与猴头菇瓶栽相同。

(4)发菌　接种后把料瓶移人消毒过的培养室发菌。一般在27~29℃下进行培养，保持空气的相对湿度在70%左右即可。室内有一定的散射光，而不应有过强的直射光照射。

在菌丝体生长后期，要加强通风换气，在这样的条件下，经过20～25 d，菌丝即可长满整个料瓶，甚至有些料的表面开始形成子实体原基。

(5)出菇管理 当培养料瓶中有子实体原基或长满菌丝后，即可打开瓶口移入菇房，把料瓶放在地上或床架上，横卧或直放，与瓶栽猴头菌的堆放方法一样，在子实体生长发育阶段，要控制好温度、湿度、空气和光照等。当一个瓶内长出许多菌蕾时，要用剪刀剪去多余的菌蕾，仅留1～2个，使其继续生长。在菌蕾期，温度要控制在25～28℃范围内，不能长时间低于20℃，或高于35℃，否则培养料表面菌丝会萎黄，子实体僵化，生长极为缓慢。空气相对湿度要保持在90%～95%。湿度低，幼嫩的子实体会失水，从而使其生长迟缓或僵化，因此要在整个菇房勤喷、少喷、轻喷水，保持环境湿润。此时期还要加强通风换气，一般每天早晚要开窗1～2h，否则不易分化出菌盖，或子实体脑状及鹿角状分枝，造成畸形。在通风良好的情况下，灵芝开片早，柄短，盖厚，产量高。室内还应有大量的散射光，这样有利于子实体的分化、菌盖的生长以及子实体颜色的加深等。

(6)采收 当灵芝子实体边缘颜色变红、变深，菌盖木栓化，灵芝表面或瓶口周围有褐色粉状物即孢子粉出现时，即可及时采收。用手轻轻向上一提即可摘下，或用剪刀剪下。从接种到采收大约需50～80 d。

三、袋栽

灵芝的袋栽与瓶栽在许多生产工序上都相同，不同的只是培养容器的改变。袋栽灵芝产量高、品质好、个体大。袋栽灵芝时，一般选用规格为(16～20)cm×(35～40)cm的小袋装料进行，袋栽灵芝的生产工序：菌种制备→确定栽培季节→培养料选择→料的处理→拌料→装袋→打孔→扎口→装锅灭菌→接种→发菌→出菇管理→采收。

袋栽灵芝发菌时间稍长些，因此播种时间应比瓶栽提前半个多月。袋栽可把小菌袋横放在床架上两头出菇，也可竖放在床架上出菇，还可以堆叠成菌墙两头出菇。若用大袋子栽培，则一般采用床架卧式袋面打孔出菇的方法。还可采用长袋子侧面打孔接种，周身出菇的方法。

四、覆土栽培

(1)阳畦覆土栽培 阳畦栽培，是指在向阳通风的地方建半地下式菇棚，畦栽灵芝的方法。据测试畦内平均气温比外界高3～5℃，湿度高15%～19%，适用于北方气温较低的地区。阳畦一般应东西向，畦宽1.0～1.2 m，长8～10 m，地下挖0.4～0.6 m，挖出的湿土沿畦面南北边垛成0.5 m高的土墙，用细竹在墙上扎成拱形骨架，竹子之间距离0.5 m，拱高0.8 m，棚高1.6～1.8 m，拱架用薄膜覆盖后秸秆或草帘遮阴。在架下东西向筑畦两行，畦间走道宽0.7 m左右。

(2)荫棚覆土栽培 荫棚一般宽3～3.5 m，高2 m，长度视栽培数量而定。棚架用毛竹或木棍作立柱，间距2 m左右，棚顶、柱子用竹竿相连。棚架用铁丝捆扎结实，上用茅草或稻秸遮阴，能抗大风及阴雨天气。内挖两畦，畦约宽1.3 m，畦长不限，畦间走道60 cm。

畦床要求床底平整，床壁拍实，栽植前用杀虫剂和pH值=10的石灰水喷洒地床及周围。然后将发好菌的栽培袋脱去塑料膜，直立摆放在地床内，菌筒之间相距5～6 cm，上端保持平整，均匀覆上腐殖质丰富的土壤，填满所有空隙，床面覆土厚2～3 cm，轻压平整土层。栽植完地床要浇一次透水，覆盖草帘保温保湿，温度控制在25～30℃，有利于子实原基的形成和生长。

(3)覆土后的管理　栽植后阳畦和荫棚内温度要基本稳定，温差不宜过大，以26～28℃最为适宜。由于灵芝需要温度偏高，阳畦内湿度较大，采用日光暖棚栽培灵芝一定要掌握好空气流通，防止闷气、闭气，若空气不好，子实体的原基不生长，易发生杂菌污染。经过10 d左右的管理，可形成灵芝原基。13～15 d后原基可陆续长出地面，20 d左右原基分化成菌柄。这一阶段每天要把畦床上的薄膜底脚揭开，每天通风2～3次，每次通20～30 min，并逐渐加大通风量。如果覆土发白，可结合揭膜通风时进行喷水，喷水量以覆土含水量25%左右、土粒无白心为宜。

①调光控温　灵芝属向光型真菌，在出芝期间，芝盖正常生长与光照有很大关系，因而要有三分阳的透光率，最好固定在一定的光源位置，光照强度在3000～5000 Lux，可利用遮阳网或草帘控制光照，避免阳光直射导致温度过高。子实体生长期温度应保持在27～29℃。如果在15～22℃时，会出现菌柄徒长，子实体多呈鹿角状丛生；当温度超过22℃后，在鹿角状顶部又能正常分化形成菌盖。温度超过30℃时子实体生长虽快，但菌盖较薄，质量差。温度低于24℃时，菌盖虽厚，但产量较低。

②保湿通风　在原基形成后，空气湿度要保持在85%～90%，低于80%对子实体生长不利，细嫩的菌蕾易死；但长期湿度超过95%时，又容易感染杂菌或因缺O_2而造成畸形，影响产量和品质。过高采取通风降湿，过低要进行喷水保湿，要根据勤喷、少喷、喷匀的原则调控暖棚的空气湿度。灵芝好气性强，随着原基的分化增大，要加大通风量，保持暖棚内空气清新，在管理上既要保温保湿，又要通风透气。如通风不好，暖棚内CO_2浓度过高，会导致菌盖不分化，出现鹿角状分枝，产生畸形灵芝。由于拱棚内空间小，CO_2浓度容易增高，为了便于通风，拱棚四周底膜不必密封，随时可揭开通风。每天通风2～3次，每次30 min以上。

③适时采收　当灵芝菌盖已充分展开不再长大，边缘浅白或浅黄色消失，边缘色泽与菌盖中间颜色相同，菌盖变硬有光泽，弹射棕红色担孢子时即为成熟，这时应及时在灵芝子实体下铺上塑料薄膜并停止喷水，收集孢子粉，待灵芝充分成熟后，先将子实体连柄一齐拔出，塑料袋内的子实体残留部分用小钩掏出，剪去菌柄下端带有培养基的部分，及时晾干或烘干，装塑料袋内保存，并注意经常检查，防虫防霉变。如采收过早，子实体细嫩，菌盖小而薄，质量低。过迟采收，子实体衰老，药效较差，不利于第二茬生长。

复习思考题

1. 例举灵芝栽培的方法。
2. 灵芝栽培管理上应注意哪些方面？

第十五章　白灵菇栽培

知识目标

1. 掌握白灵菇的生物学特性及生活条件。
2. 熟悉白灵菇栽培的季节、原材料和方法。
3. 熟悉白灵菇栽培的工艺流程及栽培管理。

技能目标

1. 能够根据季节制定生产计划。
2. 能够进行栽培种制作。
3. 能够进行出菇管理。

素质目标

培养吃苦耐劳、踏踏实实的工作作风。能够灵活处理问题的能力。

第一节 概 述

白灵菇[*Pleurotus nebrodensis* (Inzengae) Quél.]隶属于担子菌纲伞菌目侧耳科侧耳属，又名白灵侧耳、翅鲍菇、阿魏菇、白阿魏菇、百灵菇、雪山灵芝。它是杏鲍菇的近缘种。

白灵菇形似灵芝，色泽洁白，味如鲍鱼，菌肉肥厚，质地细腻，脆嫩可口，享有“素鲍鱼”之美称，是一种珍贵的高品位食用兼药用菌。据国家食品质量监督检验中心检测，白灵菇蛋白质中含有17种氨基酸，含量高达14.7%，其中含有人体必需的7种氨基酸，含量占氨基酸总量的35%，尤其是精氨酸、赖氨酸的含量比称为“智力菇”的金针菇还要高。白灵菇营养丰富(表15-1)。在碳水化合物中，多糖含量丰富，每克高达190mg；还含有铜、锰、硒等微量元素，其中钾和磷含量丰富。

表15-1 100g干香菇中营养物质含量

脂肪	碳水化合物	粗纤维	灰分	钾	磷	镁	钠	钙	锌
4.3g	43.2g	15.4g	4.8g	1639.8mg	519mg	59.7mg	19mg	9.8mg	1.75mg

白灵菇不仅营养丰富，还有较高的药用价值，所含真菌多糖具有调节人体生理平衡、增强人体免疫功能、抗肿瘤的作用。据《中国药用真菌图鉴》记述，白灵菇具有消积、杀虫、健胃等功效，并用于治疗腹部肿块、肝脾肿大等。在新疆民间被誉为“天山神菇”“西天白灵菇”“草原牛肝菌”。

自1983年开始，我国食用菌工作者对白灵菇进行了大量的研究(表15-2)。白灵菇栽培技术日趋完善，栽培面积不断扩大，在新疆、北京、河南、山西、河北、天津、青海、甘肃、内蒙古、云南等地已开始规模化生产，在有条件的地方已逐渐实现工厂化栽培。近年来在我国北方发展十分迅猛，2000年我国白灵菇鲜菇总产量仅约1000t，2007年高达18.1万t。

表15-2 白灵菇栽培历史

栽培时期	栽培状况
1983年	新疆生物土壤沙漠研究所的牟川静采用云杉木屑、棉籽壳和麸皮培养基驯化栽培获得成功
1990年	新疆首先开始大面积栽培
1996年	北京金信公司从新疆木垒引种栽培成功，翌年开始大面积栽培
1997年	卯晓岚将该栽培标本鉴定为白灵侧耳，首次将其商品名定为白灵菇

第二节　生物学特性

一、形态特征与生态习性

(1)孢子　孢子无色，光滑，长椭圆形或柱状椭圆形，(9~13.5)μm×(4.5~5.5)μm，孢子印白色。

(2)菌丝体　菌丝较粗，有分枝，锁状联合结构明显。在试管斜面上或平板上培养时，菌丝多匍匐状贴于培养基表面生长，呈束状，气生菌丝少，灰白色，生长速度比平菇菌丝慢。

(3)子实体　子实体单生或丛生，一般较大，菌盖直径5~15 cm或更大，初期近扁球形，很快扁平，基部渐下凹或平展，纯白色，中央厚，边缘薄，表面平滑，干燥时易形成龟裂状斑纹。菌褶白色，后期带粉黄色，延生。菌柄侧生或偏生，少中生，长3~8 cm，直径2~3 cm，上下等粗或上粗下细，表面光滑，中实，细嫩，纯白色(图15-1)。

图15-1　白灵菇

白灵菇为亚热带及欧亚干旱等草原地带生长的野生菌类，主要腐生或兼性寄生于刺芹、阿魏、拉瑟草等伞形科大型多年生草本植物的根茎上，分布于南欧、北非、印度及中国。我国新疆的木垒、伊犁、塔城、阿勒泰、青河、托里等地有分布。

二、生长条件

(1)营养　白灵菇属木腐性菌类。人工栽培白灵菇的主要原料有阔叶树木屑、棉籽壳、玉米芯、甘蔗渣、豆秸等，这些原料主要供应碳源，必须新鲜、无霉变。为了补充氮源，还需要添加麸皮、玉米粉。除此之外，石膏、过磷酸钙、碳酸钙、石灰等可作为矿物质元素和维生素的添加剂。

(2)温度　白灵菇属中低温型变温结实性菌类。菌丝生长温度5~34℃，最适温度为25~28℃，5℃以下、35℃以上菌丝停止生长。子实体分化的温度为5~22℃，子实体原基的形成需要低温刺激，以0~13℃最适，同时菌袋生理成熟后也需要较长时间的温差刺激。子实体发育以15~18℃最适，但在8~13℃的气温下，子实体生长慢，质地紧密，口感滑嫩，品质好。出菇期间菇房温度高于20℃时，子实体开伞快，颜色变黄，组织疏松，口感下降，品质差。

(3)水分和湿度　菌丝体生长时培养料含水量以60%~65%为宜，空气相对湿度以65%左右为宜，一般不超过70%。子实体原基形成、分化和生长阶段要求较高的空气相对湿度，以85%~90%为最适。由于白灵菇个头大，菌肉厚，因此，抗干旱能力比其他菌类强。在6~7℃低温和干燥条件下，菌盖表面易发生龟裂；反之，在高温高湿条件下，易发生烂菇。

(4)空气　白灵菇是好气性菌类。菌丝体生长和子实体发育均需要足够 O_2，尤其子实体形成时呼吸量大，代谢旺盛，对 O_2 需求量大。通风不良时，子实体生长缓慢，甚至变成菌盖反翘，或柄长盖小的柱状，或拳头状畸形菇。

(5)光线　白灵菇是喜光性菌类。白灵菇菌丝生长不需要光照，在完全黑暗条件下生长更好，光照过强会抑制菌丝生长，发菌期间见光过多，培养基表面易形成菌皮，影响出菇。子实体分化需要一定的散射光，子实体生长则需 200～500 Lux 的较强光照，这样有利于形成菌柄短、菌盖大、掌状或马蹄状的菇；若光照不足，易形成质地疏松、盖小柄长的柱状或拳头状畸形菇。

(6)酸碱度　白灵菇属偏碱性菌类。白灵菇生长的根系土属微碱性土壤，其 pH 值一般为 7.85～8.5。菌丝在 pH 值 5～11 均可生长，最适 pH 值 6.5～7.8。因此，在配制培养基时，往往添加石灰，使 pH 值提高到 7.5～8.5，这样有利于抑制酸性霉菌的生长。

第三节　常见栽培品种

白灵菇按菇形分为手掌形、马蹄形，而市场上受欢迎的是手掌形；按出菇温度分为低温型、中温型和高温型，生产上主要是低温型或中温型品种。目前主要的栽培品种有白灵菇 10 号、白灵菇 12 号、白玉 1 号、新优 3 号等。

第四节　栽培技术

1. 栽培季节选择

在自然条件下，应在日最高气温稳定在 30℃以下时制袋接种，黄河中下游地区 8 月下旬至 9 月中旬为栽培适期，待菌丝满袋后，12 月至翌年 4 月为出菇适期。提前接种，若气温高于 30℃，易杂菌污染，而且容易形成菌皮，影响出菇；推后接种，低温来临时，对菌丝生长不利，出菇期会推迟至翌年 3 月，产量低，效益差。

2. 栽培场所

栽培场地可因地制宜，但要选择地势平坦通风良好等因素。可利用专用菇房，也可利用普通民房稍加改造，简易菇棚、蔬菜大棚等都可以利用。栽培场地要求能保温保湿，通风良好，水源充足，菇房周围环境要求洁净，不应有畜圈、厕所和垃圾堆，以免病虫的滋生蔓延和危害。应尽量满足白灵菇在发菌期和出菇期对外界环境条件的要求。

3. 培养料配制

常见的培养料配方如下所示：

①棉籽壳 77%，麸皮 20%，石膏 1%，石灰 2%。

②棉籽壳 80%，麸皮 18%，石灰 1%，石膏 1%。

③棉籽壳 50%，玉米芯 25%，玉米面 5%，麸皮 16%，石膏 1%，石灰粉 2%，碳酸钙 1%。

④甘蔗渣 49%，棉籽壳 28%，麸皮 20%，石膏 1%，石灰 1%，过磷酸钙 1%。

⑤木屑77%，麸皮20%，石膏粉1%、碳酸钙1%，蔗糖1%。

⑥木屑78%，麸皮15%，玉米粉5%、石膏1%，石灰1%。

⑦玉米芯50%，棉籽壳30%，木屑10%、麸皮8%，石膏1%，石灰1%。

⑧花生壳45%，棉籽壳37%，麸皮10%，玉米粉5%，石膏1%，石灰1%，过磷酸钙1%。

上述配方中，木屑应提前过筛，除去木块、枝条等，玉米芯拌料时先将主料与辅料干翻拌匀，然后加水搅拌均匀，使含水量达65%~70%。

先将原料按配方比例严格称重备好，然后将不溶于水的干料混合均匀，再将易溶于水的原料溶于足量水中，与干料充分混合，拌料要做到三匀一充分(即料与料拌匀，料与水拌匀，酸碱度均匀，吸水充分)，pH值调节至8~9，使料的含水量达65%左右。

4. 堆积发酵

培养料拌匀后可直接装袋，也可将培养料堆制发酵后再装袋，采用发酵处理效果好，可减少杂菌污染。堆积发酵程度要轻，发酵处理方法：选通风条件好、地势平坦的地面建堆。配好料，按料水比拌均匀，堆成宽1.2~1.3 m，高1.3~1.5 m长度不限，在堆的上面及侧面每隔40~50 cm打通气孔。堆上覆盖塑料薄膜。建堆后48~72 h，料堆中心料温达65~75℃时，进行第一次翻堆。发酵过程约5 d左右，共翻堆2次。

发酵好的料呈棕褐色，不沾手，无酸臭味和氨味，质地松软，富有弹性，有浓香酒糟味，说明料已发酵比较理想，即可散堆降温，是料温降到30℃左右即可装袋，装袋前调料含水量为65%左右，掌握“宁干勿湿”的原则，即抓一把料用力紧握，指缝间有水不下滴为适度。pH值以7.5~8.5为适。

5. 装袋与灭菌

用高密度低压聚乙烯折角袋，袋要薄厚、宽窄一致，规格为17 cm×34 cm×0.04 cm。将配制好的培养料装填到栽培用的培养袋中称装袋，一般采用装袋机装袋。装袋时，先将塑料袋口张开，全袋套入装袋机出料口，踩下开关，双手紧拖，压紧，随后筒身后退，待料装到2/3时取下，竖起封口。为保证装填速度一般两人配合，装袋速度可达500~600袋/h。或用冲压式多功能装袋机，需要5人合作，每小时装袋1500左右。如果没有装袋机可用人工装袋，不管采用哪种方法装袋，大多需要用手工将培养袋口的培养料压实，用布擦干袋口，上套环或用线绳扎口，要封严实但线绳要扎活口，以便接种时解袋。菌袋制作好后，由于制袋时间是炎热的夏季，气温高培养料容易发酸变臭，应及时灭菌，栽培量小的可采用高压灭菌，缩短时间，降低成本。生产量大的采用常压灭菌。常压灭菌时，将培养袋装入周转筐放入常压灶内100℃，维持10~18 h，待温度降至60~80℃时搬入冷却室冷却。高压灭菌维持30~120 min就可以达到完全灭菌的目的。

6. 接种

接种室在接种前用10 mL/m^{3}的甲醛、6 g/m^{3}高锰酸钾熏蒸24 h。接种箱接种，先把冷却至30℃以下的料袋、接种用具、酒精灯等物品一起放入接种箱内，打开紫外线灯照射30 min，同时用气雾消毒盒熏蒸，然后开始接种。接种要严格按无菌操作规程，接种量按10%~15%用量。先挖去菌种瓶内表层2 cm厚的老化菌种，两人配合，一人放菌种，一人拿灭菌后的培养袋。将料袋直立，打开袋口，从菌种瓶内迅速挖取菌种一块放入袋内，将袋内的孔填满菌种。袋口不可扎得太紧，以免通气影响发菌。一批料袋应一次接完，中间不要随便开箱、门，接种好的袋运出后，清理工具、杂物、打扫卫生，装入下批料，重新消毒后继续接种。

7. 发菌管理

（1）培菌管理　接种后的料袋移入发菌室培养，在装卸、搬运、摆放菌袋过程中要轻拿轻放，防止破损，造成污染。此期的管理重点是促菌快发，早日满袋，菌丝密壮。一般堆放4~6层。气温高时，各层之间放上2根细竹竿，以利通风散热。发菌期间室温控制在22~25℃，室内空气相对湿度在70%以下，保持空气新鲜，暗光培养。每周喷一次消毒剂进行消毒。

1周后菌丝长满料面，新陈代谢增强，袋温开始上升，此时要严格控制袋温不能超过30℃。若料温偏高，应增加通风次数和延长通风时间，或在夜间气温低时加大通风，必要时散堆降温。2周后进行第一次翻堆，检查菌丝生长情况，并挑出污染菌袋及时处理。第3、4周，菌丝生长最快，要特别注意通风换气，以免造成“烧菌”。

（2）促熟管理　经过30~35 d菌丝可长满袋，此时袋内菌丝稀疏，菌袋松软，尚未达到生理成熟，不能开袋出菇，应及时转入促熟管理。促熟的重点是降低温度。在温度10~20℃和相对湿度70%~75%的环境下继续培养，经过30~40 d的后熟培养，当料面菌丝形成菌皮时，便可进行出菇。

8. 出菇管理

（1）出菇场所　一般房屋、专用菇房、日光温室、塑料大棚均可作为出菇场所。出菇场所必须远离污染源，经常保持清洁。

（2）出菇方式　出菇方式有平放地面或床架上单向出菇、垛式堆放双向出菇、全脱袋覆土或只将菌袋下部薄膜脱去覆土出菇。覆土出菇虽产量高，但菇体含水量高，质量较差；单向立式或卧式出菇，菇质好，但产量偏低。目前普遍采用的出菇方式是双排菌墙出菇和双向卧式出菇，这两种方式不但产量较高，而且菇体的商品性状好，有利于进行立体化栽培，提高菇房的利用率。

①双排菌墙出菇　先将菌袋的薄膜脱去2/3，留1/3，然后将菌袋脱袋的一端头对头砌成双排菌墙。底层菌袋相隔20 cm，中间填土，间距向上逐渐缩小，菌墙高6~8层，摆好后菌墙横断面呈梯形。摆放菌袋时，层与层之间要有2 cm间距。菌墙顶部做成水槽，以便于灌水。菌墙垒好后，要用塑料薄膜覆盖，以保持湿度，促使出菇。

②双向卧式出菇　解开两端袋口，剪去袋口多余的薄膜，然后将菌袋卧式堆叠排放，一般堆放4~6层。

（3）催蕾　成熟的菌袋要想及早整齐出菇，需经催蕾。催蕾要将菇房温度降到10℃以下，并加大昼夜温差10℃以上，空气相对湿度控制在85%左右，同时给以散射光，并适当通风，让菌丝体接触新鲜空气，促使菌丝扭结出菇。10~15 d后，培养料表面就会出现米粒状原基。

(4)出菇管理

原基出现后将棚温控制在12～15℃。当原基长到蚕豆大小时，要及时疏蕾，一般每袋保留1～2个菇蕾，多余的菇蕾用小刀削掉，疏蕾时避免伤及所留菇蕾。

当子实体长到乒乓球大小时，温度控制在14～17℃。若温度超过18℃，子实体易变黄，温度超过18℃可通风降温；温度低于12℃，子实体生长慢，需采取增温措施。

子实体生长期间空气相对湿度保持在80%～90%。湿度偏小时，菌盖表面上易出现鳞片，生长慢，菇体小，应采取向地面喷水或空中喷雾的方法补充，切忌直接向菇体喷水，否则菇体顶部易发黄、发黏。采用菌墙出菇要定期向菌墙上部的水槽内灌水。出菇期间还应加强通风，防止菇房内CO_2积累过多而影响菇体正常生长，并给予一定的散射光。

9. 采收

低温季节白灵菇从幼菇到采收需10～15 d。当菇体七八分成熟、菌盖边缘逐渐平展、尚未散发孢子时，应及时采收，切忌采收过晚，若延迟到孢子大量释放、过度成熟时再采收，则风味变差，商品价值下降。

采收前12 h停止喷水，所用的采收工具应清洁卫生，采摘人员的手要洗净，小刀、盛鲜菇用的塑料筐要提前消毒。采收时可手捏菌柄左右轻轻转动扭下或用小刀齐根切下，削去基部杂物。采下的鲜菇不可漂洗或浸泡，否则极易发黄变质。将符合标准的菇与次菇分开放入塑料筐中。

复习思考题

1. 试述白灵菇的营养价值和药用价值。
2. 白灵菇子实体的形成有哪些条件？
3. 在栽培管理中如何提高白灵菇的品质？

第十六章　食用菌工厂化生产

知识目标

1. 理解工厂化生产的定义。
2. 了解国内外工厂化生产的概况。
3. 熟悉工厂化生产的设备设施。
4. 掌握工厂化生产的工艺流程。

素质目标

培养安全生产的意识，认真负责的工作态度。

第一节 概 述

食用菌工厂化生产是利用现代工程技术和先进的设施、设备，人工控制食用菌生长发育所需要的温、湿、光、气等环境条件，使生产流程化，技术规范化，产品均衡化，供应周年化，是采用工业化生产和经营管理方式组织食用菌生产的过程。它是多学科知识和技能在农业生产上的应用。

我国食用菌工厂化生产起步较晚，至今在国内还没有形成较为明确、较为统一的食用菌工厂化定义，其相对较完整的定义为：在不同气候条件下，在单位土地面积内，采用现代工业设施和人工模拟的食用菌生态环境技术，创造出适合不同菌类不同发育阶段的环境，进行立体、规模、全天候周年栽培，逐步实现生产操作的机械化、生产环境调控智能化，以达到不受季节限制的周年化、产品质量标准化的一种生产模式。其目的就是提高全年食用菌复种次数(一般自然栽培全的 1～2 次，工厂化栽培全年都可进行)，提高设备设施的使用效率，提高资金周转使用率，从而使传统的食用菌生产方式升级为一种新型的、高效优质的、集现代农业工业化管理为一体的先进生产方式，进而实现食用菌产业现代化。

在国外食用菌工厂化生产起步较早，食用菌生产工厂化最早在双孢菇栽培中应用，距今已有 60 年的发展历史。欧、美是食用菌工厂化栽培最早，规模最大，技术最先进的地区。1947 年荷兰在控温、控湿和控制通风条件下，栽培双孢菇获得成功，由此开创了世界草腐菌工厂化栽培的先河，之后美国、德国、意大利、法国、波兰等国也相继实现了双孢菇的机械化和工厂化生产，而且专业化程度较高，培养料堆制，菌种制作，栽培管理，销售和加工等分别由不同的专业公司完成，并得到迅猛发展。日本在 20 世纪 50 年代开始，创建了金针菇等木腐菌瓶栽和袋栽的工厂化生产模式。1965 年，日本长野县创建了第一个金针菇的工厂化瓶栽生产基地并获得得成功，由此开创了世界木腐菌工厂化栽培的先河。韩国在日本的基础上开始了食用菌工厂化生产的尝试，近年来已迅猛发展成一个新型产业。欧美、日本、韩国等国家发展至今，食用菌工厂化产业已被公众誉为“蘑菇工业”，在专业化生产方面发展十分完备，分工十分明确，规模效益也十分惊人，如日本长野最大的金针菇工厂化生产厂每天产量可高达 30t，生产实现了全程自动化。20 世纪 80 年代韩国和我国台湾地区也相继引进日本生产模式，并根据自身条件加以改进，生产规模不断扩大，栽培技术日臻成熟。

自 20 世纪 80 年代我国台湾首先引进日本栽培模式，开始了金针菇的工厂化生产，促进了我国木腐菌工厂化的栽培，同时期山东九发食用菌股份有限公司从美国引进了双孢菇工业化自动生产线，促进了我国草腐菌工厂化的栽培。20 世纪 90 年代，随着经济发展和市场条件的成熟，国内再次掀起了以金针菇、杏鲍菇、真姬菇等木腐菌工厂化生产投资热潮。除了日本一些独资、合资企业陆续在大陆投资建厂外，国内不少企业，如上海浦东天厨菇业有限公司、丰科生物技术有限公司、北京天吉龙食用菌公司等，也陆续投资开发食用菌工厂化生产。在学习借鉴国外成功经验基础上，采用引进设备和自创技术相结合的方式，先后获得了成功。此外，各地小型半工厂化或设施加强型的规模化生产模式更是不断涌现。安徽省内工厂化生产企业有 3 ~ 5 家，2015 年，颍泉主要从事杏鲍菇工厂化栽培，2016 年，阜南主要从事白灵菇工厂化栽培。

随着经济发展和市场周年消费需求的不断增强，工厂化生产是食用菌产业发展的必然趋势。

一、食用菌工厂化生产模式

(1) 以欧美草腐菌为主导的食用菌工厂化生产模式　其特点是专业化分工、大型机械化生产、自动化及智能化控制，采用三次发酵技术，投入高，产量高，质量稳定，品种专一，主要栽培的是双孢菇、棕色蘑菇等草腐性菌。

欧美发达国家在双孢菇的生产上已基本实现了全过程工厂化，从拌料、堆肥、发酵、接种、覆土、喷水、采菇及清床等生产环节均已实现食用菌工厂化生产工艺的机械化，同时，又在温、光、水、气、肥等主要生态因子综合控制的基础上，随着信息高新技术在产业中的快速渗透，逐步发展远程控制、生理检测及在线咨询等更先进的集成技术手段，实现了双孢菇周年化均衡生产和市场供给，并朝着自动化、智能化、精细化的方向完善。

(2) 以日韩木腐菌为主导的食用菌工厂化生产模式　其特点是专业化分工，机械化、自动化生产，效率高。工厂化机器设备体型较小，具有多功能性，适合于多种木腐菌类的工厂化应用。木腐菌的工厂化生产相对草腐菌来说，生产环境卫生，栽培品种多样，生产工艺大同小异。目前主要以生产白色金针菇、杏鲍菇为主。

从 20 世纪 60 年代开始，由接种车间、菌丝培养车间、催蕾车间、生长车间、包装车间和库房构成的标准菇房在日本得到普遍推广。日本拥有北研株式会社、森产业株式会社和食用菌中心三大著名研究机构，其核酸分析、单孢分离、生化检测分析仪、菌种超低温速冻贮藏及超净封闭人工气候培养室等设备均为国际先进水平，并配有国内一流的专家从事研究工作。食用菌菌种由专门企业提供，工厂化生产能力和环境控制水平较高，已普遍使用液体菌种，实现了工厂化生产。液体菌种具有繁种快、成本低、发菌短、出菇整齐的优点，但投入大、技术难度高。之后韩国仿效日本技术，也实现了食用菌机械化生产，生产场规模较大，工厂化设施栽培在国际上处于领先水平。韩国最大的金针菇生产场—大兴农场日产量达到了 10 万瓶，栽培场以计算机智能控制菇房，整个生产过程按一定程序进行，仅在少量环节加以人工辅助操作。韩国工厂化生产的菌种包括金针菇、杏鲍菇、小平菇等都已基本实现了液体菌种培养，每个菇场都采用自制的菌种。日本和韩国已普遍采用大口径瓶栽技术，一般采用容积 1100 ~ 1400 mL，口径 75 ~ 82 mm 的专用聚丙烯塑料栽培瓶栽培白色金针菇和杏鲍菇，工艺装备也不断提高，如装瓶机从 4000 瓶/h 提高到12 000 瓶/h，液体接种机也从 4 头接种发展到 16 头接种，从而大大提高生产效率。目前日本、韩国工厂化大口径瓶栽技术已逐渐取代袋栽技术。

(3) 中国式食用菌工厂化生产模式　其特点是土洋结合、半机械化生产、半自动化控制、产量和质量稳定、资金投入相对较少、回报率高，适合中国国情。栽培品种具有多样化，既工厂化栽培草腐菌中的双孢菇、褐色双孢菇、草菇、鸡腿菇，又栽培木腐菌中的白色金针菇、杏鲍菇、白灵菇、真姬菇。目前我国工厂化栽培以袋栽为主，瓶栽为辅。瓶栽主要以小口径瓶栽为主，一般采用容积850～1000 mL，口径58～65 mm的专用聚丙烯塑料栽培瓶栽培白色金针菇、杏鲍菇、真姬菇。国内主要采用固体菌种，很少采用液体菌种，仅有上海浦东天厨菇业有限公司等极少数经济实力雄厚的大公司采用液体菌种。

20世纪80年代，山东九发食用菌股份有限公司从美国引进了双孢切工业化生产线，并运营成功；上海浦东天厨菇业有限公司借鉴国外先进经验，在我国率先建立了金针菇工厂化生产基地；上海丰科生物技术有限公司、北京天吉龙食用菌公司采用引进设备和自创技术相结合，先后建立了日产4～6 t的金针菇、真姬菇生产基地；辽宁阜新的田园公司，成功地实现了褐色双孢菇工厂化生产，其日产7～8 t，全部出口创汇；北京金信食用菌有限公司在1997年创立了白灵菇工厂化栽培模式；福建农林大学谢宝贵2002年在福建泉州成功地创建了中小型南方模式的白色金针菇工厂化栽培，并在福建闽南地区迅速推广；山西农业大学常明昌创建的山西鼎昌农业科技有限公司，2005年在山西太谷创立了中小型北方模式的白色金针菇工厂化栽培，并在山西迅速推广；江苏连云港国鑫医药设备有限公司等对欧美、日本等地区和国家的食用菌机械化生产技术与装备进行消化吸收，并结合我国生产实际率先对关键技术装备进行了国产化研发，将用于医疗药用配套的脉动式真空高压蒸汽灭菌技术移植于食用菌生产，开发出价格性能优于国外同类产品的大型灭菌设备。

近十几年来，我国在消化吸收日本、韩国等先进技术的基础上，相继研制出了食用菌生产和加工关键环节的一些相关设备，特别是福建、江苏的食用菌机械设备生产厂家，对推进食用菌生产机械化、工厂化和规模化发挥了积极作用。国内食用菌设备的生产还处于比较低的水平，原有的一些食用菌生产设备企业，由于自身技术力量薄弱，只能生产一些简单设备，如小型装袋机、简易搅拌机等单机，自动化程度低、成套性差、生产效率低、劳动强度大，难以满足工业化、产业化大规模生产的要求。总的来看，我国食用菌生产机械化，无论是研究开发还是生产应用均处于起步和发展阶段，与国际先进水平相比差距较大。因此，我国中小型工厂化生产食用菌一般采用国内组装配套的设备，而大型工厂化生产食用菌一般引进日本和韩国的设备。

二、食用菌工厂化生产特征

食用菌工厂化栽培是最具现代农业特征的产业化生产方式，它以提高食用菌生产综合效益为核心，以大幅度提高劳动生产率、产出率、商品率为目标。

(1)农业工业化　食用菌工厂化是在现代农业的基础上，尤其是设施现代化、设备智能化，采用工业先进的设施、机械化设备和高新技术，创造出相对可控的生长发育条件，对食用菌进行反季节全天候周年生产，从而实现高产、优质、高效、生态、安全，是一种最具现代农业特征的工业产业化生产方式。食用菌工厂化生产双孢菇，在国外被人们称为“蘑菇工业”。要实现食用菌工厂化生产，提高生产效率和经济效益，就必须依赖现代化科学技术，而科学技术的运用都是靠现代化的设施和智能化的设备完成的，因此，必须装备先进的生产设施和设备。例如，菇房必须有保温、调光、通气的保护设施及经济有效的控温、控湿设备。

(2)生产高度集约化　食用菌工厂化具有资本密集、技术密集、装备密集的特点，是一项高投入、高技术、高产出、高效益的新型农业产业。整个生产过程相对传统农业来讲，装备先进，机械化程度高，技术含量高，是一项综合了农业多学科和工业新技术的系统工程。

(3)生产管理科学化、精准化　一般食用菌自然条件下栽培多是季节性、小手工作坊式栽培，是一种粗放式随意性强的管理，而食用菌工厂化则实现了生产过程模式化、栽培经验数据化、农艺要求指标化、企业管理专业化、市场营销商业化，是一种精准式的透明管理。要获得食用菌工厂化生产的最佳效果，就必须建立科学的生产管理体系，保证生产工艺和生产规程得到切实执行。生产管理体系包括工作标准和管理标准。整个生产环节始终处于符合标准要求的稳定可靠状态。

(4)产品安全化　食用菌工厂化生产是在相对洁净、封闭可控的环境下进行，培养料经过了严格灭菌，接种又是在无菌条件下进行，加之整个生长过程从不使用农药，而且封闭的环境能够有效控制病虫害的发生，因此是无公害生产，其生产出的产品自然是符合食品安全的。食用菌工厂化生产由于采用了先进的技术手段，在可控的条件下按照严格的标准化作业，因此，产品无论是外观还是内在很容易达到标准化、优质化，从而实现真正的订单农业，使食用菌工厂化产业逐步走向精品农业。

(5)工艺流程化、技术规范化　要实现产品质量均衡化，按计划批量生产出符合规格的菌产品，必须制定科学的企业生产技术规程或者技术标准(包括菌种、原材料、生产操作规程、产品分级直到产品包装、运输、上货架的整个生产过程的规范要求)和确保实现标准的工艺流程及相应的操作条件，而这些规程、流程和条件的选用都是依据食用菌的生物学特性和生长发育规律进行的。

此外，食用菌工厂化产业是一种生态农业。其生产所用原料都是工农业的下脚料(如棉籽壳、玉米芯、秸秆、木屑、甘蔗渣、废棉、甜菜丝、酒糟等)，充分利用这些材料栽培食用菌，不仅可以变废为宝，得到人类所需的各种优质菇类，而且还能消除环境污染，化害为利，取得良好的社会效益。生产后的废菌袋既可破碎后施于农田，改良土壤结构，用作肥料，又可当作燃料节约能源，用于灭菌和采暖。

食用菌工厂化还是一种高效节约型农业。因为它是一种高度立体化、高密度、集约化周年生产的新型现代农业栽培模式，如一个占地为3333 m^2的工厂化生产车间，其产量相当于60个季节性自然栽培菇棚的产量，而一个菇棚实际占地约1333 m^2。所以不难看出，进行食用菌工厂化生产比传统的季节性自然栽培大大节省了宝贵的土地资源。工厂化生产在相对可控制封闭的条件下进行，比传统的季节性开放式自然栽培节省了大量的水资源。

三、食用菌工厂化生产意义

①我国农业发展正面临着耕地不断减少、人口不断增加、社会总需求不断增长的严峻形势，面对资源紧缺、人口膨胀的现实，必须改变农业低效高耗的增长方式，走技术代替资源的路子，走农业工业化的发展道路，食用菌工厂化生产正是在有限的土地资源上，创造出高产、优质、高效的食用菌产品，从而创造出巨大的经济和社会效益。

②食用菌工厂化是在相对封闭可控的生长条件下，利用工业技术和机械化设备对食用菌进行反季节全天候周年生产，从而打破了传统农业季节性生产的被动局面，大大提高了

劳动生产率，使传统农业走向现代农业。

③食用菌工厂化能够周年提供高质量、高品位的产品，满足了中高档消费群体的需求，弥补了生产淡季市场对食用菌鲜品需求的空白，成为农业产业结构调整的重要内容。

④食用菌工厂化是无公害生产，其生产的产品一般是安全食品，符合食品卫生安全要求：一方面更好地满足国内对食用菌产品的食品安全要求越来越高的消费需求；另一方面容易使国内食用菌行业成功打破国际技术壁垒和绿色壁垒，从而使食用菌产品进入国际市场，打造我国食用菌创汇农业。

⑤食用菌工厂化产业的发展不仅促进了我国传统农业的升级换代，加快了农业工业化的进程，促进了现代化食用菌产业的发展，而且还带动了相关产业和技术的发展，如食用菌机械制造业、制冷业、塑料制品业、建筑业、保鲜加工业以及空气净化技术、远程监控技术、农业自动化测控技术等。

总之，食用菌工厂化是现代食用菌产业发展的必由之路。

第二节 食用菌工厂化生产原理与构成

一、食用菌工厂化栽培原理

食用菌工厂化栽培的基本原理是利用工业上的一些先进设备和设施，如温、光、气、湿的调控装置和空气净化等装置，在相对封闭保温的食用菌生长车间内，通过调控食用菌生长车间的温度、湿度、通风、光照等主要环境条件，形成一种适合于食用菌生长的最佳环境条件，并逐步发展和完善食用菌栽培机械化，从而形成一套完整的工业化、标准化现代农业生产管理体系，实现食用菌全天候工厂化周年生产。

任何生物都是在特定的条件下生长的，食用菌生长发育除了要求充足营养条件外，还要求适宜的温度、湿度、氧气、酸碱度和光照等环境因子。每种食用菌对每种环境因子的要求都有最适点，最高限和最低限，超过高限，低于低限食用菌都不能生长。同一食用菌品种在不同的发育阶段，要求的环境条件也不同。

(1)温度　温度是食用菌栽培成败及产量高低的关键因子。一般说，菌丝体生长阶段要求较高的温度，子实体生长发育要求相对较低的温度。

根据食用菌菌丝生长对温度的要求高低，把食用菌分为中、低、高温三大温群。低温群：菌丝生长最高温度为21～23℃；中温群：菌丝生长最高温度为32℃；最适温度24～25℃；高温群：菌丝生长最高温度40℃，最适温度29～30℃。根据促成子实体分化的温度大体分为3个类型：低温型最高温度为24℃以下，最适温度为20℃以下。如金针菇、平菇、杏鲍菇等；中文型：子实体分化最高温度在30℃以下，最适温度20～24℃，如银耳、木耳等多在晚春或早秋发生；高温型：子实体分化温度在30℃以上，最适温度24℃以上，如草菇、灵芝等。

(2)湿度　包括培养料湿度和空气相对湿度，一般适宜食用菌菌丝生长的培养料含水量是60%左右，空气相对湿度60%～70%；子实体形成和发育阶段除了应保持相对培养料湿度外，还需要较高的空气相对湿度，一般适宜的空气相对湿度是80%～90%。空气相对湿度过大，易引起杂菌感染。

(3)酸碱度　大多数食用菌喜酸性环境，适宜菌丝生长的 pH 值 5.5～6.5。一般来说草腐菌要求 pH 值高些，木腐菌要求的 pH 值相对低些。食用菌生长的最适 pH 值并不就是培养基配制时的酸碱度。因为，培养基在灭菌后 pH 值会下降；同时食用菌在培养后新陈代谢会产生有机酸，也会使 pH 值降低。所以我们配制培养基时把 pH 值适当调高。若 pH 值偏碱时可在培养基中加入 0.2% 的磷酸二氢钾调节，pH 值偏酸时，可添加少许中和剂碳酸钙或者氢氧化钠溶液滴定。如杏鲍菇菌丝生长最适 pH 值为 6.5 左右，培养料配制后的 pH 值为 7.5～8.0，灭菌后，pH 值 6.6。双孢菇适宜菌丝生长的 pH 值 6.8～7.0，培养料 pH 值调节到 8.0 左右，培养料发酵后 pH 值达到 7 左右。

(4)空气　大多数食用菌是好气性真菌，菌丝生长和子实体发育均需新鲜空气。但在菌丝生长阶段一定浓度 CO_2 积累对菌丝反倒有刺激和促进作用(正常的空气中，O_2 的含量占气体总量的 21%，CO_2 的含量是 0.03%，当空气中 CO_2 浓度增加时，O_2 就相对减少，过高的 CO_2 浓度必然会影响食用菌的正常呼吸左右)。子实体分化阶段对 O_2 的需求量略低，CO_2 浓度(0.03%～0.1%)，能诱导子实体原基形成。一旦子实体形成，由于呼吸旺盛，对 O_2 的要求也急剧增加，这时 0.1% 以上的 CO_2 浓度对子实体就有毒害作用，往往出现畸形菇。因此，在生产上，防止 CO_2 浓度过多积累，加强栽培室(房)内通风换气非常重要。

(5)光照　菌丝生长一般不需要光线，但大多数食用菌子实体形成和发育则需要适宜的散射光线。也有少数例外，如双孢菇、大肥菇等连散射光线都不需要。而木耳在光线充足下，子实体颜色深、长得健壮肥厚，只要有高的湿度，强烈的阳光也不能抑制木耳的生长。

二、生产工艺流程

母种→原种和栽培种→栽培。

(1)母种工艺　清洗试管→烘干→调制培养基→分装→塞棉塞→高压灭菌→制斜面→无菌观察→接种→培养→保藏或投入生产使用(继续扩大培养或接种原种)。

(2)原种和栽培种工艺　原料准备→培养基配制→培养料分装→培养基灭菌→接种→培养→检测。

(3)栽培工艺　原料预处理→配料→拌料装袋→灭菌冷却→无菌接种→发菌培养→出菇管理→适时采收→分级包装。

第三节　食用菌工厂化构成

工厂化栽培食用菌是利用设备和设施创造食用菌生长发育条件，从而满足食用菌不同生长阶段对环境条件的不同要求。环境条件主要是温度、湿度、通风和光照，并对这些因子进行综合调控。同时，根据每天出菇生产规模的大小，设计相应的工厂化菇房面积。因此，在设计工厂化菇房时，根据食用菌生产工艺的要求，合理地安排生产设施的面积、建造结构、建造材料及配套设备，充分考虑控温系统、光照系统、通风系统和增湿系统的科学性和合理性。

我国目前除少数经济实力大的公司进行大型食用菌工厂化生产外，绝大多数厂家都采用中小型工厂化栽培模式，并以栽培白色金针菇、杏鲍菇、白灵菇、真姬菇等木腐菌为主，这也符合我国现阶段食用菌产业发展的经济状况和技术水平。由于大型食用菌工厂化需多专业人员设计完成，设计难度大。在此仅介绍中国式食用菌工厂化小型栽培模式。

一、工厂布局

厂区必须划分为生产区和生活区。生产区要有原料库、装袋车间、灭菌冷却车间、菌种培养室、接种室、养菌室和出菇室、产品包装室、贮藏室及办公室等。接种室与培养室、养菌室与出菇室相互衔接，相互配套，并避免与原料库及装袋车间靠在一起。在满足工艺要求情况下，尽量减少运料距离和方便机械装载。

根据食用菌工厂化生产的环节，食用菌工厂化由栽培车间和辅助生产车间两大部分构成。栽培车间主要包括发菌室、催蕾室、出菇室；辅助车间主要包括原料贮藏室、拌料装袋(装瓶)室、灭菌室、冷却室、接种室、菌种培养室和保藏室、产品的包装及冷藏室。同时，根据不同车间的功能配备相应的生产设备。为实现周年化、标准化生产食用菌，需在生产车间配置温度、湿度、光照、通风等调控设备，包括制冷机、加热设备、加湿器、风扇、轴流风机等，同时在接种室配置紫外线灯、臭氧发生器或空气过滤等装置，从而净化空气，提高接种成功率。为了提高工作效率，在拌料装袋(装瓶)室应配备相应的拌料机、装袋机(装瓶机)、周转筐、周转车等机械设备、工具，经济条件好的还可配备自动生产线；灭菌室配备大型高压灭菌仓或常压灭菌仓。

二、食用菌工厂化栽培车间构成

栽培车间主要是根据食用菌不同生长发育阶段的生长规律和全天候工厂化周年生产的需求设计。因此，首先要考虑栽培车间的保温性和温、光、气、湿的科学调控系统，其次考虑车间发菌室、催蕾室、出菇室的合理布局(如数量、大小等)和空间使用效率(如订架的层数和大小)，最后考虑车间内工作的便捷性(如搬运菌袋、菌袋的上架或下架、催蕾、采菇等操作的方便性)。

(1)栽培车间墙体保温设计　菇房尽可能做到夏季隔热和冬季保温，较高的保温与隔热能力能有效降低调控能耗，并直接影响今后的运行成本和整体生产的经济效益。在生产实践中，不同地区，其保温与隔热要求不一样，在我国南方地区，其隔热性要求较高，在我国北方地区要求保温性能较好。一般菇房的墙体可分为砖混结构和库板钢架结构(即双层彩钢夹高密度聚苯乙烯泡沫板)两种。砖混结构墙体的保温通常采用室内整体表面粘贴苯板(聚苯乙烯泡沫板)或聚氨酯发泡材料两种方法。采用的苯板最好是用阻燃性高密度苯板，一般厚度为4~10 cm，密度为15~25 kg/m^3，经济条件好时，也可采用聚氨酯发泡材料，保温效果更好，但其造价高。库板钢架结构多采用厚度为10~12 cm，密度为15~25 kg/m^3的库板，墙体的厚度南方可适当薄些，北方应厚些。

(2)栽培车间的合理布局　根据所栽培种类的特点和日产量，合理安排发菌室、催蕾室、出菇室的数量和大小。合理设计室内床架的大小和层数，以便实现立体化、高密度、集约化栽培，提高单位面积使用率。一般采用9层床架，床架主体采用角钢和圆钢，床面采用木板(南方多采用杉木，北方多采用桐木)或竹片。工厂化栽培白色金针菇袋栽和瓶栽多采用床架立式出菇，杏鲍菇袋栽多采用网架式卧式出菇。

(3)调控系统　主要包括调温系统、调湿系统、通风系统、光照系统。

①调温系统　包括加热系统和制冷系统。

加热系统一般根据发菌室、催蕾室、出菇室温度的不同，设计的暖气片组数和管道不同，还要考虑到辅助车间的取暖问题，锅炉一般多采用0.3~0.5 t的常压锅炉，最好采用静压式环保新型采暖锅炉。由于南方的寒冷季节较短，故南方的工厂化车间一般不考虑此项投入，在最寒冷时，可临时采用热风炉、空气加热器、暖风机等设备。

制冷系统一般根据发菌室、催蕾室、出菇室温度的不同以及菇房空间的大小，而采用3种不同功率的制冷机组(日韩发动机与欧美的测试标准不同，发动机标称功率不一样，日韩发动机功率匹标为PS，欧美标为HP，1 HP≈1.15 PS)。研究表明，南方多采用水冷式机组，而北方则应采用风冷式机组，这是因为北方(如山西、陕西、内蒙古、甘肃等)水质偏硬，易形成水垢，加之冬天气候寒冷易结冰，容易堵塞管道及机组，加大了维护成本。当有充足资金投入时可采用噪声低的全封闭机组，也可采用半开放式机组，一般不采用全开放式机组。同时，菇房内配置的蒸发器可根据空间的大小选择。由于制冷机组在室外放置，必须在其上方加设防雨防晒棚，从而保证制冷机组在不同恶劣的天气情况下也能正常工作。

②加湿系统　由于制冷系统运转时，菇房的湿度较大，一般不需要专门的喷水设备，个别情况下需要补湿时，采用小型可移动式加湿器即可，同样当资金充裕时可采用管道式超声波加湿系统。

③通风系统　采用轴流风机或换气扇，主要根据菇房的空间大小安装不同数量、不同功率的轴流风机，还需特别注意通风口必须安装防鼠铁网和防虫网。通风口一般离地面30~50 cm，栽培室内为了保证温度、湿度和O_2均匀，房顶还需安装吊扇。

④光照系统　主要是根据食用菌在发菌、催蕾、出菇、长菇过程中对光线的不同要求，设置不同数量、不同功率的节能灯或灯管。

四、食用菌工厂化生产车间构成

辅助车间在建造时，一定要布局合理，结构紧凑，便于生产操作，提高工作效率，减少污染。辅助生产车间与栽培车间应尽量缩短距离，相邻建造。

(1)原料贮藏场所　原料贮藏场所主要用于存放棉籽壳、玉米芯、木屑、甘蔗渣、麸皮、米糠、玉米粉、轻质碳酸钙等原材料。一般原料应放于遮风避雨的厂棚下(木屑原料例外)，用单层彩钢板建造的大型工棚即可，与拌料室邻近，但应远离火源。

材料贮存室主要存放栽培袋、口圈、棉塞、制作母种培养基药品、消毒药品、接种工具、酒精灯等。

(2)拌料装袋(装瓶)室　拌料装袋(装瓶)室面积的大小取决于日产量以及生产线的长短，还应考虑动力电源和用水方便。南方的拌料室条件可简单些，北方的拌料室还必须考虑寒冷季节的采暖。根据日产量配备相应的拌料机、装袋机(装瓶机)周转筐、周转车等机械设备、工具，以便于半机械化操作，降低劳动强度。当生产规模很大或经济条件好时还可配备自动生产线，这样可大大提高工作效率，降低成本。小规模工厂化一般多采用手工装袋，在劳动力紧张时，才采用冲压转盘式装袋机，手工装袋破袋率低，机械装袋效率高，但寒冷季节破袋率高。

(3)灭菌室　灭菌室可配备大型高压灭菌仓或常压灭菌仓。蒸汽来源于0.3～0.5 t的新型环保蒸汽锅炉，为了节能，最好采用静压式锅炉，这样可不配制锅炉上的鼓风机。购买现成灭菌仓价格昂贵，运输不便，一般可请专业人员按日灭菌量自行设计。有条件的也可采用脉动式真空高压蒸汽灭菌设备。

(4)冷却室　冷却室用于灭菌后菌袋(瓶)的冷却，一般多采用自然冷却或风扇对流冷却，有条件的公司可采用制冷机强制冷却，并在冷却室安装空气净化器，对冷却室的空气反复循环进行空气净化，达到冷却和减少杂菌污染的目的。冷却室应与接种室邻近。

(5)接种室　接种室是分离菌种及各级菌种接种的地方，食用菌工厂化无菌要求最高的场所，接种室内壁、屋顶及地面光滑平整，便于擦洗、消毒及通风换气，其面积取决于日产量的大小。室内有工作台、凳子、接种箱及接种用的各种工具，靠上墙设立临时培养架，室内安装日光灯和杀菌紫外灯。接种时，中小规模工厂化生产多采用接种箱人工接种，也采用连续接种生产线，只有少数大型工厂化采用液体菌种，自动接种机接种；投资规模达到3000万元以上的公司才采用进口接种设备和层流空气过滤净化技术，否则投资成本过高，产出效益不明显甚至出现亏损。

(6)培养室　培养室是培养各级菌种的场所，主要用于原种和栽培种的大量培养，一般根据生产规模确定培养间数，每间不宜过大，方便消毒杀菌。因此，培养室设计及建造必须满足菌丝生长发育对温度、湿度、气体、光照等条件的要求。培养室培养面积要与接种室相配套。培养室内配有空调设备及安装照明用日光灯及遮光用门帘和窗帘。培养室内还放置恒温培养箱、培养架等设备，制作母钟及少量原种时，在恒温箱内培养，制作栽培种和大量原种放在培养架上培养。

(7)菇房设施及设备　菇房分养菌室和出菇室两部分，单间菇房面积在50～60 m^2，高度在3.5～4 m，墙体结构要牢固，兼顾保温性、密封性、通气性、安全性。房内配套安装温度控制，空气循环、加湿等控制系统。

每室内后墙下端，均匀安装2～3个排气扇，以利于室内气体交换。室内每走道上方各吊1台风扇，用以扩散所制冷气和菌丝培养过程中所产生的热气，对室内气体循环起到重要作用。排气扇一定要安装在冷气回流的下端，不能与冷机对流，否则，新鲜空气进入后马上即由排气口排出，不但换气效果不佳，而且浪费能源。冷机所制冷气，经过室内上部空间或走道空间吹到对面墙上再往下回流，冷气无法达到的角落部位，以风扇相补，使冷气均匀。

另外每养菌室内，设置3～4个培养架，每架7～8层。每层宽1.2 m、长8～9 m。每两培养架间留0.8 m走道，以便气、热均匀扩散及方便操作。

每育菇室内均匀设置篱(架)式栽培架4～5架，每架长7～8 m，高3 m左右。每两篱架之间留1 m的走道，以便冷、气扩散、光照均匀及操作方便。篱式袋栽方式，有利于栽培袋受光、热、湿、气均匀，便于操作管理，出菇整齐。同时可充分利用菇房空间，节约成本。

（8）菌种保藏室　菌种保藏室主要用于发满菌后原种或栽培种的临时保藏，采用制冷机控温，温度一般控制在2～4℃。菌种保藏室的大小根据生产需求而定。

（9）产品包装室　产品包装室主要用于鲜菇采收后的处理和分级包装，应建在离出菇车间较近的地方，要求清洁干净，避免阳光直射。最好在低温条件下进行分级包装，这样不仅符合食品加工的卫生要求，而且使保鲜期延长。室内应配备相应的不锈钢分级工具、包装操作台、多功能包装机（根据市场要求可抽真空，充氮气）、包装箱等。

（10）产品冷藏室　产品冷藏室主要用于包装好的产品销售前的预冷和短时间存放，一般控制在2～4℃，其大小根据栽培规模而定，一般与产品包装室邻近。

食用菌机械化是食用菌工厂化中重要组成部分，也是大幅度提高工厂化生产效率的重要方面，它贯穿于工厂化生产的绝大部分环节。工厂化栽培很大程度上依赖于机械设备的先进性，必须大力研制和推广食用菌生产的专业应用机械和设备，如专用的接种设备、空气净化设备、灭菌设备、自动生产线等。同时要根据食用菌生产不同环节的特点，进行细致的专业分工，为食用菌生产由手工劳动转换为机械自动化作业创造良好的条件，而设备的技术研发又会推动珍稀菇类产业的发展。另外，食用菌工厂化生产的过程中，不但要掌握栽培工艺，还要了解设备使用的原理、运转过程的操作和维修，能够随时根据天气变化、菇体发育的状况及时对环境进行调控，从而提高生产效率，达到优质高产的目的。

根据经验，一般建设一个日产1 t袋栽白色金针菇的小型工厂化生产厂，目前需投资200万元左右，才能正常运转。若想取得良好的经济效益，还需选用优良的品种，采用科学的生产工艺，进行严格的企业管理和有效的市场运作。

复习思考题

1. 何为食用菌工厂化栽培？
2. 试述食用菌工厂化的主要栽培模式和我国现阶段主要采用哪种工厂化栽培模式。
3. 试思考食用菌工厂化的优缺点及其发展趋势。

第十七章　食用菌病虫害及其防治

知识目标

掌握生理性病害、侵染性病害的发病规律、症状及发病原因。

技能目标

能够对发生的病害进行防治。

素质目标

树立崇尚科学、求实、创新的科学态度；能够及时的发现问题、分析问题并有针对性地解决问题。

在食用菌栽培中，会受到多种病虫危害，影响了食用菌的产量和品质，轻者造成减产，重者绝收。因此，有效及时地防治病虫害是保证食用菌栽培成功的重要措施之一。为了解决食用菌生产中的这些问题，应根据食用菌生长发育的特点，了解病虫害的形态特征、发生规律、危害症状等，采取以防为主综合防治的措施，把病虫害杜绝在发生之前。

人工栽培的食用菌，按照发病原因，可以分为侵染性病害、生理病害和虫害。

第一节　侵染性病害及其防治

食用菌在其生长和发育过程中，由于遭受其他微生物的侵染，致使食用菌的生长和发育受到显著的影响，因而降低食用菌的产量或品质，称食用菌侵染性病害。侵染性病害包括竞争性杂菌和寄生性病害，其中危害最多的是竞争性杂菌。

一、竞争性杂菌

竞争性杂菌简称杂菌，其与菌丝体争夺营养，分泌毒素，抑制菌丝生长，在菌丝体阶段普遍发生，其生长的环境条件要求多与食用菌极其相近，故一旦发生，很难防治，造成的危害一般比较严重。因此，对栽培者来说，关键在预防，防重于治。

1. 青霉

(1)发生特点　各类食用菌制种及栽培中普遍发生青霉的污染。受染初期，发现白色绒毛状菌，1～2 d后，菌落变成粉粒状蓝绿霉，菌落近圆形，时常具有一宽的新生长的白边(图17-1)。空气中的孢子随处散落，很容易造成培养料的污染，高温高湿条件有利于此病菌的发生。此菌在一定的条件下具有寄生能力，能使子实体致病。

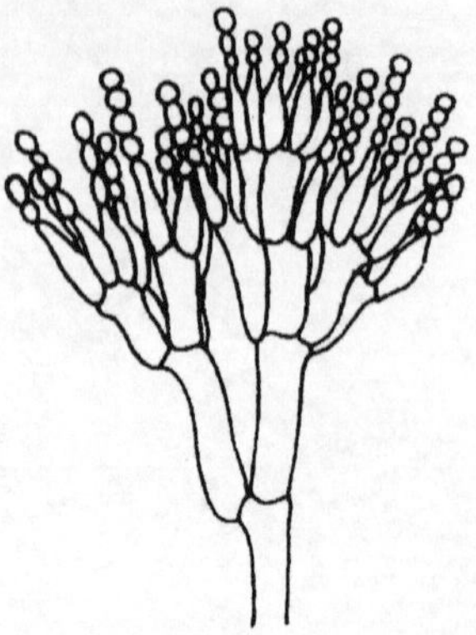

图 17-1　青霉
(刘波，1991)

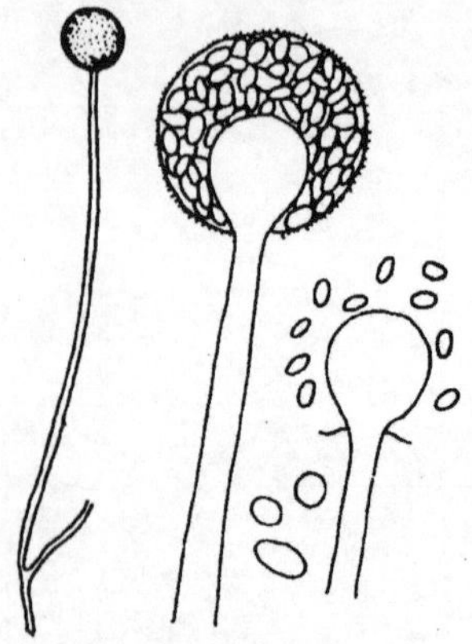

图 17-2　毛霉
(刘波，1991)

(2)防治措施　①培养室要密封熏蒸，保持清洁卫生；②菌种生产中，要灭菌彻底，严格遵守无菌操作规程，操作人员要技术熟练；③栽培平菇时可用培养料干重的0.1%多菌灵或克霉灵拌料；④菌种发现污染立刻弃除，在生产中，栽培料出现污染要挖去污染部分，并喷洒40%多菌灵200倍的药液；⑤注射甲醛或绿霉净消毒液。

2. 毛霉

(1)发生特点　在各类食用菌的制种及栽培中均可发生此菌污染。初为白色棉絮状，生长速度快，不久变为灰色，然后各处均成黑色(图17-2)。初次侵染由空气传播，接种所用器具及接种箱(室)等灭菌不彻底，无菌操作不严格，棉塞受潮，培养环境湿度大易造成此菌污染。

(2)防治措施　同青霉菌。

3. 根霉

(1)发生特点　各类食用菌制种及栽培中均可发生污染，发生普遍，危害较重，常造成菌种报废，产量下降。受污染的培养料，表面有匍匐生长的菌丝，并在匍匐丝上生出假根，假根接触基物，菌丝生长不像毛霉那么快，后期在培养料表面形成一层黑色颗粒状霉层(图17-3)。高温高湿条件有利于此病菌的生长繁殖。

(2)防治方法　同青霉菌。

4. 木霉

(1)发生特点　各类食用菌制种及栽培中普遍发生此菌的污染，受污染后料面上产生霉层，初为白色，菌丝纤细，致密，由菌落中心向边缘逐渐变成浅绿色，最后变成深绿色，粉状物(图17-4)。如不及时处理，几天就会在整个料面上层形成一层绿色的霉层。高温高湿而偏酸性的条件有利于此病的发生。

(2)防治方法　除采用青霉的防治方法外，还应注意栽培料中麸皮或米糠的比例不要超过10%，比例过高，木霉的污染率也高。

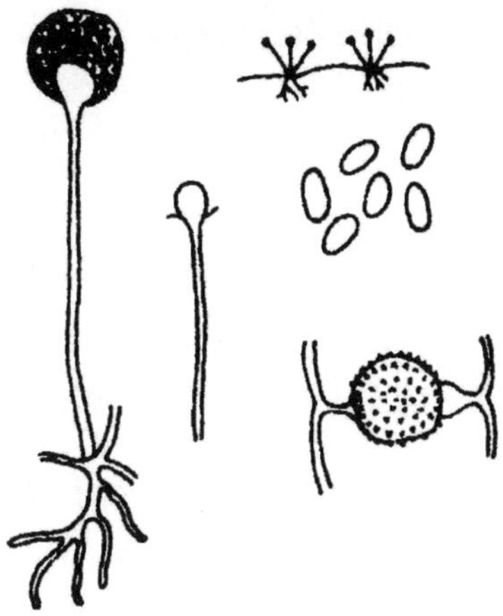

图17-3　根霉
(刘波，1991)

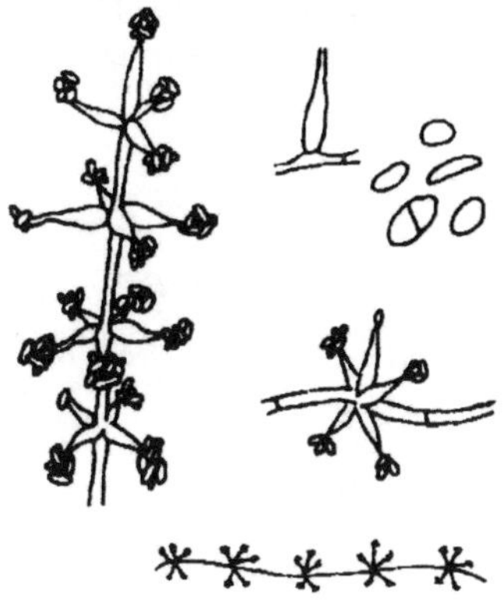

图17-4　木霉
(刘波，1991)

5. 曲霉

(1)发生特点　在各类食用菌制种及栽培中，在温度高时最常发生污染的有黑曲霉和

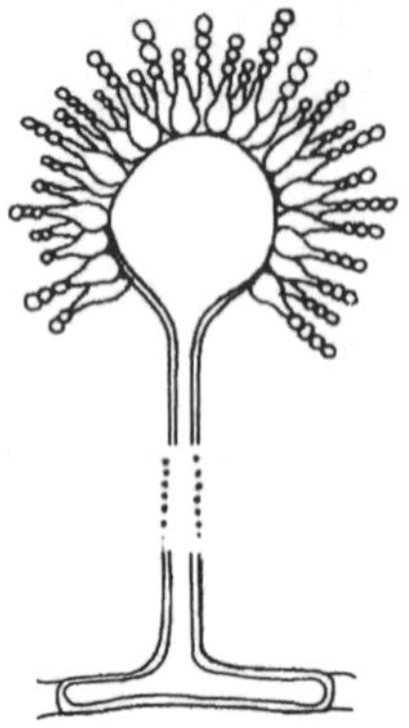

图 17-5　曲霉
（刘波，1991）

图 17-6　莲孢霉
（刘波，1991）

黄曲霉。在受污染的培养料上，初期出现白色绒状菌丝，菌丝较厚，扩展性差，但很快转为黑色或黄色颗粒状霉层(图 17-5)。

(2)防治方法　同青霉菌。

6. 链孢霉

(1)发生特点　在各类食用菌制种及栽培中，在温度高时最常发生污染的有黑曲霉和黄曲霉。在受污染的培养料上，初期出现白色绒毛状菌丝，菌丝较厚，扩展性差，但很快转为黑色或黄色菌落(图 17-6)。

(2)防治措施　除采用青霉的防治方法外，还应注意一旦出现橘红色块状分生孢子团，用湿布或湿纸小心包好拿掉，浸入药液中或深埋，切勿用喷雾器直接对病菌喷药，以免孢子飞散；也可及时涂刷适量的废煤油或柴油，然后用薄膜包扎，可使霉变糜烂死亡。发菌后期污染，可将受污染菌袋埋入深 40～50 cm 透气差的土壤中，经 10～20 d 缺氧处理后，能减轻病害可出菇。施保功等杀菌剂可控制链孢霉的生长。

7. 酵母菌

(1)发生特点　能引起培养料发酵，发黏变质，并散发出酒酸味。试管菌种受红酵母污染后，在培养基表面形成红色、粉红色、橙色、黄色的黏稠菌落，试管和培养基都不产生绒状或棉絮状菌丝(图 17-7)。温度高时易发生。

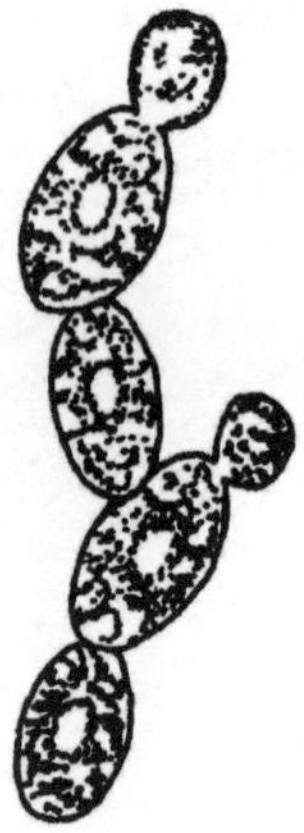

图 17-7　酵母霉
（刘波，1991）

(2)防治措施　同青霉菌。

8. 细菌

(1)发生特点　受细菌侵染的母种，肉眼可见污白色和微黄色黏稠状菌落。原种和栽培种表现症状包括：菌丝苍白无力、纤细干瘪、生长缓慢、生长不均匀，菌丝间连接不紧，菌种色泽暗淡，打开时有恶臭味或酸味。

(2)防治措施　①严格灭菌，原种和栽培种的污染外观很难鉴别，不像霉菌污染那样有可见的菌落，常由于灭菌不彻底而留于培养料中造成污染，使菌种生长不良。②严格无菌操作，消毒酒精必须使用浓度75%的酒精，接种工具在接种前必须蘸取75%酒精后在火焰上灼烧彻底灭菌，保证其绝对无菌。消毒用的酒精要定期更换。③严格挑选菌种，严防菌种带菌。④生料栽培时，料的含水量要适当偏少，发菌期要避免料温过高，保持通风良好。发现菌种萌发缓慢，立即采取降温、通风措施。

9. 鬼伞

仅在以草本植物秸秆为培养料的生料栽培和发酵料栽培中发生。

(1)发生特点　子实体成熟快，老熟后菌体自溶变软，最后成为一滩墨汁状物(图17-8)。

(2)防治措施　①发酵彻底均匀；②配料含氮量不要过高，特别是无机氮含量不要过高；③发菌期避免料的高温高湿。一旦发生要在开伞前及时拔除，并结合降温、散湿和通风。

图17-8　鬼伞

(刘波，1991)

二、寄生性病害

食用菌寄生性病害中包括真菌性病害、细菌性病害、线虫性病害和病毒性病害。主要是前两种病害。

1. 真菌性病害

(1)褐斑病(又名轮枝霉病、干泡病)

①症状　子实体感染后菌盖产生许多针头状褐斑，早期子实体发育不良，颜色灰白，幼菇感染成洋葱菇，中期有唇裂现象，质地较干，不腐烂，无特殊臭味。

②病因　轮枝霉菌通常由覆土带菌为最初侵染源。可以通过带菌的采菇箱、采菇筐传播，昆虫、气流、喷水等也可传播。该病菌不侵染培养料和菌丝体，只侵染子实体。当出菇室通风不良、空气湿度大时易发病。

③防治措施　①注意菇场和环境用具卫生。菇房用前、用后均严格消毒。②覆土前用0.5%石灰粉拌匀后堆闷，或者使用施保功、蘑菇祛病王等药物进行处理。③菇房普遍感染时，病菇周围用施保功、蘑菇祛病王等喷洒。④采菇时要病菇与健康菇分别采收，以防蔓延。

(2)褐腐病(又名疣孢霉病、白腐病、湿泡病)

①症状　发病初期，蘑菇的菌褶和菌柄下部出现白色棉毛状菌丝，稍后病菇呈水泡状，随后褐腐死亡或幼菇受害后常呈无盖畸形，并伴有暗黑色液滴渗出，最后腐烂死亡。

②病因　病原菌为疣孢霉。疣孢霉的厚垣孢子可在土壤中休眠数年，首次侵染主要来源于土壤；菇棚内的再度侵染和病害蔓延则主要是病菌孢子通过人体、害虫、工具或喷水等渠道传播的。出菇室高温高湿、通风不良时发病严重，10℃以下极少发病。

③防治措施　①搞好环境卫生，注意菇房清洁和覆土材料消毒，覆土材料消毒可用施保功药液均匀拌土，一周后使用；②选好栽培季节，第一潮菇出菇期温度避开25℃以上高温；③及时处理病斑，防扩散，并做好治虫防病工作，以防昆虫携带传播；④药剂防治，

可用50%施保功可湿性粉剂喷洒。

(3)软腐病(又称腐烂病)

①症状　菌柄基部变水渍状褐色斑点，病菌逐渐上移，扩展到整个菇体，使基部变软，子实体倒状并腐烂，轻者影响产量和质量，发现严重的绝收。

②病因　多发生于培养料含水过高，菇房湿度较大，喷雾水分不均匀造成积水，长时间覆盖薄膜，通风不良，利于该病发生。室外大棚栽培发病较重。

③防治措施　①在子实体生长阶段要控制适宜的含水量，要经常清除菇体表面积水，保持菇房空气新鲜；②发现病菇后应及时清除，然后喷施65%漂白粉。对已发病菌袋，清除病株后，用40%克霉灵可湿性粉剂800倍液喷施。

2. 细菌性病害

(1)细菌性褐斑病(又名斑锈病、细菌性斑点病)

①症状　发生部位在菌盖和菌柄上，病斑褐色，菌盖上的病斑圆形或椭圆形，或不规则形状，潮湿时，中央灰白色，有乳白的黏液，气温干燥时，中央部分稍凹陷；菌柄上的病斑菱形和长椭圆形，褐色有轮斑。条件适宜时，会迅速扩展，严重时，菌柄、菌盖变成黑褐色，最后腐烂。

②病因　病原菌为托拉斯假单胞杆菌。此菌在自然界分布极广，培养料、覆土材料以及不洁的水中均有，在15℃以上、空气相对湿度大于85%时，病菌非常活跃，通过人体、气流、虫类和工具等渠道广泛传播。常在春菇后期，逢高温高湿、通风不良，特别是菌盖表面有水膜时极易发生。

③防治措施　①选用抗病品种，加速品种更新，合理安排出菇时间。根据各种食用菌生长所需的温、湿度来合理安排栽培季节，尽量避开高温高湿的影响；②做好出菇场地卫生消毒工作，场地用0.05%~0.1%漂白粉喷雾1~2次，然后用消毒粉或高锰酸钾和甲醛熏蒸；③发病初期用漂白粉对水喷雾，稀释浓度为0.2%，或用浓度为40~50 mg/kg的土霉素喷雾，看发病程度，间隔3~5 d重喷一次，或用1:(500~1 000)倍黄斑消喷雾，间隔2~3 d连喷2~3次。

(2)金针菇褐腐病

①症状　子实体感病后，在菌盖、菌柄上形成不定型的褐色斑点，然后腐烂。有时很多病斑连成片，包括菌柄均变为黑褐色，质软，不能直立，有黏液，最后整丛菇变褐腐烂。

②病因　病原菌为欧文氏杆菌。金针菇不同品种间的抗病性差异较大，当温度超过18℃，湿度较大，通风不良，特别是子实体表面处于水湿状态时易发病，蔓延快。

③防治措施　选用抗病品种；其余可参照细菌性褐斑病的防治。

3. 病毒性病害

①症状　子实体表现小而畸形，菌柄长而弯曲，开伞极早，子实体水渍状或有水渍状条纹。

②防治措施　各种食用菌的病毒几乎完全是菌种传播的，而且一旦发生无法防治。因此，关键是要选择和使用脱毒菌种。

第二节 生理性病害及其防治

在食用菌整个栽培过程中，由于遭遇极不适宜的环境条件，而发生的病害为生理性病害。

一、菌丝徒长

(1)症状 各种食用菌发菌后至出菇前。表现为气生菌丝繁茂、浓密，甚至成为厚厚的气生菌丝层，而迟迟不发生子实体。严重者要去掉徒长的菌丝层。

(2)病因 空气相对湿度过高，覆土湿度过大，气温过高，通风不良，菌株生物学特性与栽培环境条件不匹配，基料 C/N 比例失调等。

(3)防治措施 科学设计配方，加强通风，降低湿度，降温，菌种生产时连同其基质一起挖取后接入下级菌种。严重者要去掉徒长的菌丝层。

二、拮抗线

(1)症状 菌丝尖端不再继续发展，菌丝积聚，由白变黄，形成一道明显的菌丝线；或者菌丝接壤处形成一道明显的菌丝线条，如同两军对垒，互不相让。

(2)病因 一是培养料含水量过高，菌丝不能向高含水料内深入，形成颉颃线；二是菌袋两头各接入了两个互不融合的菌种。

(3)防治措施 基料内的含水量要适宜；在一个菌袋内只接入同一菌株。

三、菌丝稀疏

(1)症状 菌丝表现稀疏、纤弱、无力、长速极慢等现象(在排除细菌污染的前提下)。

(2)病因 种源特性退化，种源老化，种源自身带有病毒病菌，基料营养配比不合理，基料含水量过低，基料 pH 值过高或过低，培养温度过高，湿度过大等。

(3)防治措施 选用适龄的脱毒菌种，科学合理地调配基料，注意基料 pH 值 变化，调控培养室的温度。

四、菌丝不生长

(1)症状 表面菌丝浓密、洁白，但菌丝不向下伸展。开料检查，发现有一道明显的“断线”，未发菌的基料色泽变褐，并有腐味。

(2)病因 基料配方不合理，原料中有不良物质，基料水分过大，菌种老化或退化。

(3)防治措施 合理选择原料，配方应科学合理，适量用水，选择适龄的脱毒菌种。

五、退菌

(1)症状 菌丝逐渐失白，继而消失。

(2)病因 种源种性退化，基料水分偏高，闷热、水大，菌丝自溶。

(3)防治措施 严格控制种源，控制基料的含水量在适宜水平，高温季节尽量避免菌袋间的过分拥挤。

六、发菌极慢

(1)症状　与正常生长速度相比菌丝生长极慢。

(2)病因　基料水分过大，通透性极差，菌丝无法深入内部；基料灭菌的起始温度低或者装料与灭菌之间的时间偏长，高温时基料酸败；基料配方不合理，某些化学物质对菌丝发生抑制；种源的特性不适应或者生物性状退化。

(3)防治措施　基料配方合理，调控适宜的含水量，选择适合本地区的脱毒适龄菌种；装瓶或装袋后应立即灭菌。

七、死菇

(1)症状　子实体尚未发育成熟，个别的在很小时便萎缩、变黄，最后死亡，有时甚至成批出现。生理性病害的死菇，手触摸时表面干爽无黏液。

(2)病因　出菇过密，营养不足；出菇室持续高温高湿，通风不良，O_2不足；覆土层缺水，幼菇无法生长；采菇或其他管理操作不慎，造成机械损伤；或者使用农药不当，产生药害等均可引起子实体死亡。

(3)防治措施　根据上述原因，采取相应措施，如改善环境条件，正确使用农药等。

八、畸形菇

(1)症状　在双孢菇、平菇、香菇、灵芝等的栽培过程中，常常出现子实体形状不规则，如柄长盖小，子实体歪斜，或原基分化不好，形成菜花状、珊瑚状或鹿角状的畸形子实体。

(2)病因　出菇室通风不良，CO_2浓度过高，光线不足，温度偏高；覆土颗粒太大，出菇部位低；机械损伤；病毒危害或农药中毒等均能导致子实体畸形。

(3)防治措施　加强通风，并给予适量的光照和适宜的温度，不使用敌敌畏灭虫；使用煤炉加温时烟筒要密闭，严防煤气泄漏。

第三节　虫害及其防治

食用菌生长发育过程常受到许多害虫危害，主要有菇蚊、瘿蚊、菇蝇、螨类、线虫等。菇蚊、瘿蚊、菇蝇均以幼虫危害食用菌的菌丝体，螨类和线虫也直接取食用菌菌丝。害虫危害造成减产和影响菇体外观，致使食用菌降低甚至失去商品价值。下面介绍食用菌生产中常见的害虫及其防治措施。

一、昆虫类害虫及其防治

危害食用菌的昆虫主要是双翅目、鳞翅目、鞘翅目和等翅目中的一些害虫，其中以双翅目害虫种类多，数量大，寄主广泛，危害最为严重。双翅目害虫主要集中于菌蚊科、眼蕈蚊科、瘿蚊科和粪蚊科等。

1. 尖眼菇蚊类

(1)别名　菇蚊、菌蚊、菇蛆。

(2)形态　尖眼菌蚊的成虫体长2~3 mm，褐色或灰褐色，翅膜质，后翅退化为平衡棒，复眼发达，顶部尖，在头顶延伸并左右相接。幼虫细长，白色，头黑亮，无足，老熟幼虫长5 mm(图17-9)。

(3)危害　成虫产卵在料面上，孵化出幼虫取食培养料，使培养料成黏湿状，不适合食用菌的生长。幼虫咬食菌丝，造成菌丝萎缩，菇蕾枯萎。幼虫蛀食子实体的菌柄和菌盖，钻孔后发生腐烂，耳片被咬食后，腐烂消融。

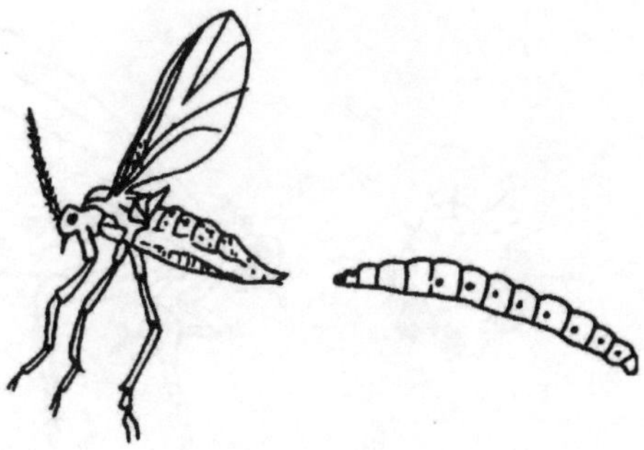

图17-9　尖眼菇蚊

1. 成虫　2. 幼虫

(引自常明昌《食用菌》第二版)

(4)防治方法　①经常保持菇房内外的清洁卫生，随时清除残菇废料；②菇房的通风口及门窗要安装防虫飞入的纱窗；③培养料按要求严格处理，用生石灰水浸泡或热力灭菌；④菇房在进料前要进行熏蒸；⑤黑光灯诱杀，在灯下放一个盛有洗衣粉溶液的水盆，引诱成虫投入水盆内；⑥药物防治。发现害虫，及时采用药物防治，可用锐劲特、菇净喷雾，注意采菇前7~10d禁止用药。

2. 瘿蚊类

(1)别名　菇蝇。

(2)形态　成虫体长1.07~1.1 mm，翅展1.8~2.3 mm，小蝇状，淡褐、淡黄或橘红色。幼虫蛆形，体长2.9 mm左右，头尖，无足，常为橘黄、淡黄或白色(图17-10)。

(3)危害　既取食菌丝和培养料，也咬食子实体，使菌丝衰退，子实体残留伤痕和斑块，品质下降。

(4)防治方法　同尖眼菇蚊类。

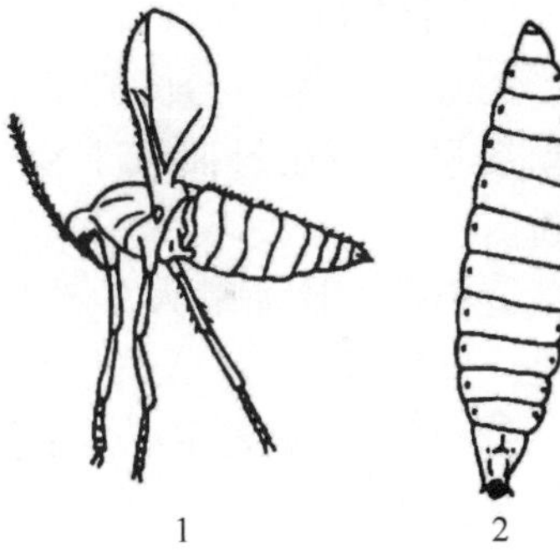

图17-10　瘿蚊

1. 成虫　2. 幼虫

(引自常明昌《食用菌》第二版)

3. 蚤蝇类

(1)别名　粪蝇、菇蝇。

(2)形态　成虫体小，淡褐色至黑色，翅较短尖圆(图17-11)。幼虫蛆形，白色，无足，体长约4 mm，无明显头部。

(3)危害　幼虫常在菇蕾附近取食菌丝，引起菌丝衰退而菇蕾萎缩，幼虫钻蛀子实体导致枯萎、腐烂。

(4)防治方法　同尖眼菇蚊类。

4. 跳虫类

(1)别名　烟灰虫。

(2)形态　跳虫体长1~2 mm，无翅，成虫灰色或紫色，虫体无变态(图17-12)。

(3)危害　跳虫取食双孢菇、平菇、草菇、香菇等食用菌的子实体。

(4)防治方法　同尖眼菇蚊类。

图 17-11　蚤蝇
（引自常明昌《食用菌》第二版）

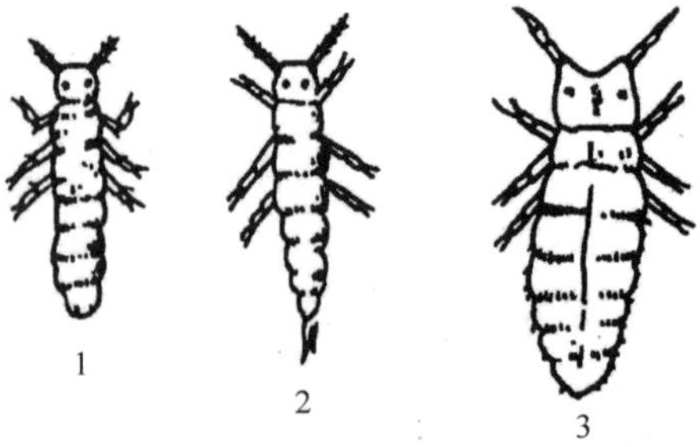

图 17-12　跳虫
1. 幼虫　2. 雌成虫　3. 雄成虫
（引自常明昌《食用菌》第二版）

二、害螨及其防治

螨类属于节肢动物门，蛛形纲，蜱螨目，是食用菌害虫的主要类群之一，统称菌螨，又称菌虱、菌蜘蛛。螨类繁殖力极强，一旦侵入，危害极大。危害食用菌的螨类很多，其中以蒲螨类和粉螨类的危害最为普遍和严重。

(1)形态(图 17-13)

①蒲螨　体小，长圆至椭圆，体壁毛短，咖啡色，行动缓慢，多在料面或土粒聚集成团，似一层土黄色的粉。

②粉螨　比蒲螨大，圆形，白色发亮，体壁有若干长毛。单独行动。

(2)危害　螨害主要是由培养料或昆虫带入菇房。螨咬食菌丝和子实体，咬食菌丝后，菌丝枯萎、衰退，严重时可将菌丝吃光。菌丝消失后，培养料变黑腐烂。它也能将菇蕾咬死，危害已长大的子实体。在子实体表面形成不规则的褐色凹陷斑点。吃了带有螨的子实体可引起腹泻。

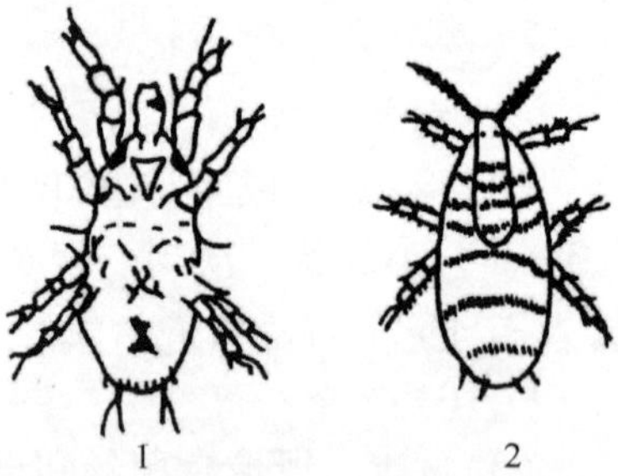

图 17-13　螨
1. 腹面　2. 背面
（引自常明昌《食用菌》第二版）

(3)防治方法　①生产场地保持清洁卫生，要与粮库、饲料间及鸡畜舍保持一定距离；②培养室、菇房在每次使用前都要进行消毒杀虫处理；③培养料要进行杀虫处理。用3%~5%生石灰水浸泡，高温堆积发酵，常压或高压蒸汽灭菌，以达到杀死螨虫的目的；④发菌期间出现螨虫，可喷洒锐劲特、菇净、爱诺虫清等；出菇期间如有螨类害虫，可用毒饵诱杀；⑤严防菌种带螨。

三、线虫及其防治

线虫属于无脊椎动物门 线虫纲，主要危害双孢菇、草菇、木耳、银耳、香菇、平菇等食用菌，严重影响其产量。危害食用菌的线虫种类很多，多数是腐生性线虫，少数半寄生，只有极少数是寄生性的病原线虫，常见的腐生性线虫有嗜菌丝茎线虫和堆肥滑刃线虫。

(1)形态　线虫体形极小，长1mm左右，形如线状，两端稍尖(图17-14)。

(2)危害　受害的子实体变色，腐烂，发出难闻的臭味。线虫的危害常随蚊、蝇、螨等害虫同时发生。

(3)防治方法　①保持菇房的清洁卫生，及时清除废料、残菇，进料前对菇房进行全面消毒杀虫处理；②对培养料进行高温堆积发酵；③做好蚊、蝇、螨等害虫的防治工作；④用水要清洁，培养料发生线虫后，应将周围的培养料挖掉，然后病区停水，使其干燥，可用1%的醋酸或25%的米醋喷洒或用1.8%的集琦虫螨虫克乳油5 mL/m^3，严重时用7.5 mL/m^3，或高效低毒、无残留新型熏蒸杀线虫剂线克(150~200倍液)。

图17-14　线虫

(引自常明昌《食用菌》第二版)

四、软体动物及其防治

危害食用菌的软体动物主要是蛞蝓，俗称鼻涕虫，属软体动物门的蛞蝓科。常见的有野蛞蝓、双线嗜黏液蛞蝓和黄蛞蝓3种。

(1)形态　体裸露，无外壳，成虫体颜色因种类不同而异，有灰色、淡黄色、黄褐色、橙色等。头前端有两对触角，能伸缩(图17-15)。

(2)危害　蛞蝓晚间外出活动取食，直接咬食子实体，造成不规则的缺刻，严重影响食用菌的品质，在过于潮湿的菇房、菇场活动，危害尤为猖獗。

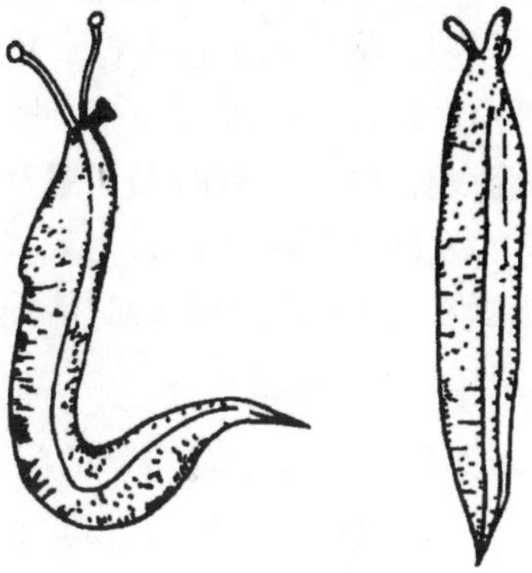

图17-15　蛞蝓

(引自常明昌《食用菌》第二版)

(3)防治方法　①保持场地清洁卫生，清除杂草及枯枝落叶，并洒一层生石灰粉；②人工捕杀；③毒饵诱杀。可用多聚乙醛300g、砂糖300g、敌百虫50g、豆饼粉400g，加适量的水拌成颗粒状毒饵，施放在蛞蝓潜伏及活动的场所进行诱杀；④发现危害后，可在夜间喷洒5%的甲酚皂液或稀释100倍的氨水。

第四节　病虫害综合防治措施

一、防治原则

食用菌本身是保健食品，与农作物相比较，生产周期短，多种病虫害又多发生于出菇期，因此，防治食用菌病虫害应遵循“预防为主，综合防治”的植保工作方针，利用农业、物理、生物、化学等综合措施防治，在防治上以选用抗病虫品种，合理的栽培管理措施为基础，从整个菇类的栽培布局出发，选择一些经济有效，切实可行的防治方法，取长补短，相互配合，综合利用，组成一个较完整的有机的防治系统，以达到降低或控制病虫害的目的，将其危害损失控制在经济允许的指标以下，以促进食用菌健壮生长，高产优质。

二、防治措施

1. 农业防治

(1)搞好环境卫生，杜绝虫源、菌源

①接种室、培养室要有专人负责打扫、消毒、定期检查，发现有污染的菌种立即处理，不可随地乱丢；②发菌房、栽培房要预先彻底消毒、杀虫；③发现病菇、虫菇要及时除去，采下的病菇、虫菇要集中销毁或深埋，不可丢在菇房边。

(2)提高栽培管理技术水平　提高栽培管理技术水平，提供一个有利于食用菌生长发育而不利于病虫滋生的生态条件。

①选用纯正、抗逆性强、抗病虫和菌龄适宜的菌种，适时播种，以保证接种后恢复生长快，生长健壮，抗病虫能力强；②选用优质、无霉变、无虫蛀的栽培材料，培养料配比要合理，配料勿加过多糖、粮食类营养，并进行严格的灭菌、杀虫；③接种应严格按照无菌操作规程，提高成品率，既可降低成本，又可减少病虫源；④根据食用菌的特性进行科学管理，创造适宜的温、湿及通风条件，尽量使环境条件对食用菌生长发育有利，对病虫害的发展蔓延不利；⑤在栽培管理过程中要经常认真细致地进行检查，一旦发现病虫害，就要及时采取措施进行防治控制，防止扩散蔓延；⑥栽培模式要注意合理轮作换茬。

2. 物理防治

(1)设屏障　栽培室的门窗和通风洞口要装纱网，阻止害虫的入侵。

(2)利用害虫的习性进行防治　有些害虫有着特殊的习性，如菌蚊幼虫有吐丝群居危害习性，对这些可人工捕捉；瘿蚊虫体小，怕干燥，将发生害虫的菌袋在阳光下暴晒1～2h或撒石灰，使虫干燥而死；另外，还有些鳞翅目的害虫幼虫老熟后个体大，颜色艳，可随时捕捉消灭。

(3)诱杀害虫　可用糖醋毒饵诱杀菌蝇成虫；菜子饼或大骨头诱杀害螨；对蚊蛾用黑光灯或节能灯诱杀，效果也很好。

3. 生物防治

从理论上讲，采用生物防治是最理想的，由于它不污染环境，没有残毒，食用菌的生产场所范围小，人工容易控制，更有利于生物防治技术的应用。但由于食用菌生产周期短，困难较大。目前，用农用抗菌素防治细菌性病害，应用增产菌提高食用菌的抗病性、产量和品质。用寄生性线虫防治蚤蝇、瘿蚊和眼菌蚊等。因此，在未来的食用菌病虫害防治中有广泛的应用前景。

4. 药剂防治

食用菌栽培上不提倡使用药剂，尤其是在出菇期。食用菌栽培周期短，农药极易残留在子实体内，对人体健康不利。

注　在栽培过程中，使用农药时必须注意：①用药前一定要将蘑菇全部采完；②严禁使用剧毒农药，对残效期长、不易分解及有刺激性气味的农药，不能直接用于菌床或菌袋上；③尽量选用高效、低毒低残留、对人畜和食用菌无害的药剂，并掌握适当的浓度，适期进行防治。

总之，对食用菌病虫害的防治必须坚持“预防为主，综合防治”的原则，努力改善食用菌的栽培环境，减少和杜绝病虫害发生机会，建立以生态防治为主、化学防治为辅的综合防治体系，确保食用菌生产的高产、优质和高效。

复习思考题

1. 在食用菌生产中，常发生的侵染性病害有哪些？如何防治？
2. 在食用菌生产中，常发生的生理性病害有哪些？如何防治？
3. 在食用菌生产中，常发生的虫害有哪些？如何防治？

第十八章　实习实训

实训指导一　食用菌形态结构观察

一、目的要求

通过肉眼观察，初步了解菌丝体、子实体的宏观形态特征，并能够依据子实体的外形分类；在显微镜下观察食用菌菌丝体、子实体的微观形态特征。

二、实训准备

(1)材料用品　羊肚菌、平菇、香菇、双孢蘑菇、草菇、金针菇、木耳、银耳、猴头菇、灵芝、蜜环菌、虫草等子实体干品、浸制标本、罐头、鲜品，常见品种的适龄平板母种或试管斜面菌种，胡萝卜等。

(2)仪器工具　普通光学显微镜(10～100 倍)、接种针、镊子、无菌水滴瓶、染色剂(石碳酸复红或美蓝等)、酒精灯、70%～75%酒精瓶、打火机、载玻片、盖玻片、解剖刀片、培养皿、绘图纸、游标卡尺、吸水纸、铅笔等。

三、方法步骤

1. 菌丝体形态特征观察

(1)菌丝体宏观形态观察

①观察平菇、草菇、金针菇、香菇、木耳、银耳及香灰菌、蘑菇、猴头菇、灵芝等食用菌的试管斜面菌种或 PDA 平板上生长的菌落，比较其气生菌丝的生长状态，并观察菌落表面是否产生无性孢子；观察基内菌丝体是否分泌色素等特征。

②观察菌丝体的特殊分化组织：蘑菇菌柄基部的菌丝束；蜜环菌的菌索；香菇的菌膜；茯苓的菌核；虫草等子囊菌的子座。

(2)菌丝体微观形态观察

①菌丝水浸片的制作　取一载玻片，滴一滴无菌水于载玻片中央，用接种针挑取少量平菇菌丝于水滴中，用两根接种针将菌丝拔散。盖上盖玻片，避免气泡产生。

②显微观察　将水浸片置于显微镜的载物台上，先用 10 倍的物镜观察菌丝的分支状态，然后转到 40 倍的物镜下仔细观察菌丝的细胞结构等特征，并辨认有无菌丝锁状联合的痕迹。

2. 子实体形态特征观察

(1)子实体宏观形态观察

①伞状菇类子实体观察　选取平菇、双孢磨菇、香菇、金针菇新鲜子实体，观察子实体外部特征，是否有菌环、菌托；菌盖表面是否有鳞片；菌柄特征，中空或实，有无鳞片；菌柄基部有无绒毛；子实体根部是否有假根等特点。用解剖刀纵切子实体，观察菌肉

颜色、质地、有无遇伤变色等特点，观察菌褶形状、与菌柄着生关系(直生、弯生、延生或离生)；测量菌盖直径、菌柄长度、粗细。

②猴头菇观察　记录形状，大小，颜色，菌刺着生位置及长度。

③耳类子实体观察　将黑木耳与银耳放入瓷盘中，观察形状，色泽、质地(手感)等。用放大镜观察子实体腹面与背面特征、有无茸毛、脉纹等。

(2)子实体微观形态观察

①子实层观察　将洁净的胡萝卜用解剖刀切开一个缝隙，将一片平菇菌褶夹在缝隙中，用锋利的解剖刀将胡萝卜和平菇菌褶快速进行切片。横切菌褶若干薄片漂浮于培养皿中，用接种针选取最薄的一片制作水浸片，显微观察平菇担子及担孢子的形态特征。

②有性、无性孢子的观察　灵芝担孢子水浸片观察；羊肚菌子囊及子囊孢子水浸片观察；草菇厚垣孢子水浸片观察；银耳芽孢子水浸片观察(以上各类孢子的观察可用标本片代替)。

实训思考题

1. 列表说明所观察各种类型的食用菌子实体的形态特征，如伞状、头状、耳状、花絮状、肾形、扇形、蛋形、钟形等。

菌名	菌盖或耳片				菌柄或耳根				
	形状	大小(mm)	厚度(mm)	色泽	长度(mm)	粗细(mm)	色泽	菌环有无	菌环位置

2. 用绘图笔绘制一种食用菌子实体的形态图，用绘图笔或钢笔(黑)绘制生物图，要求图形真实、准确、自然、画面整洁。

3. 绘制你所观察到的菌褶横切面的微观形态，并标明主要形态、结构特征。

实训指导二　食用菌母种制作

一、目的要求

熟悉母种培养基(PDA 或 PSA)制作的工艺流程；掌握母种培养基制作的关键技术；熟悉母种扩繁的工艺流程；熟练掌握母种扩繁的操作技术。

二、实训准备

(1)材料用品　马铃薯、葡萄糖(或蔗糖)、琼脂、水、磷酸二氢钾、硫酸镁、维生素 B_1、普通棉花、纱布、报纸、皮套，黑木耳、平菇、香菇等母种，待接试管斜面培养基等。

(2)仪器用具　高压蒸汽灭菌锅(手提式或立式)、可调式电炉(或电磁炉)、铝锅(或不锈钢锅)、玻璃棒、托盘天平、汤勺、切刀、切板、量杯、剪刀、纱布、漏斗(带胶管和玻璃管)、止水夹、漏斗架、试管(18mm×180mm 或 20mm×200mm)、1cm 厚的长形木条

(摆放斜面时垫试管用)、棉花(未脱脂)、牛皮纸或报纸、捆扎绳、标签、超净工作台或接种箱、紫外线灯、75%的酒精棉球、接种铲、酒精灯、气雾消毒剂、恒温培养箱等。

三、方法步骤

1. 母种培养基(PDA或PSA)配方

马铃薯200g，葡萄糖(或蔗糖)20g，琼脂15~20g，水1000mL，pH值中性。

2. 母种培养基配制

(1)马铃薯去皮，挖掉芽眼，切成黄豆大小的块。称量后用略多于用量的水煮20min左右，至马铃薯块酥而不烂，再用4层纱布过滤，取其滤液定容至1000mL。

(2)琼脂称好后，将琼脂条(琼脂粉)放入电饭锅滤液中边煮边搅拌，至全部融化。

(3)切断电饭锅电源，将葡萄糖等可溶性药品加入营养液中，并不断搅拌使之完全溶解，营养液的pH值不需要特意调制。

(4)母种营养液分装

①将熬成的营养液保持文火，趁热分装。用勺将培养基加入漏斗中，左手握2~7支试管，右手持漏斗下面的橡皮管插入试管口内，同时放开止水夹，让培养基逐个流入试管内，培养基高度约为试管长度的1/5~1/4，约10~15mL。

注　避免将培养基沾于试管口内外。分装后的试管，在培养基凝固前必须立放。

②营养液装好后，制作循环使用的纱布棉塞或一次性使用的不包纱布的棉塞，棉塞松紧适度，以手提棉塞轻晃试管不滑出为度。棉塞大小为试管长度的1/5，管口内棉塞底部要求光滑，侧面要求无褶皱，2/3长插入试管，1/3长留在管外。

③每7支或10支试管捆成一束，管口一端用防潮纸(双层报纸)包好，待灭菌。

3. 母种培养基的灭菌

食用菌母种培养基的灭菌一般采用高压蒸汽灭菌法。常规步骤如下：

加水→灭菌物入锅→上盖→对称、均匀地扭紧螺栓→加热升温→打开排气阀，持续排气至有大量热蒸汽持续冲出时，关闭排气阀→继续升温，压力升至0.1MPa，温度达到121℃时，开始调火稳压25~30min→灭火，自然降压至压力为0.05MPa时，可慢慢打开排气阀徐徐降压至0(若降压太快，试管中的培养基易沸腾浸湿棉塞)→锅盖半开，让锅内多余蒸汽逸出，锅内的余热烘干棉塞→开盖，取物→摆斜面→斜面试管上应覆盖洁净的厚毛巾或几层纱布，防止试管内产生过多的冷凝水。斜面制成后，如不马上使用，可在5℃的冰箱中保存待用。

4. 母种转管技术

(1)物品、用具准备　将除母种外的接种用的相关物品、用具整齐有序地放入超净工作台或接种箱中备用。

(2)接种设备预处理　超净工作台在接种操作前30min开启紫外线灯，操作前20min开启风机；接种箱用气雾消毒剂熏蒸30min后使用。

(3)接种操作

①将洗净的双手伸入超净工作台或接种箱内，用酒精棉球擦拭双手、接种工具和母种

试管壁，点燃酒精灯。

②在无菌的条件下，左手持母种管和待接试管并排于拇指和食指间，拇指在上，食指在下。注意两支试管口对齐于火焰上方；右手持接种铲，用食指和手掌拔掉试管棉塞，使棉塞底部朝外；接种铲用75%的酒精棉球擦拭并在火焰上灼烧灭菌后，伸入菌种管内经管壁冷却，然后切取绿豆大小的菌种块，轻轻抽出接种铲(注意不要在火焰上烧灼菌种)，迅速将接种铲伸进待接试管中，在斜面中部放下菌种；然后将棉塞和试管口在火焰上快速灼烧后塞紧棉塞(注意不要用试管口去迎棉塞)。换上第二支待接斜面试管，重复如上操作。注意，操作过程中，试管口处于火焰无菌区。动作要求做到轻、快、准，接种铲不要触碰管口及试管壁，以防杂菌污染。接种完毕后，及时贴上标签，规范标签书写内容，进行适温培养。

5. 培养

接种后，在恒温培养箱中闭光培养，及时淘汰杂菌污染的试管，一般10d左右菌丝可长满管。

实训思考题

1. 总结培养基制作过程及其需要注意的几个关键环节。
2. 如何正确使用高压蒸汽灭菌锅对培养基进行灭菌?
3. 母种扩繁的全过程为什么要在火焰上方进行?指出母种扩繁过程中的关键技术。
4. 观察培养结果并对出现的问题进行分析、讨论。

实训指导三　食用菌菌种分离技术

一、目的要求

了解食用菌菌种分离基本原理；通过操作熟悉掌握子实体组织分离、担孢子采集关键技术。

二、实训准备

(1)材料用品　平菇、香菇等新鲜子实体，试管斜面培养基、三角瓶培养基、95%酒精、75%酒精棉球、火柴(打火机)、记号笔等。

(2)仪器用具　超净工作台、酒精灯、尖头镊子、接种针、接种铲、剪刀或刀片、金属丝、培养皿、废物罐等。

三、方法步骤

1. 种菇选择

选择生长健壮、无病虫害、菇形正、大小适中、颜色正常、尚未散发孢子、七八分成熟的新鲜子实体作为分离材料，最好在第一潮菇中采摘，保持菇体洁净备用。

2. 母种分离方法

(1)组织分离　此法是生产中最常用的方法，它操作简便，菌丝萌发快，分离所得的菌种遗传性较稳定，在培养基条件适宜的情况下，能保持原有菇种的优良性状和特性。

操作方法：

①将实验用的材料用品和仪器用具准备好、摆放整齐，并按照超净工作台的使用方法使其处于工作状态。

②在超净工作台的无菌区，按照无菌操作规程，进行常规的手部消毒和器械的烧灼灭菌。随后用75%酒精棉球对子实体进行表面消毒。

③可以直接将子实体沿菌柄迅速纵向撕开，用灼烧灭菌后的尖头镊子移取菌盖、菌柄交界处的组织块(绿豆大小)，移至试管斜面培养基的适当位置，迅速塞上棉塞。

④将分离的试管放在25℃恒温箱培养，培养期间每天都要检查菌种的萌发与生长情况，对污染的试管及时挑选、处理。分离后培养3～5d，即可见到组织块的周围长出白色菌丝，当菌丝团直径接近1 cm时，挑选无杂菌、长势旺的试管，用接种针挑取菌丝生长的前端移接到新的试管培养基上，再经过7～10 d培养，菌丝体长满试管，即为纯菌种。

(2)孢子分离　此法是将子实体成熟后散出的孢子收集在培养基上萌发并长成菌丝而获得纯菌种的分离方法。

①孢子采集器分离法　适用于蘑菇、香菇的孢子采集法。用一直径30 cm的瓷盘，盘上铺四层纱布，上面放一套反扣的培养皿，皿底中放一个插种菇用的钢丝架，外面罩上玻璃钟罩，罩口加塞棉塞或包裹多层纱布。装置要求无菌状态。操作时将种菇切去菌柄基部，用75%酒精进行表面消毒，无菌水冲洗数次，再用无菌纱布揩干，将菌褶一面朝下插到钢丝钩上，静置1～2d。待菌褶中的孢子大量散落到培养皿内，形成粉末状孢子印时取下种菇，用无菌注射器吸取3～5mL无菌水注入培养皿中，略加晃动，使孢子均匀悬浮于水中。将培养皿倾斜待孢子稍沉后，用注射器吸取沉底的孢子，注1～2滴孢子悬浮液于试管斜面培养基上。或用接种针挑取少量孢子，直接在斜面培养基上划线。待孢子萌发成菌苔时，选取萌发快、生长良好的斜面做母种。

②三角瓶钩悬法　适用于银耳、黑木耳的孢子采集法。选择褶皱多，朵大，肉厚，健壮的黑木耳，放在灭菌的三角瓶或大试管中，用无菌水振荡冲洗3次。取出放在灭过菌的培养皿内，在20～28℃下培养1～2d。用无菌剪刀剪成小片，取一小片用无菌的金属丝钩悬挂于底部有培养基的三角瓶内。注意菌块不要碰瓶壁或培养基。将三角瓶放在25℃条件下，经1～2d在培养基上即可见到白雾状的孢子印，此时以无菌操作，把悬挂于瓶内的菌块取出，再将三角瓶移入恒温箱内培养。经2～3d，培养基表面就会出现许多乳白色的菌落。

③菌褶涂抹法　将灭菌的接种针或接种环插入种菇菌褶之间，轻刮菌褶表面未弹射的孢子，随即在斜面培养基表面划线，待孢子萌发后转管培养。

实训思考题

1. 试比较组织分离法和孢子分离法的优缺点。
2. 分析分离的试管菌种发生污染的原因。
3. 观察组织块生长情况，并做填写观察记录。

实训指导四 食用菌原种及栽培种制作技术

一、目的要求

掌握食用菌原种及栽培种的制作方法；学会原种及栽培种培养料的灭菌和接种技术。

二、实训准备

1. 材料用品 试管母种、食用菌原种、棉籽壳、杂木屑、麸皮、蔗糖、石膏粉、过磷酸钙、优质小麦等。

2. 仪器用具 菌种瓶、菌种袋、棉塞、无棉盖体、打孔棒、标签、立式高压蒸汽灭菌锅、接种箱、接种用具等。

三、方法步骤

原种的制作是把母种移入原种培养料中，经培养而成，也称二级种。栽培种是由原种移接入栽培种培养基料中，经培养而成，又称三级种。二者生产程序是相同的：培养基的配制→装瓶(装袋)→灭菌→接种→适温培养。

(一)原种制作

1. 培养基配制

有以下几种配方：

(1)麦粒培养基

①配方 麦粒200g，蔗糖10g，碳酸钙6g。

②制作 将麦粒洗净加水浸泡4~6h至膨胀，加热煮沸20min，加蔗糖再煮5min，煮至麦粒无白心并胀而不破，捞出沥去多余水分，再加碳酸钙拌匀。

(2)棉籽壳培养基

①配方 棉籽壳95%，蔗糖2%，过磷酸钙%，石膏粉1%，水适量。

②制法 将上述物质按比例称好，蔗糖、过磷酸钙和石膏粉先用水溶解后再加入，加水搅拌均匀，加水量以手紧握培养料，指缝出水珠但不下滴为度[一般料水比为1:(1.2~1.4)]。

(3)玉米粒培养基

①配方 玉米粒97%，石膏粉2%，蔗糖1%，水适量。

②制法 将玉米粒称好后，浸泡12~24h，再煮沸约2h，至粒内无白心而又不胀破为度，然后捞出沥去多余水分，按比例称取石膏和蔗糖拌匀。

2. 装瓶或装袋

培养料拌好后就可装瓶或装袋，边装边压实料装至瓶肩(或距袋口6~7cm)处，再用手指或工具装料面压紧压平，用打孔棒从中间由上至下打一通气孔，然后清洁瓶口内外，塞上棉塞或袋口塞上无棉盖体。

3. 灭菌

将料袋或瓶装入高压锅或土蒸灶里进行灭菌。装锅时，分层排列，灭菌袋或瓶不能互相挤压，应留有一定的空隙。若采用高压蒸汽灭菌，则标准为0.147MPa，128℃，1~2h；若采用常压蒸汽灭菌，则标准为100℃下，8~10h。原种宜用高压蒸汽灭菌。

4. 接种

灭菌后，待料温降至30℃左右时，可移入已消过毒的接种箱或接种室进行接种。接种时在无菌条件下，将菌种表面的老菌皮去掉，按无菌操作方法进行抢温接种，用接种铲取一块菌种放入料瓶或料袋内孔穴处，并使菌丝紧贴在培养料上，封口，注明菌种名称和接种日期。一支母种可接6~8瓶原种。

5. 适温培养

接种后，将菌种瓶或菌种袋置于适温下培养。空气相对湿度以65%~70%为宜。要注意避光、通风，经常检查，淘汰污染的菌种瓶或菌种袋。一般25~35d菌丝可长满菌种瓶或袋。培养成的原种和栽培种，菌丝浓白健壮，菌柱紧贴瓶壁不干缩，生命力强，有蘑菇香味，无任何杂菌污染。

实训思考题

1. 原种和栽培种有什么不同?
2. 简述原种和栽培种的制作步骤。

实训指导五　食用菌菌种的保藏技术

一、目的要求

了解食用菌菌种容易变异和退化的特性，掌握利用低温、干燥、缺氧进行菌种保藏的原理，学会保持食用菌菌种生活力及优良性状的主要方法。

二、实训准备

(1)材料用品　母种试管、蘑菇或灵芝八成熟的子实体、制备好的斜面培养基和木屑培养基、液体石蜡(装入三角瓶中，经高温灭菌后再放入40℃干燥箱中烘干水分后备用)、滤纸条(装入培养皿中经0.098MPa高压蒸汽灭菌后备用)、灭菌插菇铁丝架、无菌空试管(带棉塞与变色硅胶)、标签、塑料薄膜、牛皮纸、捆扎绳、75%的酒精棉球、火柴、固体石蜡等。

(2)仪器用具　超净工作台或接种箱、紫外线灯、接种铲、无菌镊子、酒精灯、天平、试管架、坩埚、冰箱等。

三、方法步骤

先将接种箱(或超净工作台)及操作人员双手的表面进行消毒灭菌，然后在无菌条件下操作如下。

(1)斜面低温保藏法　将保藏的母种接入PDA培养基中，待菌丝长至斜面的2/3时，